“十三五”江苏省高等学校重点教材（编号：2019-2-191）

高等职业教育“互联网+”土建类系列教材·建筑智能化工程技术专业

安全防范技术应用与系统设计

主　编　蔡彬彬　胡为民

副主编　杨化奎　范　君

　　　　季克亮　张松进

参　编　韩学洲　季　莉

　　　　周　悦　曹留峰

南京大学出版社

图书在版编目(CIP)数据

安全防范技术应用与系统设计 / 蔡彬彬，胡为民主编. -- 南京：南京大学出版社，2020.10(2024.1 重印)
ISBN 978-7-305-23924-3

Ⅰ.①安… Ⅱ.①蔡… ②胡… Ⅲ.①智能建筑—安全设备—系统工程—教材 Ⅳ.①TU89

中国版本图书馆 CIP 数据核字(2020)第 215891 号

出版发行　南京大学出版社
社　　址　南京市汉口路 22 号　　　　邮　编　210093

书　　名　安全防范技术应用与系统设计
ANQUAN FANGFAN JISHU YINGYONG YU XITONG SHEJI
主　　编　蔡彬彬　胡为民
责任编辑　朱彦霖　　　　　　　　　编辑热线　025-83597482

照　　排　南京南琳图文制作有限公司
印　　刷　丹阳兴华印务有限公司
开　　本　787×1092　1/16　印张 13.25　字数 325 千
版　　次　2020 年 10 月第 1 版　2024 年 1 月第 3 次印刷
ISBN 978-7-305-23924-3
定　　价　39.80 元

网址：http://www.njupco.com
官方微博：http://weibo.com/njupco
官方微信号：njutumu
销售咨询热线：(025) 83594756

前　言

安全防范系统是指以维护社会公共安全为目的，运用安全防范产品和其他相关产品所构成的入侵报警系统、视频监控系统、门禁控制系统、防爆安全检查系统等；或由这些系统为子系统组合或集成的电子系统或网络。安全防范技术作为社会公共安全科学技术的一个分支，具有其相对独立的技术内容和专业体系。

《安全防范技术应用与系统设计》一书是根据建筑智能化工程技术专业人才培养目标和教学实践、结合安防岗位要求，以突出安防职业能力培养、紧贴安防行业标准规范为目标编写而成的。本书以典型安全防范子系统为依托，全面介绍了安全防范各子系统主要设备、功能性能设计、设备选型与设置，融入人脸面部识别、视频综合分析、智慧安防等新的理念与应用技术，与安防行业的迅猛发展相匹配，使用来自企业成功实施的真实项目进行内容编写，体现现代安防新技术、新应用的特点，力求所编教材能够体现安防新国标的核心要求，准确解读标准中的重、难点。本书可作为高等职业院校建筑智能化工程技术专业的教材，也可作为成人教育和职业培训的指导教材，对从事建筑智能化工程生产、管理和相关工程技术人员也具有一定的参考价值。

为了使学生更加直观、形象地学习安全防范技术应用课程，我们以“线上＋线下”模式设计了本书，提供教材配套的在线网络课程，依托行业协会丰富的安防企业资源，收集了大量的工程设计方案和实践资源，包括各类图片、电子教案、课程标准、设计方案、操作视频等。学生可以结合教材，通过该网络课程自主学习。教材做到不定期更新，以便内容与行业发展结合更为紧密。

本书在编写过程中，参考并引用了很多生产科研单位的技术文献资料，同时得到了业界专家学者和同仁的支持，并获得南京大学出版社的大力支持。在此，谨向为本书编写与付出辛勤劳动的各位专家学者和同仁表示衷心感谢！书中部分资料及图片源自相关专业网站和图片网站，在此一并感谢！

近年来，安防技术发展迅速，新产品、新功能、新应用层出不穷，同时，由于编者水平有限，因此书中错漏难免，恳请专家、同行和读者批评指正，以便我们在后期再版时进行修改完善。

编　者

目　录

项目一　安全防范系统认知

1.1　安全防范系统的基本概念

1.1.1　安全防范系统概述

一、安全防范系统定义

“安全防范”是公安保卫系统的专门术语，是指以维护社会公共安全为目的，防入侵、防盗、防破坏、防火、防暴和安全检查等措施。为了达到防入侵、防盗、防破坏等目的，采用电子技术、传感器技术、网络技术及计算机技术为基础的安全防范技术的设备器材，并将其形成一个完整系统，由此应运而生的安全防范技术已经发展成为一项专门的公安技术学科。

二、安全防范系统的作用

安全防范技术涉及社会的各个方面。党政机关、军事设施、能源动力系统、广播电视系统、通信设施、文物单位、银行、仓库、写字楼、住宅小区、学校等单位的安全保卫工作极为重要，是安全防范技术工作的重点。安防系统作用如下：

(1) 24小时全天候、多方位的进行监视，节省人力物力，给人们带去在生活带去放心、带去安心。

(2) 约束监控区域人员的行为，起到震慑作用。

(3) 提供证据与线索。当发生盗窃或者事故时，可以根据监控视频信息侦破案件，这是重要的线索，方便对不法活动进行举。还有一些纠纷或事故，比如小区内汽车碰擦等，也可以通过监控录像很容易找出相关人员的责任。

(4) 人防辅助。完全靠安保人员来保证安全是比较困难，依靠安防系统如视频监控、周界电子围栏等辅助能更好地保障监控区域安全。

三、安防系统的特点

安全防范系统经过多年的发展，形成了较为完善的系统体系，其特点主要表现为以下9个方面。

1. 综合性

安防系统是多种技术的综合集成，是技术系统与管理体系的结合。从专业技术出发，很多技术并非安全防范专用的技术，而是若干专业、若干领域的技术综合，对一个城市或地区来说，应该是全方位立体化(除地面外还应包含空中、地下、水下等)综合防范体系。

2. 整体性

安防系统有若干相互依赖的子系统组成，各子系统之间存在有机的联系，构成了一个综合的整体，以实现系统的防范功能。因此，要充分注意各组成部分或各层次的连接和协调，增强系统的有序性和整体运行效果。如何实现多种技术的全方位、立体化、高效集成和有机组合是安全防范系统的重要方面。

3. 相关性

作为一个综合性系统，安全防范设计多种技术，特别是人防、物防、技防的合理配置，以及技术与管理的有机结合。系统中相互关联的各部分相互制约、相互影响的特性决定了系统的性质与形态。在安全防范系统中，只有快速、准确的探测和有效的延迟才能保证反应的及时，达到安全防范的目的。

4. 目的性

安防系统目的是使被保护对象处于没有危险、不受侵害、不出事故的安全状态，因此，其建设必须根据目的来设定相应功能，这是安全防范系统建设的研究重点。

5. 依存性

一个系统和周围环境间通常有物质、能量和信息的交换，外界环境的变化可能会引起系统特性的改变，相应地也会引起系统内各部分相互关系和功能的变化。鉴于对周围环境的依存性，安全防范系统建设，特别是技术防范体系建设必须以环境为基础，并与人防、物防相适应。环境条件不同，系统设计各异。

6. 预测性

安防系统是针对人的恶意行为而建设的，犯罪发生以前，难以知道犯罪分子确切的犯罪行为、犯罪方法和犯罪目的。但人类具有逻辑思维能力和判断能力，可以根据防范区域的地理和结构特征，结合犯罪信息进行分析，推断出犯罪分子可能入侵点和入侵路径，有针对性的建设安全防范系统，达到最佳防范效果。同事，通过对犯罪路径的预测，制定详细的指挥调度预案，为犯罪发生时的及时反应提供保障。

7. 开环性

安防系统是社会化安全防范的一种技术实现，不同于一般的自动化系统，它所探测的目标不是单纯的物理量，防范空间的状态也不能用物理参数进行线性描述，只能通过某些物理量值的设定将其转化为开关状态。安全防范系统的控制目标不是这些开关的状态，而是所探测的目标系统控制的对象。故安全防范系统是非闭环的，只有加入人防系统才能构成完整、有效的安防系统。

8. 安全性

加固措施，安防系统探测的对象是人的行为。而人的行为不确定、不可控，可能改变安防系统自身的工作状态，需采用适当加固措施提高系统的安全性。特别是在安全防范行业技术透明度越来越高的今天，显得尤为重要。

9. 效益非显性

安防系统以追求社会效益为主要目的，效益和功能在运行过程中表现，难以量化和度量，有必要建立科学、合理的评价方法。一定要明确：安全是管理出来的，不是建设出来的。

1.1.2　安全防范技术内容

根据我国各部门任务的分工情况，将入侵防盗报警、防火、防暴以肨安全检查技术统称为社会公共安全防范技术。而国际上，国际电工委员会 IEC - TC79 报警委员会是国际性的专业标准化组织。该报警系统标准化技术委员会按其制定的修订标准分设了十二个工作小组。

其中：79.1 为报警系统的一般要求

79.2 为入侵和抢劫报警系统

79.3 为火灾报警系统

79.4 为社会报警系统

79.5 为传输报警系统

79.6 为术语

79.7 为屏幕用途报警系统

79.8 为环境报警系统

79.9 为技术报警系统

79.10 为运输报警系统

79.11 为防商品行空报警系统

79.12 为入口控制系统

在 1979 年全国技术预防专业会议上曾将防盗报警技术方面的内容和公安机关在这方面的工作称之为技术预防。为了更准确地反映该技术领域的内容和实质，并全球和相应的国际标准化组织加强技术住处交流和联系，同时也与 1987 年国家标准局批准公安部成立的“全国安全防范报警系统标准化技术委员会”的名称相一致，将入侵防盗报警、防火、防暴及安全检查技术领域称为“安全防范技术”。全国安全防范报警系统标准化技术委员会成立了四个专业标准化分技术委员会：

(1) 防盗报警设备及其系统专业标准化分技术委员会。

(2) 防火报警设备及其系统专业标准化分技术委员会。

(3) 防暴与安全检查设备及系统专业标准化分技术委员会。

(4) 安全防范工程系统专业化分技术委员会。

以后根据我国实际情况和社会需要逐步建立与 IEC - TC79 相对应的专业化分技术委员会，负责修订该领域国内标准化工作。

1.1.3　安全防范工程一般分类

安全防范工程按风险等级或工程投资额划分工程规模，分为三级。

一级工程：一级风险或投资额 100 万元以上的工程。

二级工程：二级风险或投资额超过 30 万不足 100 万元的工程。

三级工程：三级风险或投资额 30 万元以下的工程。

建设单位要实施安全防范工程必须先进行工程项目的可行性研究，研究报告可由建设单位或设计单位编制，应该就政府部门的有关规定，对被防护目标的风险等级与防护级别、工程项目的内容和目的要求、施工工期、工程费用概算的社会效益分析等方面进行论证。而可行性研究报告经相应的主管部门批准后，才可进行正式工程立项。

1.1.4 安全防范技术系统的发展趋势

在国家政策的大力扶持下，平安城市、平安社区等工程在全国各地深入推进，全民安防理念已经基本形成。十三五期间，安防行业向规模化、自动化、智能化升级，国内安防市场在过去5年实现了翻倍增长，行业增速保持在10%。

按照安防子系统产品分类来看，视频监控市场占比最大，占所有安防产品的近60%，其次为安检排爆、防盗报警、出入口控制和实体防护市场。从安防应用行业角度分析，平安城市工程、金融、电力等企事业单位和智能交通所占比例最高，占据整个应用市场的将近一半，此外，安防产品还应用在工业园区、写字楼和学校等多个领域，应用范围十分广泛。

目前，我国各类安防企业约为3万家，从业人数达166万人(2018年数据)。安防企业年总收入达6 600亿。其中，安防产品总收入3 432亿元，占比52%，安防集成与工程市场预计达到3 102亿元，占比47%，运营服务及其他约60亿元，占比1%。由此可见，安防产品类和集成类收入基本差不多，运营服务规模还比较小，是未来可能的增长点。就产品形式来看，视频监控领域是安防行业最大的应用产品。

安防行业发展趋势

1. 大数据、智能化主导安防3.0时代

安防行业是最需要与大数据结合的行业。视频监控数据占大数据总量60%以上，这个比例随着高清摄像头的普及会进一步增加。视频监控领域的70%以上的数据分析是用来进行图像识别，视频数据作为海量非结构化数据存在很多可利用的价值。大数据、云计算、云存储成了解决监控数据有效利用的重要手段。在深度学习、智能分析技术日渐成熟的环境下，大数据在安防行业的应用将会到达新的高度。

2. 新安防生态链逐步成型

安防系统从封闭走向开放，安防生态链亦是如此，随着安防产业技术的日新月异，以往的生态链系统开始逐渐被打破，从安防IT(信息技术)化走向DT(数据技术)化，在数据为王的时代中，企业如何寻找新的价值点，成为未来一个关乎企业存亡的关键点。

以往，安防工程主要包含设计制造、工程集成、软硬件维护三个过程，而现代安防包括用户需求、定制化、设计制造、工程集成、运维服务和创新改进完整过程。整个安防行业也开始从围绕着产能向用户需求转变，当前产业链的核心已经开始转移，而智能化这是这种迹象的表征。

除此之外，真正要让行业新价值得以实现，并不能简单靠政府来投资来牵引，视频社会化的价值才是驱动行业改革创新的动力。但目前这些新的需求在行业内都不太清晰，正因为市场仍在培育。新的生态链将有望打破各个细分行业独立研发，让平台与平台之间更加相容贯通，也能实现生态分工更有序，行业更加健康。

3. 智能化成为安防行业发展方向

到2020年安防行业总产值将达到8 000亿元，年复合增长率达10%，行业整体增速仍然较为可观。我们认为，安防行业的基础设施建设将是未来智慧城市、智慧交通的基石，也是未来实现平安城市的关键保障。预计在国家和各地方政府的扶持下，安防产业将由以硬件产品销售为主转变为整体解决方案销售为主，届时行业产值必然进一步加大，科技含量的提升将带来行业壁垒的加强,进而导致行业集中度的提升。我们预计,有技术研发能力的公司将在未来引领行业发展的潮流。目前各个城市都布有大量的摄像头,若完全依靠人员实时监控,既缺乏效率且成本高昂。同时,传统视频监控只能做到事后有依据,无法做到实时预警。基于这些因素,智能化成为安防行业发展的必然趋势。

4. 拓展视频应用新领域,布局未来智能世界

机器视觉是智能制造的入口,目前国内机器视觉市场规模已达50亿元,在中国制造2025、智能制造等政策不断推动下,未来五年有望实现超过20%的年复合增长,迎来黄金增长期。目前机器视觉产业上游基本被欧美日厂商占据,国内安防企业通过加强工业相机和产业布局,有望自上而下渗透智能制造领域,在关键设备国产化方面占据优势地位。

随着安防行业竞争的不断加剧,大型安防企业间并购整合与资本运作日趋频繁,国内优秀的安防生产企业愈来愈重视对行业市场的研究,特别是对企业发展环境和客户需求趋势变化的深入研究。正因为如此,一大批国内优秀的安防品牌迅速崛起,逐渐成为安防行业中的翘楚。

1.2　安全防范系统工程建设程序

根据《建筑工程设计文件编制深度规定》规定,智能化专项设计根据需要可分为方案设计、初步设计、施工图设计及深化设计四个阶段。由于安全防范工程的建设规模、系统复杂程度差异性较大,并不是所有的工程都需要进行深化设计。若施工图设计能够满足工程施工需要时,可不进行深化设计,施工单位按照施工图设计文件直接施工即可。

工程检验验收及移交阶段,建设单位可根据需要,委托具有安防工程检验资质且检验能力在资质能力授权范围内的检验机构对工程质量进行检验。详细建设程序见图1-1。

1.3　现代住宅小区安全防范系统技术要求

1.3.1　住宅小区安全防范系统组成

根据《居民住宅小区安全防范系统工程技术规范(2016版)》规定,住宅小区安全防范系统一般由周界防护、公共区域安全防范、住户安全防范及小区监控中心(安全管理系统)四部分组成。系统基本架构见图1-2所示。

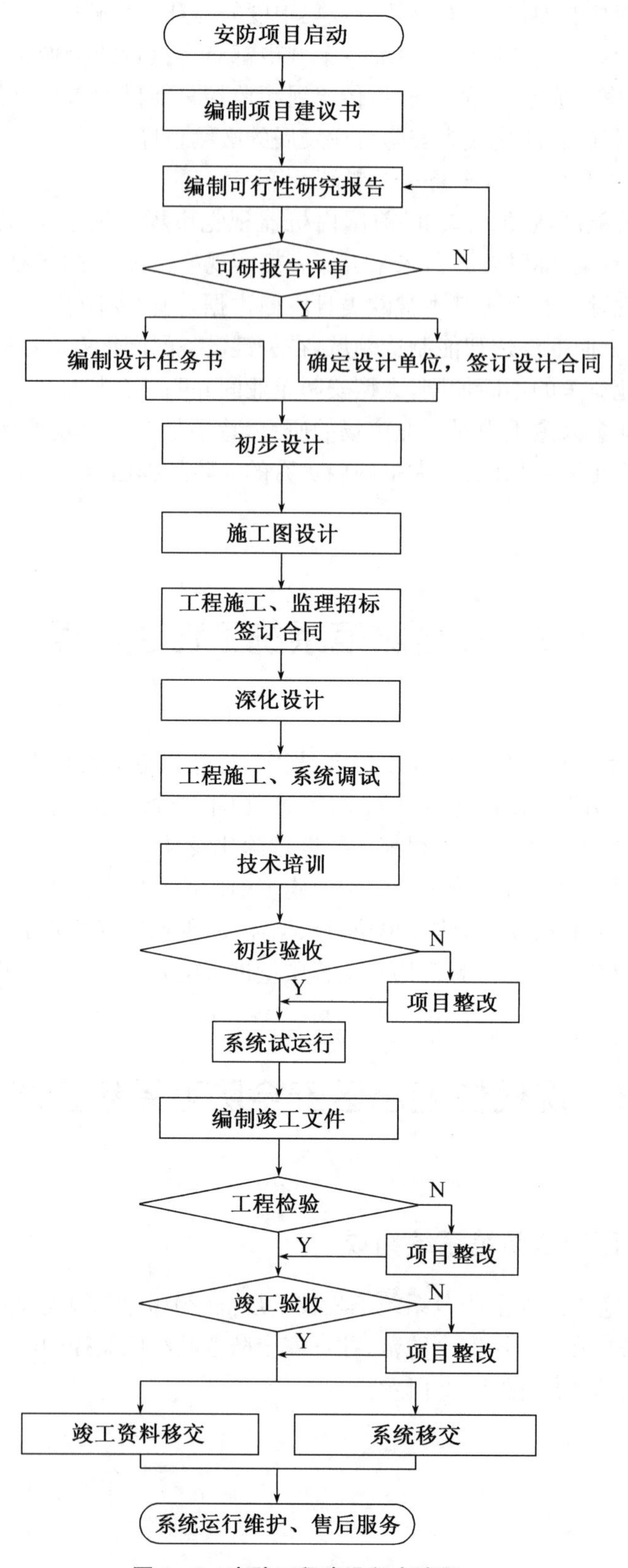

图 1-1　安防工程建设程序流程

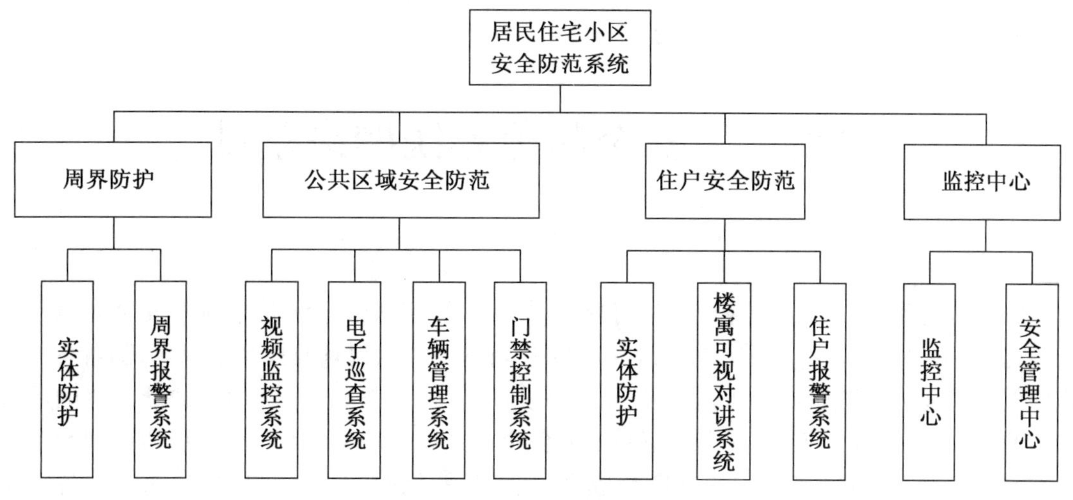

图1-2　住宅小区基本架构图

1.3.2　住宅小区安全防范系统工程技术要求

(1) 安全防范系统应与小区的建设综合设计、同步施工、独立验收,同时交付使用。

(2) 小区安全防范工程程序应符合《安全防范工程程序与要求》(GA/T75—94)的规定,安全防范系统的设计原则、设计要素、系统传输与布线,以及供电、防雷与接地设计应符合《安全防范工程技术规范》(GB50348—2018)第3章的相关规定。

(3) 安全防范系统中使用的设备和产品,应符合国家法律法规、现行强制性标准和安全防范管理的要求,并经产品质量认证或国家权威部门检验、检测合格。

(4) 小区安全防范系统的设计宜同本市公安监控报警联网系统的建设相协调、配套,作为社会监控报警接入资源时,其网络接口、性能要求应符合《城市监控报警系统　技术标准　第1部分:通用技术要求》(GA/T 669.1—2008)等相关标准要求。

(5) 各系统的设置、运行、故障等信息的保存时间应≥30天,以下另行有要求的以具体要求为准。

(6) 小区技防设施基本配置按《居民住宅小区安全防范系统工程技术规范(2016版)》中表1-1的规定。

1.4　教材配套网络在线课程

扫码安装云课堂智慧职教App,注册并登录后,输入课程码:555fsd,即可进入该课程进行线上同步学习。

云课堂智慧职教二维码

项目二　安全防范系统网络基础

安全防范系统中，视频监控系统、门禁控制系统、楼宇对讲系统是常见的安全防范子系统。这些子系统，最初都是采用模拟信号线路进行管控。以视频监控系统为例，随着各行业监控的规模和范围增加，原先的监控架构在系统的拓展、维护、管理方面都缺乏足够的灵活性和便捷性。为此，近年来，安全防范系统的各个子系统，都有着从模拟系统切换到数字系统的趋势。尤其随着5G技术的推广和应用，系统智能化的应用趋势越发显著。在各个子系统的各个应用场合都增加了智能化的应用场景。数字化安防系统和智能化安防系统，其运行以TCP/IP网络架构为基础。因此掌握TCP/IP相关技术，对应的网络设备和选型，对安全防范系统的设计、维护和管理能够建立一个较为坚实的基础。安全防范各个子系统中，视频监控系统应用历史时间长，应用范围较广，在技术的发展中与网络的结合较紧密，其中涉及的关键网络技术原理和方法，在其他子系统中也是适用的。本小节以数字安防监控子系统为背景，介绍IP监控系统组成、安全网络协议，并以此为基础简要介绍在门禁与楼宇对讲中的IP相关技术。

2.1　基于IP监控系统组成

基于IP的监控系统，从产品设备的组成来划分，可以将整个系统划分为前端单元、中心平台、用户端单元三个组成部分。其中，前端单元由摄像机终端、编码器、存储式编码器、接入交换机等设备组成。前端单元中摄像机采集的数据送到编码器，经过编码器处理后，视频数据进一步通过IP网络送到视频存储IP SAN网络，并进一步接受数据管理服务器、视频管理服务器、媒体交换服务器的处理。用户端单元设备，也进一步连接到IP网络，通过视频解码器将视频数据送到电视墙，通过媒体网关设备从互联网送到视频客户端。目前，前端单元的编码器、中心平台的设备、后端单元的视频解码器、媒体网关等设备，都是基于IP的网络设备，这些设备基于IP协议工作，是现代安全防范系统的重要组成部分。以下就对这些主要的网络设备工作原理和概念进行解释说明。

2.1.1　安防网络常用线缆

1. 以太网网络接口和线缆

以太网网络接口一般分为电口和光口两类。电口属于连接双绞线和RJ45水晶头的接口，这一类接口市场常见的线缆一般有五类线、超五类、六类线、超六类线、七类线。其中五类线、超五类提供100 Mbps速率，六类线提供1 000 Mbps速率，而七类线提供的速率可以达到 10 Gbps 即俗称的万兆速率。

图 2-1 6 类线千兆普通接口

图 2-2 超 6 类线万兆屏蔽接口

双绞线有效传输距离小于 100 米，为有效提供更远距离的数据信息传输，网络设备往往需要借助光纤进行数据传输。LC、SC、ST、FC 是在安防布线工程中常见的光纤接口类型，如图 2-3 所示。光纤上配线架时，为将 ODF 配线架的光纤端子与配线架外部终端线路的端子进行连接，在 ODF 配线架上需要预先安装好法兰（光纤接口连接器）。

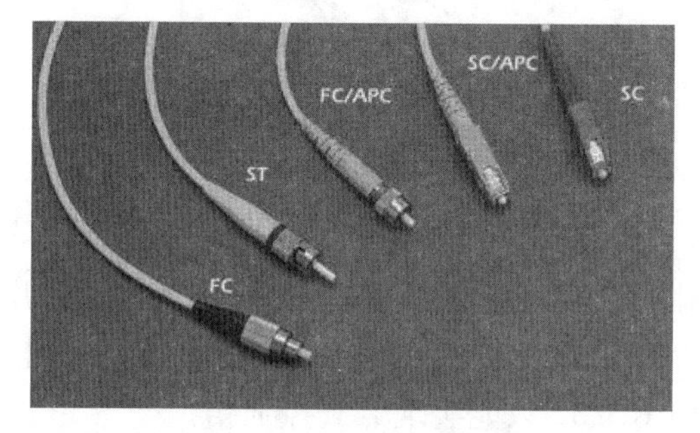

图 2-3 光纤接口类型

图 2-4 光纤接口连接器法兰

2. RS232 串口和线缆

RS232 串口是传统 PC 机器上的一种接口，该接口共有 9 根针脚，两排分别有 5 针、4 针接脚，如图 2-5 所示。网络设备调试，常用如图 2-6 所示的 RS232 转 RJ45 接口线，需要说明的是，该类接口线的一个端口是 RJ45 类型，但这个接口并不提供网络数据高速率传输功能，只能提供 9 600 bps、19 200 bps 等低速率级别的数据传输。因为串口线的两端线路连接端子的顺序相反，故这类线缆也称为“反扭线”。这类串口传输常用于网络设备的初始化配置、命令行下的配置。一般新出厂的设备，需要使用如图 2-6 的线缆进行连接，进行诸如 IP 地址、子网掩码、网关地址的配置，之后根据所配置的地址，技术人员可以在 PC 上通过以太网线缆连接网络设备，通过网页形式进行进一步的配置和管理工作。

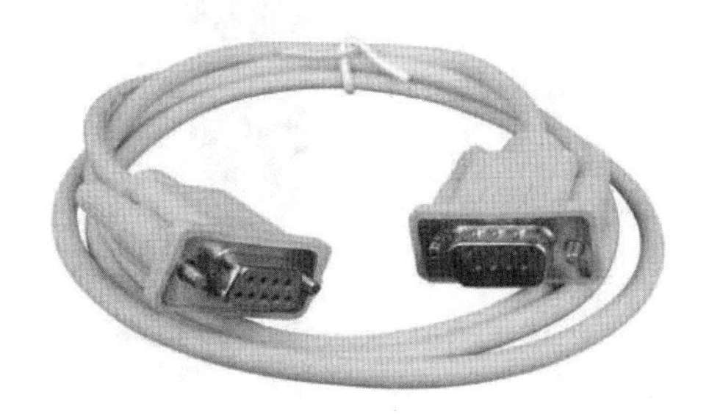

图 2-5 RS232 母头、公头接口外观

图 2-6 RS232 转 RJ45 接口

使用串口调试设备，需要先行准备好串口线，然后在笔记本电脑或台式机上，安装好串口调试控制台软件，如 SecureCRT、Putty、XShell 等软件，通过运行串口调试控制台软件，可以完成对安防网络产品的基本调试工作。

随着硬件设备的发展水平提升，目前笔记本电脑更多地采用 SSD 硬盘的方式节省笔记本的空间，RS232 也逐渐在笔记本上消失，为有效连接网络设备，厂家提出了用在网络设备上采用 USB 接口代替 RS232 接口，为此技术人员需要使用 USB 转 RJ45 串口线。进一步，为适应笔记本电脑类型扩展，现在也有基于 TypeC 转 RJ45 串口线。

图 2－7　USB 转 RJ45 串口线外观

图 2－8　TypeC 转 RJ45 串口线外观

3. RS485 串口和线缆

RS485 有两线制和四线制两种接线，四线制只能实现点对点的通信方式，现很少采用，多采用的是两线制接线方式，这种接线方式为总线式拓扑结构，在同一总线上最多可以挂接 32 个节点。RS485 能够实现设备的联网通信，而 RS232 只能实现点到点通信。

随着 PC 产业的迅速发展，USB 接口正在迅速替代传统的低速接口，而目前工业环境中许多重要的设备仍然使用 RS－485/RS－422 作为物理接口，这样的情况同样适用安防系统。因此许多安防产品和设备，也提供了 485 总线接口，用户可以使用 USB 转 RS－485/RS－422 转换器来实现 PC 机与 RS－485/RS－422 设备之间的连接。图 2－11 是采用了英国 FT232RL 芯片的 USB 转 RS485 接线，能够将 USB 信号及协议帧转换为平衡差分的 RS－422 或 RS－485 信号和 UART 协议帧，可实现星形 USB 网络到 RS－422/RS－485 网络的桥接，当于一个网桥设备。

图 2－9　USB 转 RS485 接线

图 2－10　RJ45 网口转 RS485 接线端子

2.1.2　安防网络常见设备

1. 编码器

监控媒体终端(简称编码器,EC)是IP视频监控解决方案中的编码设备,属于监控接入层设备;编码器的主要功能是对摄像机输入的模拟信号进行实时音视频信号的编码压缩,并封装为IP数据包,通过IP网络传送到指定目的地。以H3C EC1004－HC为例,该产品前视图、后视图分别如图2－11、2－12所示。

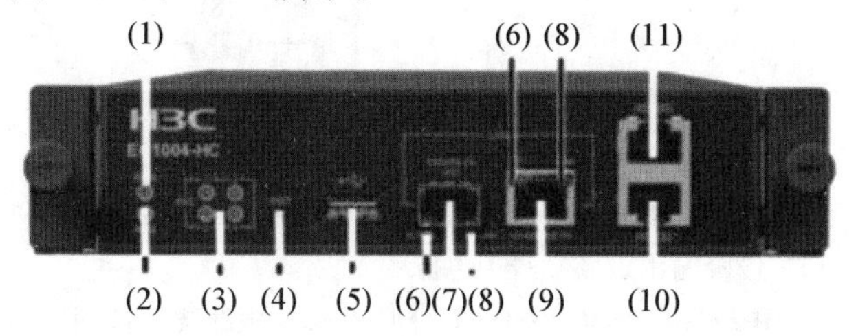

(1) RUN指示灯　(2) ALM指示灯　(3) ENC指示灯　(4) RST按钮　(5) USB接口　(6) ACT指示灯　(7) 以太网光口　(8) LINK指示灯　(9) 以太网电口　(10) RS232接口　(11) RS485接口

图2－11　H3C EC1004－HC产品前视图

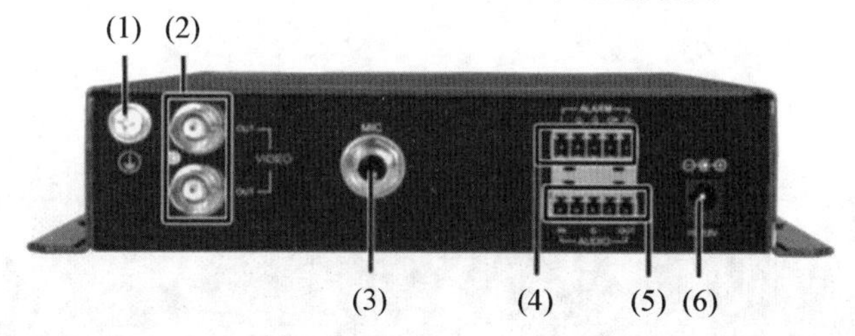

(1) 接地端子　(2) VIDEO OUT接口　(3) MIC接口　(4) ALARM接口　(5) AUDIO接口　(6) 直流电源输入接口

图2－12　H3C EC1004－HC产品后视图

和大多数网络产品类似,H3C EC1004－HC具备以太网电口、RS232接口,以及安防系统产品具备的RS485接口。这里,需要强调的是,虽然,从图2－11上看,所有的接口都是RJ45类型的接口,但在实际的适用过程中,要使用不同的线缆以达到不同的业务功能。

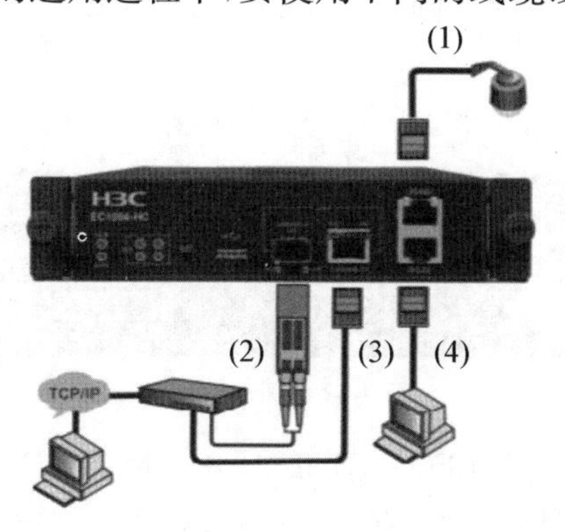

(1) 通过云台控制线连接到云台摄像机　(2) 通过光纤连接到网络　(3) 通过网线连接到网络　(4) 通过串口线连接到串口设备(如PC机)

图2－13　H3C EC1004－HC产品面板线缆连接图

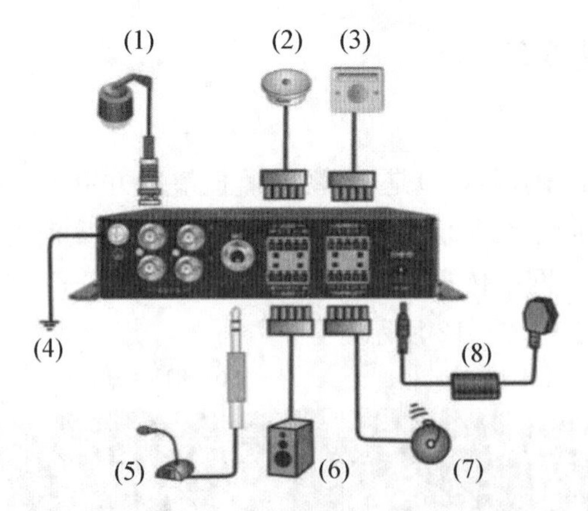

（1）云台摄像机 （2）拾音器 （3）告警输入设备 （4）接地 （5）麦克风
（6）音箱 （7）告警输出设备 （8）电源

图 2-14 H3C EC1004-HC 产品背板线缆连接图

2. 解码器

IP 视频监控解决方案中的解码设备(DC)，属于视频应用层设备；解码器主要功能是将数字音视频信号转换为模拟音视频信号。以 H3C DC1001-FF 为例，该产品前视图、后视图分别如图 2-15、2-16 所示。

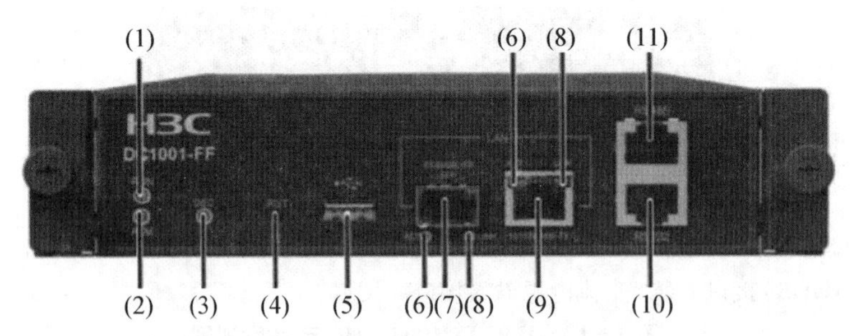

（1）RUN 指示灯 （2）ALM 指示灯 （3）DEC 指示灯 （4）RST 按钮 （5）USB 接口 （6）ACT 指示灯 （7）以太网光口 （8）LINK 指示灯 （9）以太网电口 （10）RS232 接口 （11）RS485 接口

图 2-15 H3C DC1001-FF 前视图

H3C DC1001-FF 在具体进行调试时，连线方式如图 2-15 所示，而连接设备时接口如图 2-16 所示。

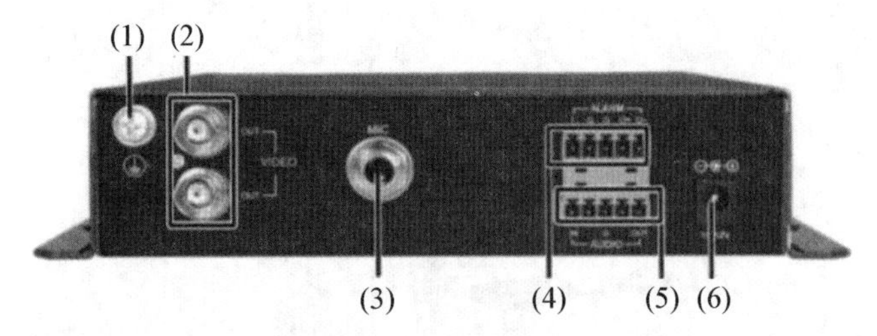

（1）接地端子 （2）VIDEO OUT 接口 （3）MIC 接口 （4）ALARM 接口 （5）AUDIO 接口 （6）直流电源输入接口

图 2-16 H3C DC1001-FF 后视图

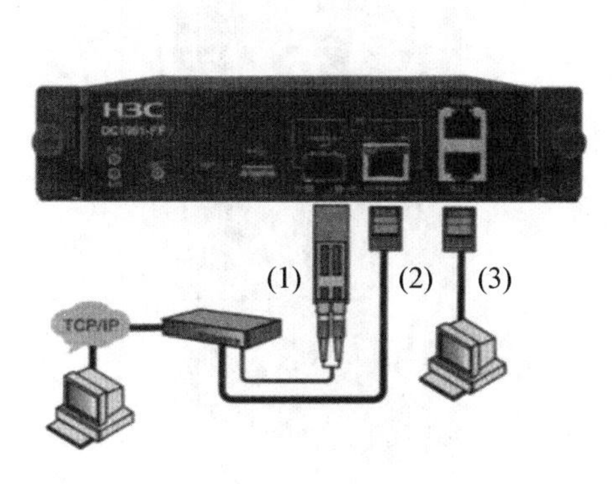

(1) 通过光纤连接到网络 (2) 通过网线连接到网络 (3) 通过串口线连接到串口设备(如PC机)

图2-17 H3C DC1001-FF产品面板线缆连接图

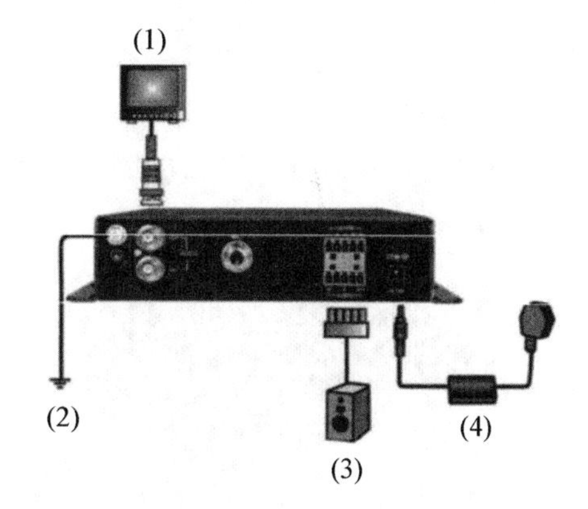

(1) 监视器等模拟信号显示设备 (2) 接地 (3) 音箱 (4) 电源

图2-18 H3C DC1001-FF产品背板线缆连接图

3. 交换机

交换机是安防监控系统中常见的网络设备。交换机在接入层是连接监控设备的主要设备,用于接收监控信号并传送到核心网的汇聚交换机,汇聚交换机则进一步将数据传送到IP网络。在OSI七层协议中,交换机转发数据工作模式基于第二层,基于MAC地址数据转发数据帧。接入层交换机,接受从编码器传输来的以太网数据帧,根据数据帧的MAC地址,构建MAC地址表。MAC地址表,包含了交换机的端口、VLAN、目标MAC的对应关系,当交换机接收到数据帧后,将根据MAC地址表,查询到MAC地址表中的MAC地址条目,根据条目中的交换机端口、VLAN进行转发。

交换机通过提供虚拟局域网(Virtual Local Area Network, VLAN)技术,将网络中数据流量进行隔离,减少流量在同一个局域网(Local Area Network, LAN)中的数据流量,进而降低的数据在LAN中冲突碰撞的概率,提升了数据传输的效率。

接入层交换机主要目标是连接安防设备,将安防设备采集的数据传输送到网络中的存储设备、监控设备。安防设备在实际部署中,每个设备之间的距离较远,部署位置距离监控中心也较远,部分设备需要部署在户外。为有效节省线缆的部署,在安防设备部署中,往往采用具备PoE功能的端口进行连接,通过PoE端口连接网络设备,即一根双绞线在传输数据的同时为网络设备提供直流电源。接入层交换机接入的网络设备较少,因此接入层交换机端口也较少,一般接入层交换机端口包含光口、电口两类,如图2-19所示,Aopre欧柏5端口千兆PoE(Power Over Ethernet)工业交换机,具备5个以太网RJ45电口,使用双绞线连接控制设备。双绞线有效传输距离为100米,一般设计中采用90米左右的线路连接终端到交换机电口。当安防设备与接入级交换机距离超过100米时,就需要考虑到采用具备光纤接口的交换机,如图2-20所示的宇泰UT-60-D4T4SC,具备4个电口、4个光口,图中该交换机光纤接口采用的是SC端口。

图 2-19 Aopre 欧柏 5 端口千兆 PoE 安防交换机

图 2-20 宇泰 UT-60-D4T4SC 安防交换机

与接入层的图 2-19 工业交换机、2-20 安防交换机不同，数据业务网络环境下的交换机具有更大的体积和数据流量处理能力，在接口数量和背板流量处理上具有更高的能力。如图 2-21 所示交换机为华为 S1720-10GW-PWR-2P。该交换机具备 68 Gbps 的背板带宽，包转发率为 15 Mpps，MAC 地址表支持 16 K。图 2-22 给出了华为 S1720-10GW 设计图，从该设计图看出，数据业务网络环境下的交换机可以接入监控设备，也可以接入 PC、服务器等终端设备，并可以与其他交换机级联。

图 2-21 华为 S1720-10GW-PWR-2P

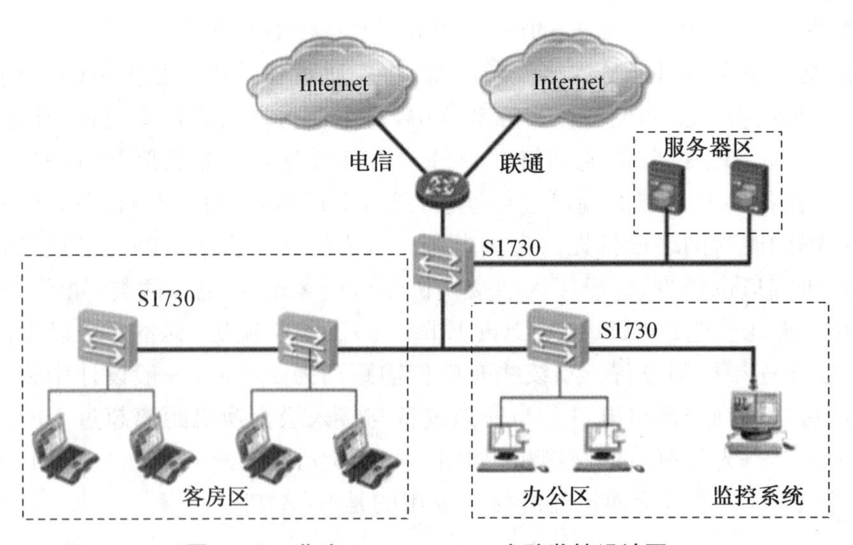

图 2-22 华为 S1720-10GW 安防监控设计图

4. 路由器

OSI七层协议中，路由器转发数据工作模式基于第三层，基于IP地址数据转发数据包。路由器工作时，根据路由表转发数据。路由表的组成有多种类型，直连路由表由路由器端口IP地址产生，静态路由表由静态路由条目产生，动态路由表则由动态路由协议（如OSPF、RIP）宣告后产生。不同路由表所宣告的路由条目，根据路由条目自身的管理距离数值的比较，将最优的路由条目放到路由表，用于指示整个路由器中路由条目转发。不同于交换机，路由器工作在三层，能够隔离组播包、广播包。因此，数据在转发跨网段的数据时，或者需要转发组播包或特定广播包时，需要使用到路由器。

交换机常用于企业安防内网，在企业的内外网边缘上，则需要路由器转发数据实现数据跨网段的转发。在IP核心网络中，有时候会用高端交换机工作于三层环境下用于跨网段的数据转发，此时的高端交换机具备路由转发功能。在企业内外网边缘的网络设备，为安全起见，常常需要防火墙、入侵防御/检测设备、防病毒网关、日志设备等安全设备进行必要的防护，而这些设备也是通常工作于三层环境，部分情况下这些设备也可以工作于二层模式。

虽然交换机在三层转发方面，其功能与路由器相同，但路由器承担企业网络边缘的功能并不能由交换机替代。比如在使用专用线路情况下的E1、T1线路，需要使用广域网板卡或模块接口扩充端口链接E1或T1线路，这一功能则是交换机不能替代的。如图2-24，H3C RT-SIC-1GEC-V2 1模块，这一模块是扩展路由器的千兆端口。

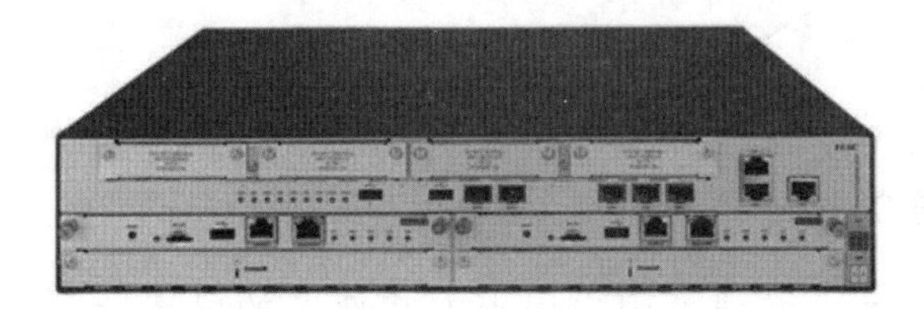

图2-23　H3C 56-20路由器

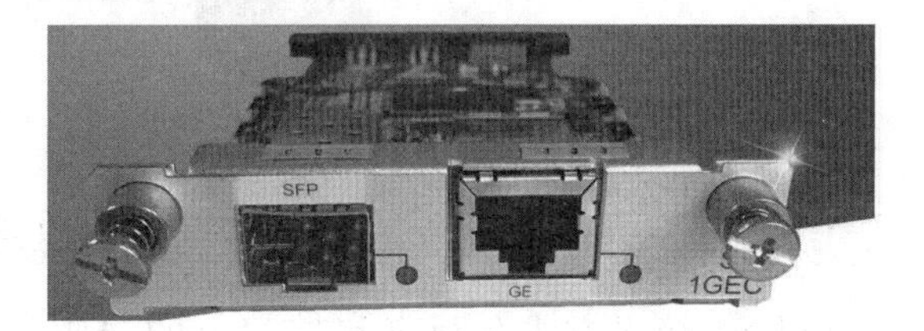

图2-24　H3C RT-SIC-1GEC-V2 1端口

5. PON传输技术

无源光网络(Passive Optical Network, PON)是实现FTTH光纤到户的主要技术，提供点到多点的光纤接入技术。PON网络，有局方一侧的光线路终端(Optical Line Terminal, OLT)、无源分光器(Passive Optical Splitter, POS)、用户侧的光网络单元(Optical network unit, ONU)组成。PON基于光纤线缆传输，PON技术的出现，为安防系统长距离传输提供了技术的可行性。

PON是一种非对称，点到多点(P2MP)结构，OLT和ONU所扮演的角色不同，OLT相当于Master的角色，ONU相当于Slave的角色。OLT的通过一根光纤，经过POS分光器，将与多个ONU设备之间建立联系。ONU设备通过POS分光器将信息汇聚到POS上行光纤线路，最终汇聚到OLT设备。

通过PON技术，可以通过分光器POS与OLT之间的一根光纤承载来自多个ONU的数据，可以达到节约光纤、光收发器的数量。通过POS分管器是无源设备，信号在PON传输过程中不经过有源电子器件，大大减少了潜在的故障点。使用无源设备简化了网络层次结构，扁平化的网络结构更易于维护和管理。PON传输距离10～20km，完全克服了以太网

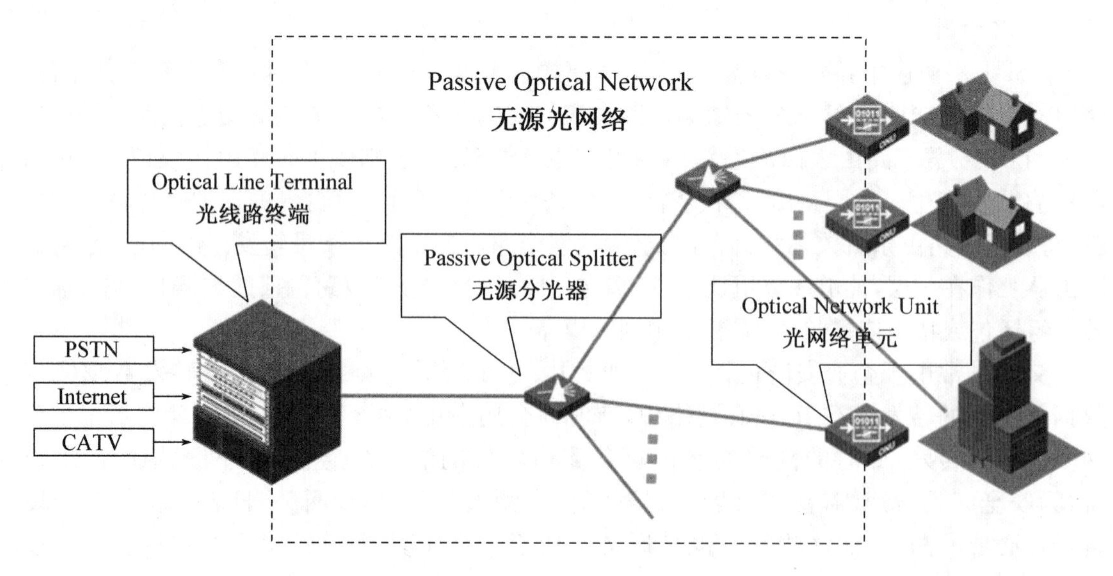

图 2-25　PON 的组成结构

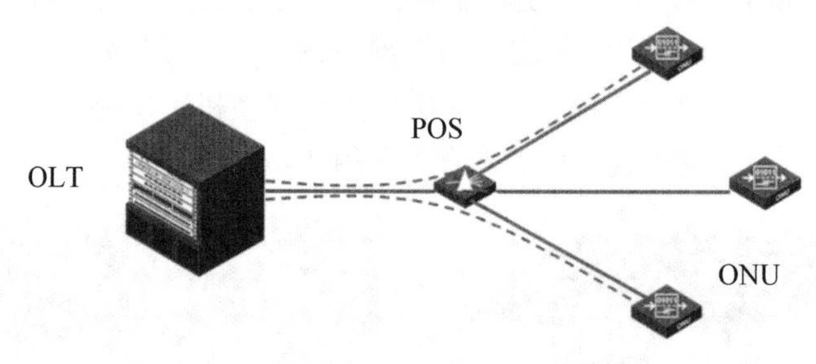

图 2-26　OLT 与 ONU 结构关系

和 xDSL 接入方式在距离和带宽上的局限性，大大增强了用户接入方案部署的灵活性。PON 提供高达与 xDSL 相比带宽更高，可在相当长时间内满足用户对带宽的需求。

PON 组网模型不受限制，可以灵活组建树型、星型拓扑结构的网络。PON 尤其适用于用户接入信息点很分散的场合，实现一根主干光纤可以满足所有用户接入信息点的接入。借助 PON 技术，编码器设备可以通过添加 PON 子卡，使得编码器能够支持 PON 设备远距离传输安防系统的数据，如图 2-33 所示是 H3C EC1501-HF 视频编码器安装 EPON 子卡。

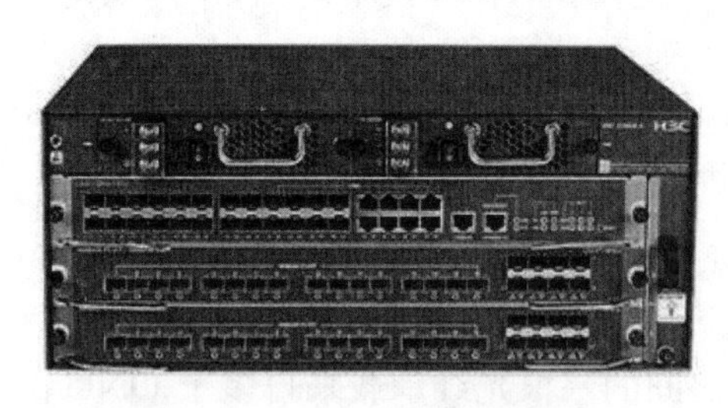

图 2-27　H3C 7503E 交换机

图 2-28　H3C OLT 业务板 LS8M1PT4GA

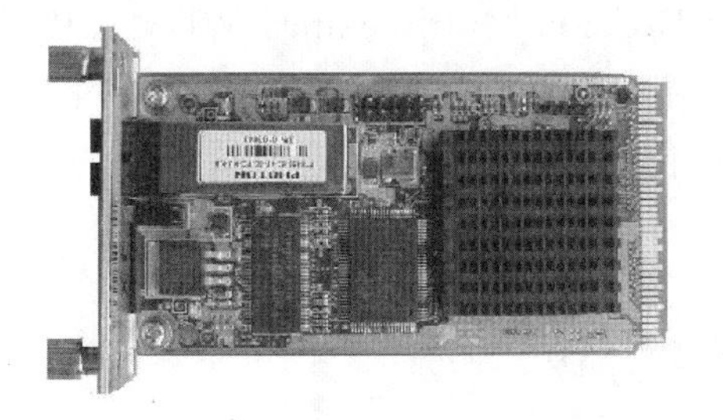

图 2-29　H3C ONU 子卡设备

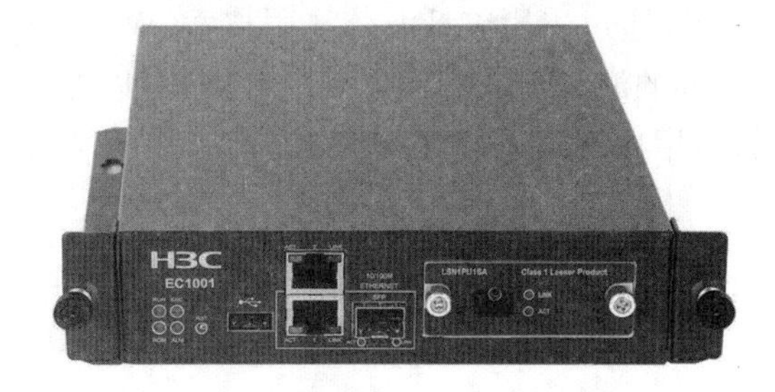

图 2-30　H3C EC101 ONU 设备

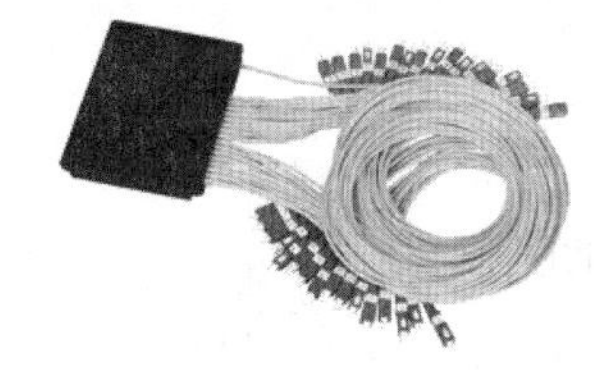

图 2-31　室内分光器

图 2-32　室外分光器

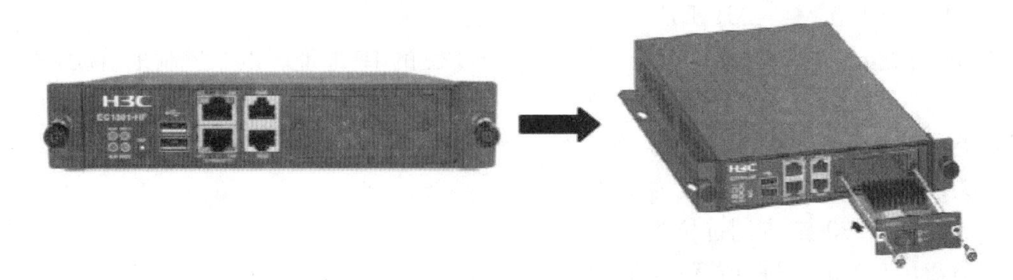

图 2-33　H3C EC1501-HF 视频编码器安装 EPON 子卡示意图

PON 技术中包含了 EPON 和 GPON 两类技术。其中，EPON 为 IEEE 标准，EPON 采用点到多点结构，无源光纤传输方式，在以太网上提供多种业务。目前，基于以太网的 IP 应用在局域网通信是主流技术，EPON 由于使用上述经济而高效的结构，从而成为连接接入网最终用户的一种最有效的通信方法。10Gbps 以太主干和城域环的出现也将使 EPON 成为未来全光网中最佳的最后一公里的解决方案。GPON 有 ITU 和 FSAN 制定标准，其技术特色是在二层采用 ITU-T 定义的 GFP(通用成帧规程)对 Ethernet、TDM(时分多路复用)、ATM(Asynchronous Transfer Mode)等多种业务进行封装映射，能提供 1. 25 Gbps 和 2. 5 Gbps 下行速率，和 155 M、622 M、1. 25 Gbps、2. 5 Gbps 几种上行速率，并具有较强的操作维护管理(Operation Administration and Maintenance，OAM)功能。当前在高速率和支持多业务方面，GPON 有优势，但技术的复杂和成本目前要高于 EPON。

PON通过采用单纤波分复用技术(Wavelength Division Multiplexing, WDM),利用光纤中不同的波长承载不同类型的数据,可以在OLT端将有线电视信号叠加进PON网络中传输,在用户端再通过分离器分离出来,PON既可以传送数据也可以传送有线电视信号。

2.2 安防网络协议

2.2.1 IP协议

1. IP地址结构

目前的IP版本有4和6。目前IPv4地址常用点分四组十进制。每一组范围是[0~255],如:255.255.255.255,该数值二进对应的制为:11111111 11111111 11111111 11111111。

IPv6地址长度是128位,由8块(或8个字段)组成,每一块都包含四个16进制数,每块由冒号分隔。有以下特点:1、一个块中前导的0不必书写。2、全0的块可以省略,并用符号::代替。3、IPv6可以兼容IPv4地址,即可以用IPv6格式表示IPv4地址。表示方式为:IPv6块值为ffff,其后面紧跟"点分四组"的格式。如:::ffff:10.0.0.1可以代表IPv4:10.0.0.1。4、IPv6的低32位通常采用点分四组(就是上面那样)的表示法。

2. IPv4基本地址结构

IPv4地址32位二进制数据,这32位二进制数据分别由网络位、主机位组成。其中,网络位是区别不同网段的信息,主机位是区别同一个网段的特定的一台主机。

IPV4被分为五大类:ABCDE

A类为:点分四组中的第一组地址范围为0~127的IP地址。以二进制来看就是"首位为0"

B类:128~191.二进制首位为10

C类:192~223.二进制首位为110

D类:224~239.二进制首位为1110

E类:240~255.二进制首位为1111

子网掩码:为有效判别IP地址的网络位数,在IP地址定义时通过子网掩码进行判别。子网掩码二进制表示时,由连续的"1"开头并加上连续"0"共32位组合,其中连续的"1"表示IP地址中的网络位,连续"0"表示IP地址中的主机位。当安防网络设备根据接收到的IP包时,将根据IP数据包的IP地址和子网掩码相与,判别IP数据包的网络段,结合本地的路由表确定转发的路径。

A类地址的网络位8位,子网掩码为255.0.0.0;B类地址的网络位16位,子网掩码为255.255.0.0,C类地址的网络位24位,子网掩码为255.255.255.0。

因为现有IPV4地址已经耗尽,目前网络设备中更多地采用域间无类路由(CIDR)方案。即:IP地址不再按照A、B、C类地址分类方法表示IP网段,即A类地址的网络位不再是8位,即子网掩码可以不再是255.0.0.0,可以是255.240.0.0等形式。CIDR的网络号由前缀来控制,如222.80.18.18/25,其中"/25"表示其前面地址中的前25位代表网络号,其余位数代表主机 ID。写法是在现有的点分四组后面加上“/前缀”，如：128.0.0.0/24。

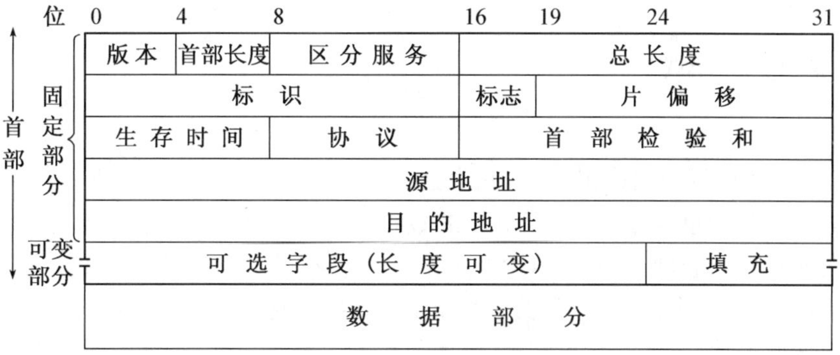

位	0	4	8	16	19	24 31
首部 固定部分	版本	首部长度	区分服务	总长度		
	标识			标志	片偏移	
	生存时间		协议	首部检验和		
	源地址					
	目的地址					
可变部分	可选字段（长度可变）					填充
	数据部分					

图 2－34　IP 数据包结构

版本：包含 IP 数据报的版本号：ipv4 为 4，ipv6 为 6

首部长度：其中保存的是整个首部中的“32 位字”的数量。这个字段正常的值为：5（假设“可选字段长度为 0”）该字段最大值为：15（可选字段长度全满加上原有字段）

区分服务：优先级（3 位）和数据链路层的 QoS 机制有关，定义了 8 个服务级别。当 Qos 选择了某种服务模型后，优先级越高，字段越优先传输。D、T、R 分别表示延时、吞吐量、可靠性。当这些值都为 1 时，分别表示低延时、高吞吐量、高可靠性。

0	3	4	5	6　7
优先级	D	T	R	保留(0)

ECN：用于为数据报标记“拥塞标识符”。当一个带有 ECN 标记的分组发送后，如果接收端“持续拥塞”且“具有感知 ECN 的能力”（如 TCP），那么接收端会通知发送端降低发送速度。

总长度：该字段指的是 IPv4 数据报的总长度（以字节为单位）。通过该字段和“首部长度”字段，我们可以推测出 ip 数据报中“数据部分”从哪开始以及长度。

标识、标志、分偏移：该字段帮助标识由 IPv4 主机发送的数据报。这个字段对实现分片很重要，大多数数据链路层不支持过长的 IP 数据报，所以要把 IP 数据报分片，每一片都是一个独立的 IPv4 数据报。发送主机每次发送数据报都讲一个“内部计数器”加 1，然后将数值复制“标识”字段中。

生存时间：该字段用于设置一个“数据报可经过的路由器数量”的上限。发送方在初始发送时设定某个值（建议为 64、128 或 255），每台路由器再转发时都将其减一，当字段达到 0 时，该数据报被丢弃，并使用一个 ICMP 消息通知发送方。

协议：包含一个数字，该数字对应一个“有效载荷部分的数据类型”。比如 17 代表 UDP，6 代表 TCP。

首部校验和：该字段“仅计算”IPv4 首部。也就是说只“校验”首部。并不检查数据报的“数据部分”。首先将“首部校验和”设置为 0。然后对首部（整个首部是一个 16 位字的“序列”）计算 16 位二进制反码和。该值被存储在首部校验和字段中。当接收方接收到数据报后，也对其首部进行校验计算，如果结果与“首部校验和”的值不同，就丢弃收到的数据报。

可选字段:IP 支持很多可选选项。如果选项存在的话,它在 IPv4 分组中紧跟在基本 IPv4 头部之后。

2.2.2 TCP/UDP 协议

1. TCP 协议

TCP 将用户数据打包构成报文段,它发送数据时启动一个定时器,另一端收到数据进行确认,对失序的数据重新排序,丢弃重复的数据。TCP 提供一种面向连接的可靠的字节流服务,面向连接意味着两个使用 TCP 的应用(B/S)在彼此交换数据之前,必须先建立一个 TCP 连接,类似于打电话过程,先拨号振铃,等待对方说喂,然后应答。在一个 TCP 连接中,只有两方彼此通信。

(1) TCP 数据包结构和主要字段说明

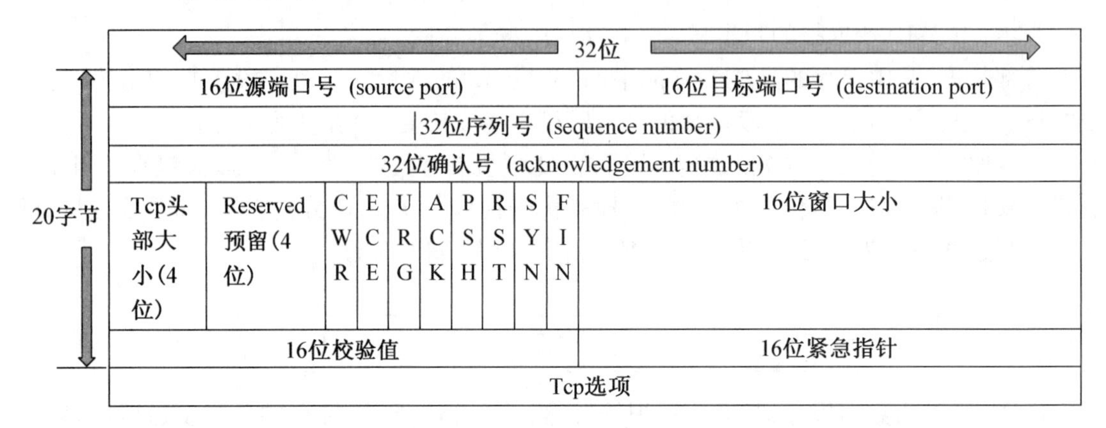

图 2-35 TCP 数据包结构

① 源、目标端口号字段:占 16 比特。TCP 协议通过使用“端口”来标识源端和目标端的应用进程。端口号可以使用 0 到 65535 之间的任何数字。在收到服务请求时,操作系统动态地为客户端的应用程序分配端口号。在服务器端,每种服务在“众所周知的端口”(Well-Know Port)为用户提供服务。

② 顺序号字段:占 32 比特。用来标识从 TCP 源端向 TCP 目标端发送的数据字节流,它表示在这个报文段中的第一个数据字节。

③ 确认号字段:占 32 比特。只有 ACK 标志为 1 时,确认号字段才有效。它包含目标端所期望收到源端的下一个数据字节。

④ TCP 校验和字段:占 16 比特。对整个 TCP 报文段,即 TCP 头部和 TCP 数据进行校验和计算,并由目标端进行验证。

(2) TCP 可靠性来自:

① 应用数据被分成 TCP 最合适的发送数据块

② 当 TCP 发送一个段之后,启动一个定时器,等待目的点确认收到报文,如果不能及时收到一个确认,将重发这个报文。

③ 当 TCP 收到连接端发来的数据,就会推迟几分之一秒发送一个确认。

④ TCP 将保持它首部和数据的检验和,这是一个端对端的检验和,目的在于检测数据在传输过程中是否发生变化。(有错误,就不确认,发送端就会重发)

⑤ TCP 是以 IP 报文来传送，IP 数据是无序的，TCP 收到所有数据后进行排序，再交给应用层。

⑥ IP 数据报会重复，所以 TCP 会去重。

⑦ TCP 能提供流量控制，TCP 连接的每一个地方都有固定的缓冲空间。TCP 的接收端只允许另一端发送缓存区能接纳的数据。

⑧ TCP 对字节流不做任何解释，对字节流的解释由 TCP 连接的双方应用层解释。

（3）TCP 建立三次连接的过程（三次握手）

TCP 是一个面向连接的协议，无论哪一方向另一方发送数据之前，都必须先在双方之间建立一条连接，建立一条连接有以下过程。

① 请求端（客户端）发送一个 SYN 段指明客户打算连接的服务器的端口，以及初始序列号（ISN），这个 SYN 为报文段 1.

② 服务器发回包含服务器的初始序列号的 SYN 报文段（报文段 2）作为应答。同时，将确认序号设置为客户的 ISN 加 1 以对客户的 SYN 报文段进行确认。一个 SYN 将占用一个字符。

③ 客户必须将明确序号设置为服务器的 ISN 加 1 以对服务器的 SYN 报文段进行确认（报文段 3）

④ 这三个报文段完成连接的建立，这个过程成为三次握手。

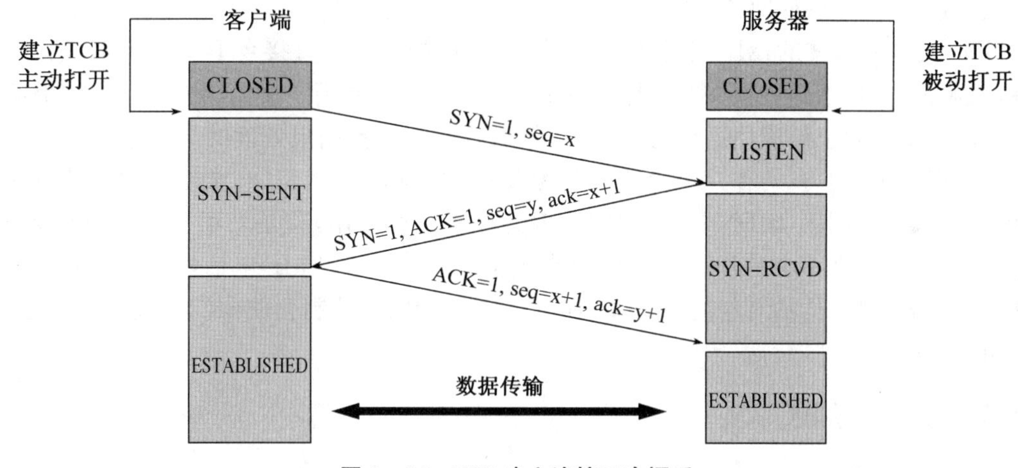

图 2-36　TCP 建立连接三次握手

2. UDP 协议

UDP 是传输层的协议，功能即为在 IP 的数据报服务之上增加了最基本的服务：复用和分用以及差错检测。UDP 提供不可靠服务，具有 TCP 所没有的优势：

UDP 无连接，时间上不存在建立连接需要的时延。空间上，TCP 需要在端系统中维护连接状态，需要一定的开销。此连接装入包括接收和发送缓存，拥塞控制参数和序号与确认号的参数。UCP 不维护连接状态，也不跟踪这些参数，开销小。空间和时间上都具有优势。

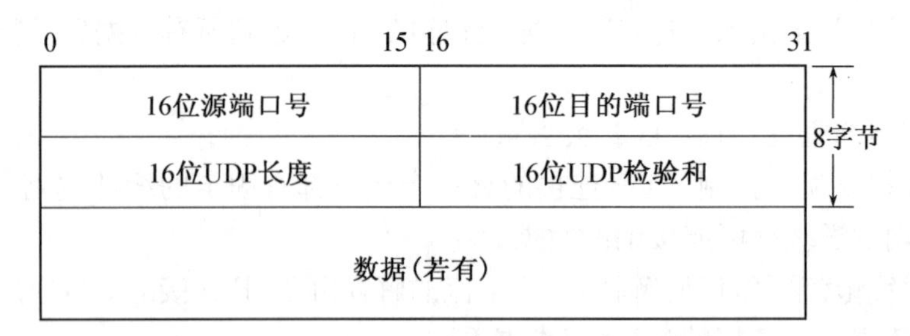

图 2-37 UDP 数据包结构

实际应用中,如果 DNS 运行在 TCP 之上而不是 UDP,那么 DNS 的速度将会慢很多。而 HTTP 使用 TCP 而不是 UDP,是因为对于基于文本数据的 Web 网页来说,可靠性很重要。同一种专用应用服务器在支持 UDP 时,一定能支持更多的活动客户机。

UDP 分组首部开销小,TCP 首部 20 字节,UDP 首部 8 字节。

UDP 没有拥塞控制,应用层能够更好地控制要发送的数据和发送时间,网络中的拥塞控制也不会影响主机的发送速率。某些实时应用要求以稳定的速度发送,能容忍一些数据的丢失,但是不能允许有较大的时延(比如实时视频,直播等)

UDP 提供尽最大努力的交付,不保证可靠交付。所有维护传输可靠性的工作需要用户在应用层来完成。没有 TCP 的确认机制、重传机制。如果因为网络原因没有传送到对端,UDP 也不会给应用层返回错误信息。

UDP 是面向报文的,对应用层交下来的报文,添加首部后直接乡下交付为 IP 层,既不合并,也不拆分,保留这些报文的边界。对 IP 层交上来 UDP 用户数据报,在去除首部后就原封不动地交付给上层应用进程,报文不可分割,是 UDP 数据报处理的最小单位。正是因为这样,UDP 显得不够灵活,不能控制读写数据的次数和数量。UDP 常用一次性传输比较少量数据的网络应用,如 DNS,SNMP 等,因为对于这些应用,若是采用 TCP,为连接的创建,维护和拆除带来不小的开销。UDP 也常用于多媒体应用(如 IP 电话,实时视频会议,流媒体等)数据的可靠传输对他们而言并不重要,TCP 的拥塞控制会使他们有较大的延迟,也是不可容忍的。

2.2.3 应用层协议

网络摄像机提供很多的基于 IP 网络的传输协议,以尽可能地保证音视频数据,PTZ 控制数据网络传输质量。实时视频流经过 IP 网络传输,通过多种协议组合,适应各种复杂的网络传输环境。

(1) HTTP(HyperText Transfer Protocol)超文本传输协议,网络摄像机通过 HTTP 协议提供 Web 访问功能,很方便地将音视频数据经过复杂网络传输,但 HTTP 协议基于 TCP 协议,因此在实时音视频支持方面并不是很理想。

(2) RTP(Realtime Transport Protocol),实时传输协议,其专门针对实时流媒体而设计,RTP 的基本功能是将几个实时数据流复用到一个 UDP 分组流中,这个 UDP 流可以被发送给一台主机(单播模式),也可以被传送给多台目标主机(多播模式)。因为 RTP 仅仅封装成常规的 UDP,理论上路由器不会对分组有任何特殊对待,但现在高级的路由设备都有针对 RTP 协议优化选项。RTP 协议的时间戳机制,不仅减少了抖动的影响,而且也允许多个数据流相互之间的同步，这样可以很方便地基于 I/O 事件对视频图像进行字幕添加，网络摄像机往往将音视频编码数据封装成 RTP 分组。

(3) RTCP(Realtime Transport Control Protocol)实时传输控制协议，其是 RTP 的姊妹协议，它处理反馈、同步和用户界面等，但是不传输任何数据。它的主要功能是用来向源端提供有关延迟、抖动、带宽、拥塞和其他网络特性的反馈信息，编码进程可以充分利用这些信息。因此当网络状况较好时，可以提高数据速率(从而达到更好的质量)，而当网络状况不好时，它可以减少数据速率。通过连续的反馈信息，编码算法可以持续地作相应的调整，从而在当前条件下尽可能地提供最佳的质量。

(4) RTSP(Real Time Streaming Protocol)实时流协议，RTSP 协议利用推式服务器(push server)方法，让音视频浏览端，发出一个请求，网络摄像机只是不停地向浏览端推送封装成 RTP 分组的音视频编码数据，网络摄像机可以用很小的系统开销实现流媒体传输。

项目三　入侵报警系统

3.1　入侵报警系统概述

3.1.1　入侵报警系统定义

入侵报警系统是指当非法侵入防范区时，引起报警的装置。它是用来发出出现危险情况信号的。入侵报警系统就是用探测器对建筑内外重要地点和区域进行布防。它可以及时探测非法入侵，并且在探测到有非法入侵时，及时向有关人员示警。譬如门磁开关、玻璃破碎报警器等可有效探测外来的入侵，红外探测器可感知人员在楼内的活动等。一旦发生入侵行为，能及时记录入侵的时间、地点，同时通过报警设备发出报警信号。第一代入侵报警器是开关式报警器，它防止破门而入的盗窃行为，这种报警器安装在门窗上。第二代入侵报警器是安装在室内的玻璃破碎报警器和振动式报警器。第三代入侵报警器是空间移动报警器(例如超声波、微波、被动红外报警器等)，这类报警器的特点是：只要所警戒的空间有人移动就会引起报警。这些入侵报警系统在报警探测器方面有了较快的发展。

入侵报警系统工程是根据各类建筑中的公共安全防范管理的要求和防范区域及部位的具体现状条件，安装设置红外或微波等各种类型的报警探测器和系统报警控制设备，对设防区域的非法入侵、火警等异常情况实现及时、准确、可靠的探测、报警、指示与记录等功能。

入侵报警系统在安全技术防范工作中的作用如下：

(1) 入侵报警系统协助人防担任警戒和报警任务，提高了报警探测的能力和效率；

(2) 入侵报警系统通过及时探测和明确的反应指示，提高了保卫力量的快速反应能力，可及时发现警情，迅速有力地制止侵害；

(3) 入侵报警系统具有威慑作用，犯罪分子不敢轻易作案或被迫采取规避措施，可提高作案成本甚而减少发案率。

入侵报警系统代表了“探测—反应”主动防范的思想，本质上它是通过提高人防能力或弥补人防的不足来增强安全防范的效果，因此入侵报警系统是人防的有力辅助和补充，单纯依靠入侵报警系统，或者人防力量配备不到位等情况都将使入侵报警系统的作用降低到“威吓”这一等级。

3.1.2　系统基本组成

入侵报警系统负责为建筑物内外各个点、线、面和区域提供巡查报警服务，它通常由前端报警探测器（红外、微波、紧急按钮等各类探测设备）、报警控制设备（报警主机）和报警输出设备（执行机构）组成，如图 3-1 所示。

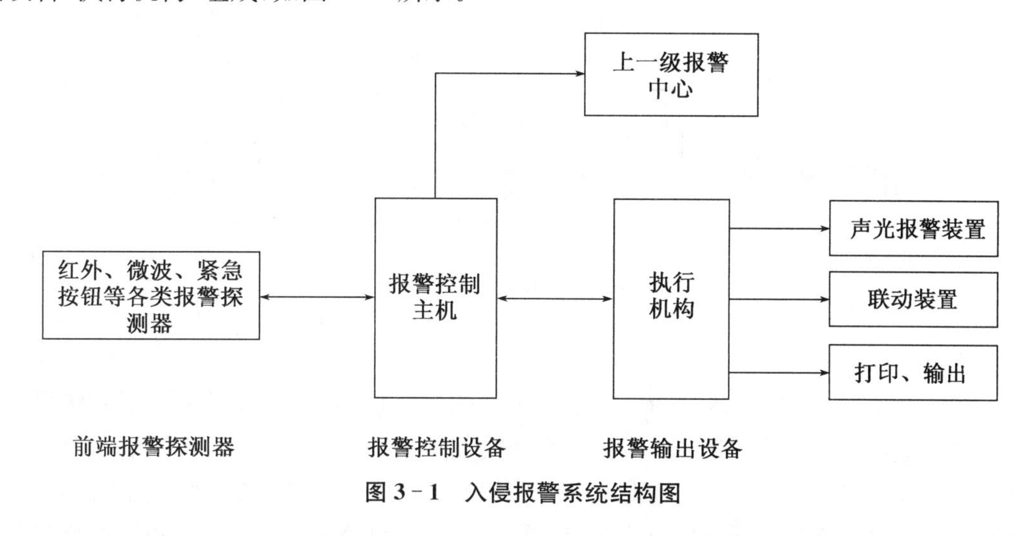

图 3-1　入侵报警系统结构图

前端探测部分由各种探测器组成，是入侵报警系统的感知部分，相当于人的眼睛、鼻子、耳朵、皮肤等，能感知现场的温度湿度、压力、微波、光波、声波、气味等各种物理量的变化，并将其按照一定的规律转换成适于传输的电信号。

系统控制部分主要是报警控制器，是入侵报警系统的核心。负责接收各探测器发来的探测信息，并将处理后的报警信息送到报警输出设备（执行机构），执行机构包括声光报警装置、联动装置和打印、输出设备。比如报警时可以提供声/光提示。也可以把入侵报警系统和视频监控系统设置联动相应。同时，还可以将报警信息上传到上一级报警中心。

3.1.3　常用术语及概念

1. 分区

子系统是监控报警主机单独划分出来的独立区域，这些区域相当于一套独立的控制系统，提供分区布撤防能力。

子系统使多个不同需求的用户可以共享同一套入侵监控报警系统。一个划分出来的子系统允许用户在其他子系统处于布防状态时对自己控制的区域进行撤防，或是限制对某一区域的进入。每一个系统用户都可以分配来操作任何一个子系统，及分配为不同的权限级别。如图 3-2 所示，该系统包括了多个分区，其中防区 1～3 属于分区 1，防区 4～5 属于分区 2，防区 6～8 属于分区 3。

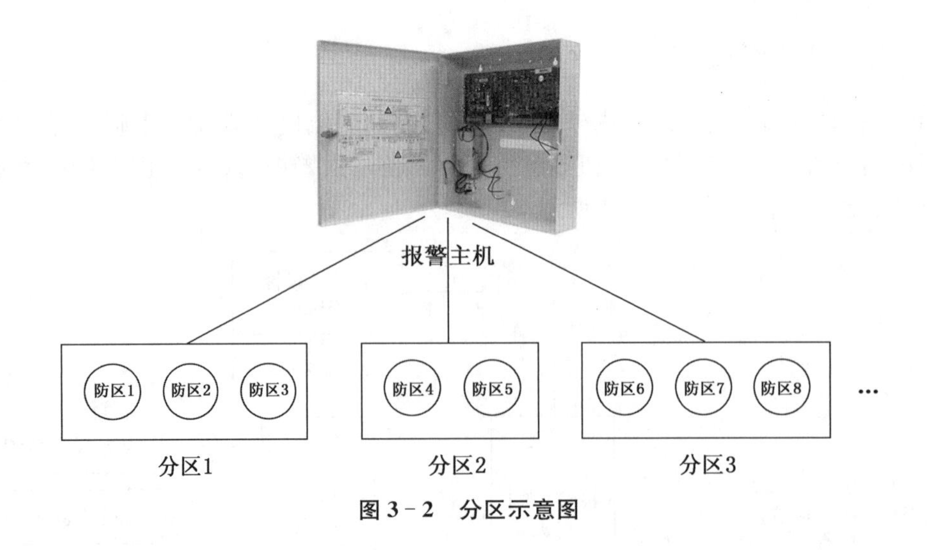

图 3-2　分区示意图

2. 防区

入侵报警控制器中的防区是指可以独立识别的报警输入，它的数量反映了入侵报警控制器的报警输入识别数量。对于入侵报警系统的使用者而言，一个防区代表了一个可以独立识别的安全事件。一个防区往往对应于一个特定的警戒范围，在这个警戒范围内，根据所选择的报警探测器的探测范围和防范要求，可以安装一个报警探测器，也可以安装许多个报警探测器。当这个警戒范围(防护区域)内任意一个报警探测器产生报警输出时，在入侵报警控制器上都显示这个防区发生了报警事件。

(1) 按防区报警是否设有延时时间来分，可分为瞬时防区和延时防区。

① 瞬时防区：在布防工作状态下，只要接入防区的探测器被触发，报警控制器立即产生报警，没有任何延时时间。

② 延时防区：在布防状态下，探测器在延时事件内被触发，超过此延迟时间则报警。工作在延时防区的探测器在布防后，第一次被触发先按照退出延时工作，第二次被触发将按照进入延迟工作。

(2) 按入侵探测器的安装位置及其防范功能不同分为：内部防区、出入防区、周界防区、日夜防区、24 小时防区、火警防区等。

① 出入防区(即延时防区)：用来监控入/出口处，在布防后系统会为出入防区提供一定时间的延时时间，外出延时时间结束后，触发延时防区系统报警。在进入时触发延时防区，控制器会在进入延时时间里发出蜂鸣，作为撤防系统的提示信号，必须在设定的延时时间内对系统撤防，否则会报警。此防区类型适用于用户的进/出口操作键盘的必经之处。

② 周边防区：用来保护主要防护对象的周边，如外窗、阳台、围墙等，可视为防范区域的第一道防线。

③ 内部防区：内部跟随防区、内部延时防区。

④ 日夜防区：24 小时处于警戒状态，但白天和夜间当探测器被触发后，报警控制器的告警方式不同：白天，当探测器被触发，将以键盘发生的方式以示告警，目的是引起人们的注意；夜间，当探测器被触发，则立即产生报警。

⑤ 24 小时报警防区：工作于该防区的探测器 24 小时处于警戒状态，不会受到布撤防操

作影响，一旦触发，立即报警，没有延时。分为24小时无声报警防区、24小时有声报警防区、24小时辅助报警防区。

⑥ 火警防区：火警防区必须设置为24小时报警防区，当火警防区被触发时，除键盘有声光告警外，外界警号将发出响亮且特别的报警声。

3. 盲区

在警戒范围内，安全防范手段未能覆盖的区域。

4. 布防

在入侵报警系统的工作中、需要入侵报警控制器对某个或全部防区内的报警探测器的触发报警输出做出报警反应，对报警事件进行处理的工作状态称为对系统或这个防区进行"布防"。除了一些特殊防区（如24小时防区）外，入侵报警控制器对未布防的防区出现的报警事件不做出反应和处理。

当系统需要对所有防区的报警事件做出反应和处理时，称为对入侵报警系统的"全布防"，与之对应的还有"局部布防"。布防的方式根据入侵报警控制器的不同，方法也略有不同。

（1）外出布防

对子系统或者防区布防后，若系统存在延时防区，则提供外出延时和进入延时，延时结束后系统内正常工作的防区若触发则产生报警。

（2）留守布防

用户处在监控报警系统内部保护区域时对系统布防的一种模式，在此布防模式下，系统中支持组旁路的防区会被自动旁路，其他防区处于布防状态。

用户处在监控报警系统内部保护区域时对系统布防的一种模式，在此布防模式下，系统中支持组旁路的防区会被自动旁路，其他防区处于布防状态。

（3）即时布防

用户全部离开监控报警系统保护区域时对系统布防的一种模式。在此模式下，系统中所有防区均处于工作状态，当防区探测器触发时，系统不再提供进入延时，但若内部防区在延时防区内，则探测器触发。系统依旧提供进入延时。

（4）内部出/入口跟随

这是被编制为在出/入口延时期间忽略的防区。延时结束后则变为内部即时防区。如果在系统布防期间，该防区被触发，但无出/入口防区被触发，则会触发报警。如果该防区在出/入口延时防区被触发之后才被触发，则会跟随出/入口延时时间。周界即时布防或周界布防时，会旁路该防区。

（5）内部留守/外出

在出口延时期间内，如果系统已布防且防区被触发，该防区则变成内部即时防区，如果系统已经布防但出/入口延时防区没被触发，则会旁路该防区。当进行周界即时布防或周界布防时，则会旁路该防区。

5. 撤防

当人们在报警探测器的探测范围内正常工作和生活时，会暂时需要入侵报警系统停止对报警事件的反应和处理，或者需要部分防区停止对报警事件的反应和处理工作，这时需要将布防的系统全部防区或部分防区设置在"撤防"状态。此时，入侵报警控制器对"撤防"的防区内报警探测器探测到的情况不做出反应和处理(24 小时防区除外),使人们得以在探测区域内正常活动而不至于触发报警。

6. 旁路

在入侵报警系统工作中,有时需要不对某防区(包括 24 小时防区)进行戒备。如该防区一直被触发(如探测器监视区内有人活动)或防区出现故障。

此时,可在布防之前将该防区旁路。入侵报警控制器对接在被旁路防区中的探测器发过来的任何信号不做处理。该防区将不受入侵报警系统的保护。

一般只能对未布防的防区进行旁路操作。为增强系统安全性,入侵报警控制器可设置成必须先输入正确的密码才能执行旁路操作。

7. 复位

复位相当于对入侵报警控制器断电后重上电。复位并不影响已有的编程。有时报警系统进入了异常状态,可利用复位功能,在不对整个系统断电的情况下让入侵报警控制器复位,恢复到正常状态。

8. 防拆探测

用防拆装置探测对报警系统或其部分的故意干扰。

9. 防拆保护

使用电气或机械方法防止对报警系统或其部分的故意干扰。

3.2 入侵报警系统主要设备

3.2.1 入侵报警探测器分类

报警探测器,俗称探头,一般安装在监测区域现场,主要用于探测入侵者移动或其他不正常信号,从而产生报警信号源的由电子或机械部件所组成的装置,其核心器件是传感器。采用不同原理制成的传感器件,可以构成不同种类、不同用途,达到不同探测目的报警探测装置。根据警戒范围的不同,报警探测器有点控制型、线控制型、面控制型、空间控制型之分。为了减少误报警现象的发生,有的探测器结合了两种检测技术,这种具有"双重鉴别"能力的探测器称为双鉴探测器。

3.2.2 常用入侵报警探测器简介

1. 主动红外周界报警器

主动红外探测器是目前技术最成熟、使用最广泛的探测技术之一。它由红外发射机和红外接收机组成。当发射机与接收机之间的红外光束被完全遮断或给定百分比遮断时将产生报警信号。为避免落叶、小鸟干扰造成误报,一般采用双光束甚至是四光束探测技术,以减少误报,提高可靠性。该技术成本低、性价比高,可用于分界线比较清晰、比较平直的围墙。

图 3-3　主动红外周界报警器示意图

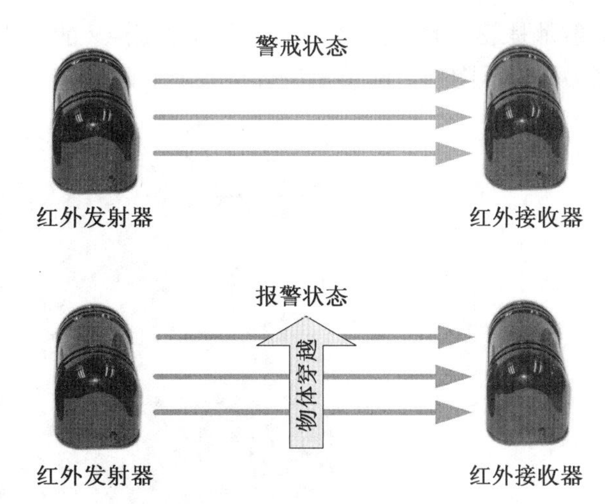

图 3-4　主动红外报警工作原理

对于小区围墙直接与隔壁小区住户的窗户、晾衣架等突出物相连的情况，该探测技术则不适用。对于别墅的开放花园、河道和无人值守变电站等区域该技术也难以运用。该技术不足之处是：易受小动物、雾、雪、雨天气、太阳光的干扰，需排除树木枝丫遮挡。

2. 电子围栏

电子围栏是目前最先进的周界防盗报警系统，它由电子围栏主机和前端探测围栏组成。电子围栏主机是产生和接收高压脉冲信号，并在前端探测围栏处于触网、短路、断路状态时能产生报警信号，并把入侵信号发送到安全报警中心；前端探测围栏由杆及金属导线等构件组成的有形周界。通过控制键盘或控制软件，可实现多级联网。电子围栏是一种主动入侵防越围栏，对入侵企图做出反击，击退入侵者，延迟入侵时间，并且不威胁人的性命，并把入侵信号发送到安全部门监控设备上，以保证管理人员能及时了解报警区域的情况，快速地作出处理。

图 3-5　电子围栏安装实图

（1）张力式电子围栏

主要由张力探测模块感知攀爬、拉压和剪断围栏前端企图入侵的机电报警装置。以新型的张力式电子围栏为例，它是一种防止人体逾越的障碍物和感知攀爬、拉压、剪断障碍物企图入侵的机电装置的集合体。是一种新型的周界防入侵报警设施。由控制模块以及控制杆，受力杆，支撑杆，钢丝绳，弹簧，紧固件等组成。张力式智能电子围栏由于采用全新的探测方式和特殊的信号处理方法。确保环境的变化彻底改变了以往周界安防探测器环境适应性差、易误报的缺点。因此，张力式智能电子围栏可以在风霜、雨雪、沙尘、高温等严酷环境下始终忠于职守，全天候稳定可靠的工作。因为张力式电子围栏与脉冲电子围栏相比，最大的差异是张力电子围栏工作的时候包含张力索在内的外部器件都不带电，其对于学生的人身安全更有保护作用且张力式电子围栏无论是对人体造成的伤害还是辐射都是最小的，既能起到安全防范作用，又能减少对人体的伤害。各种电子围栏设施中，张力式电子围栏目前是最适合学校的安防设施。

图 3-6　张力式电子围栏报警装置实图

(2) 脉冲式电子围栏

脉冲式电子围栏由脉冲电子围栏主机和脉冲电子围栏前端两个部分组成。主机通电后发射端产生脉冲。脉冲信号通过高压绝缘导线施加于电子围栏的始端，沿着电子围栏的导线由始端传向终端。再通过高压绝缘导线形成回路施加于控制器的接收端，如果有人入侵或破坏前端电子围栏时。控制器会发出报警并把报警信号传输给监控室报警接收系统。脉冲电子围栏一般采用六线制，适用于各种围墙形状的周界防范。它是一种有形物的防范技术，受环境的干扰小，目前被推广应用于居住小区的周界防范。

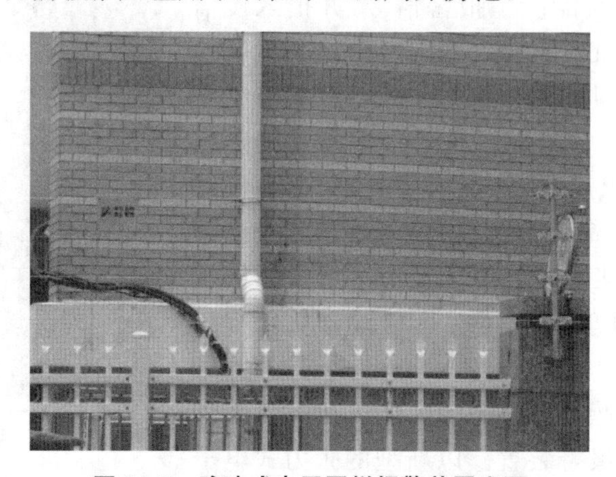

图 3-7　脉冲式电子围栏报警装置实图

电子围栏系统的观赏性相对较差，栅栏网状的防护给人压抑感、缺乏人性化；周围不能有植物，以免树枝、藤蔓造成误报。同样电子围栏技术也不适用于别墅的开放花园、河道和无人值守变电站等无形的周界防范。对于围墙上有相邻小区住户的窗户、晾衣架等突出物的情况，该探测技术也不适用。

3. 泄露电缆

该系统前端主要由探测器、馈线和两根平行敷设的泄漏电缆组成。其埋入的“泄漏”式同轴电缆周围产生一种不可见的射频电磁探测场，如果磁场被入侵者干扰，将产生一个报警信号并不断地经电缆传送到探测模块或经网络系统在控制中心显示报警。

泄漏电缆可埋入地表隐蔽安装或者直接平行固定在墙体上，不受地形、墙形或周界形状的限制和气象因素的干扰。

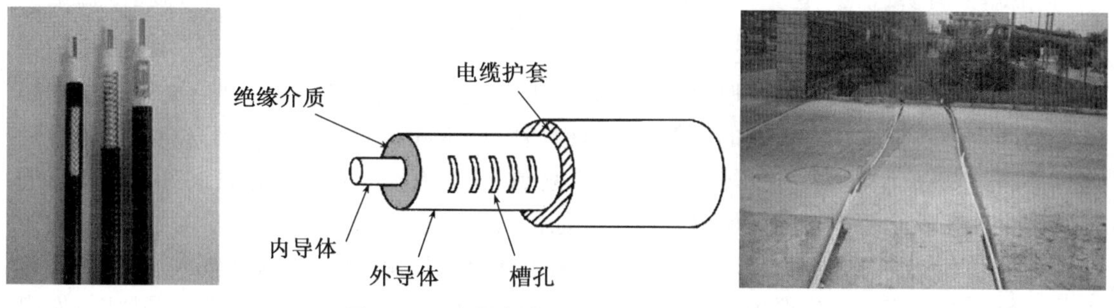

图 3－8　泄露电缆实物、结构及安装实图

其不足之处有：建筑物周围密布的各类水管的水流各种电线电缆的电流，这些状况都会在实际使用中产生非恒定的、不规则的流量变化。从而产生环境中总体场的变动，引发误报或对泄漏电缆产生干扰使之无法正常工作。

4. 微波多普勒入侵探测器

常常被称为雷达报警器，因为它实际上是一种多普勒雷达。是应用多普勒原理，辐射一定频率的电磁波，覆盖一定范围，并能探测到在该范围内移动的人体而产生报警信号的装置。

从技术上讲，一般要求探测器应由一个或多个传感器和信号处理器组成，探测器应具有能改变探测范围的方法。

微波多普勒入侵探测器如果安装恰当就很难被破坏。利用微波探测器还可以用一台设施来保护两个以上的房间。微波入侵探测器对于捕获躲藏起来的窃贼非常有效，只要躲藏的人进入保安区域就会触发报警器。

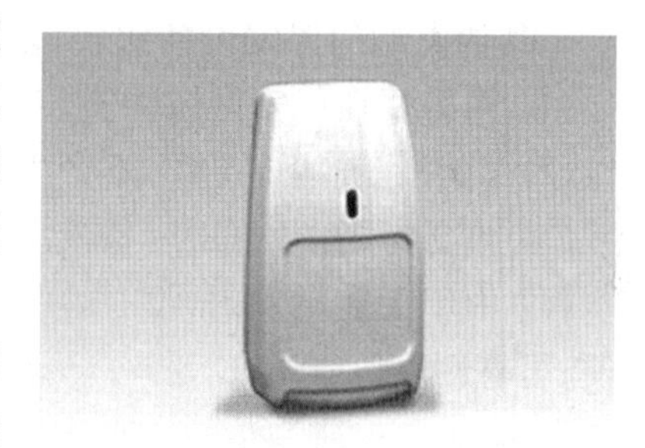

图 3－9　微波探测器实图

微波入侵探测器的主要缺点是安装要求较高，如果安装不当，微波信号就会穿透装有许多窗户的墙壁而导致频繁的误报。另一个缺点是它会发出对人体有害的微量能量，因此必须将能量控制在对人体无害的水平。此外，微波报警装置会受到空中交通和国防部门所用的高能量雷达的干扰。

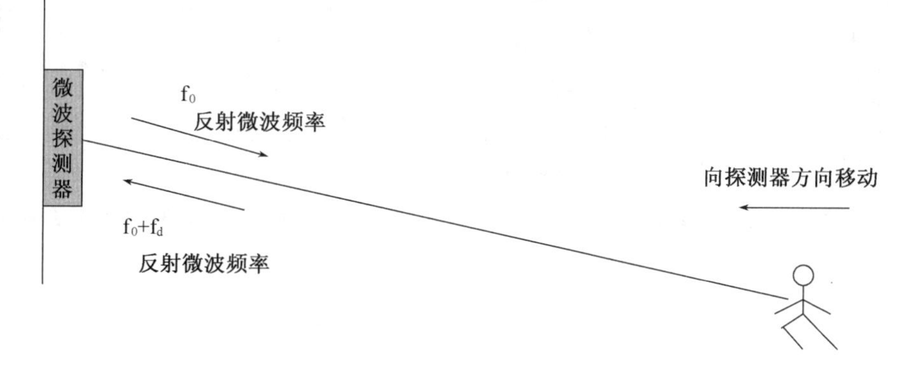

图 3－10　微波多普勒效应

5. 超声波入侵探测器

超声波入侵探测器与微波入侵探测器原理一样，也是应用多普勒原理，通过对移动人体反射的超声波产生响应，从而引起报警，超声波入侵探测器利用超声波的波束探测入侵行为，与微波入侵探测器一样是最有效的保安设施之一。超声波报警器必须对保安区域内微小运动非常敏感，同时又不会受气流的影响。

超声波报警装置的有效性取决于能量在保安区域内多次反射。像墙壁、桌子和文件柜这样的硬表面对声波具有很好的反射作用，而地毯、窗帘和布等软质材料则是声波的不良反射体。因此，具有坚硬墙壁这样反射表面的小区域，比装有壁毯和许多窗帘的办公室所需的传感器少。充满软质材料的区域最好使用其他保安方法。

另外，如果房间里通风很好，或是房间的某个部位在加温，使空气流动较大，就会使相对安装的超声波报警器发生误报。因为在空气流动较大的情况下，如果发射信号顺风时，发出的超声波到达接收机的速度就会较静止时快，这样一来，驻波波形就会被破坏，从而触发报警器。

6. 被动红外入侵探测器

当人体在探测范围内移动，引起接收到的红外辐射电平变化而能产生报警状态的探测装置。对灵敏度的要求是，当人体正常着装，以每秒一步的速度，在探测范围内任意做横向运动，连续步行不到 3 米，探测器便能产生报警状态。

被动红外入侵探测器采用热释电红外探测元件来探测路动目标。只要物体的温度高于绝对零度，就会不停地向四周辐射红外线，利用移动目标（如人、畜、车）自身辐射的红外线进行探测。

与其他类型的保安设备比较，被动红外入侵探测器具有如下特点：

（1）不需要在保安区域内安装任何设备，可实现远距离控制；

（2）由于是被动式工作，不产生任何类型的辐射，保密性强，能有效地执行保安任务；

（3）不必考虑照度条件，昼夜均可用，特别适宜在夜间或黑暗条件下工作；

（4）由于无能量发射，没有容易磨损的活动部件，因而功耗低、结构牢固、寿命长、维护简便、可靠性高。

图 3-11 被动红外探测器实物及安装实图

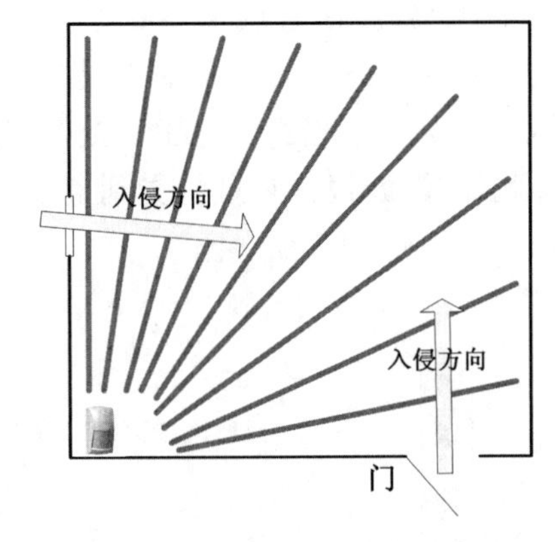

图 3-12 被动红外入侵探测器正确安装位置

7. 复合入侵探测器

将微波和被动红外两种单元组合于一体，且当两者都处于报警状态才发出报警的装置。这种复合探测器由微波单元、被动红外单元和信号处理器组成，并装在同一机壳内。微波和红外探测范围大小相当且重叠，在机壳内有调节两者重叠的装置。

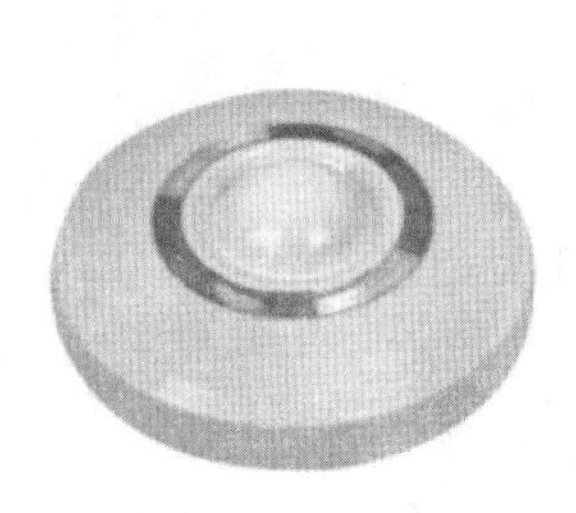

图 3－13　双鉴复合探测器实图

无线被动红外探测器是一种基于无线射频传输警情度信息的被动红外探测器，被动红外是问目前使用较为广泛的一种答入侵探测器，被动红外与微波相结合，就俗称双鉴。

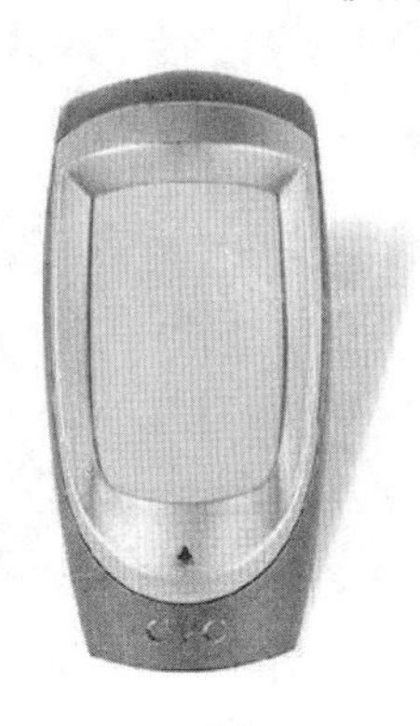
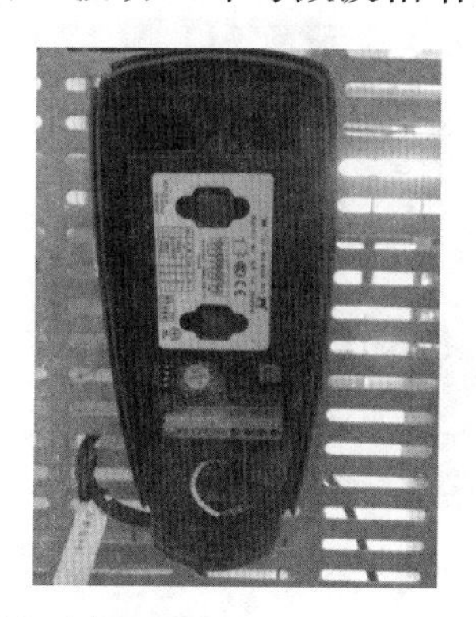

图 3－14　四鉴复合探测器实图

8. 玻璃破碎探测器

利用压电陶瓷片的压电效应（压电陶瓷片在外力作用下产生扭曲、变形时将会在其表面产生电荷），可以制成玻璃破碎入侵探测器。对高频的玻璃破碎声音（10 k～15 kHZ）进行有效检测，而对 10 kHZ 以下的声音信号（如说话、走路声）有较强的抑制作用。玻璃破碎声发射频率的高低、强度的大小同玻璃厚度、面积有关。

玻璃破碎时产生报警，防止非法入侵。能探测的玻璃种类包括钢化玻璃、强化玻璃、层化玻璃。适用于宾馆、商店、图书馆、珠宝店、仓库以及其他对玻璃及窗户破碎需要报警的场所。

（1）玻璃破碎探测器适用于一切需要警戒玻璃防碎的场所。除保护一般的门、窗玻璃外，对大面积的玻璃橱窗、展柜、商亭等均能进行有效的控制。

（2）安装时应将声电传感器正对着警戒的主要方向。目的降低探测的灵敏度。

（3）安装时要尽量靠近所要保护的玻璃，尽可能地远离噪声干扰源，以减少误报警。

（4）不同种类的玻璃破碎探测器，需根据其工作原理的不同进行安装。

（5）也可以用一个玻璃破碎探测器来保护多面玻璃窗。

(6) 窗帘、百叶窗或其他遮盖物会部分吸收玻璃破碎时发出的能量,特别是厚重的窗帘将严重阻挡声音的传播。

(7) 探测器不要装在通风口或换气扇的前面,也不要靠近门铃,以确保工作的可靠性。

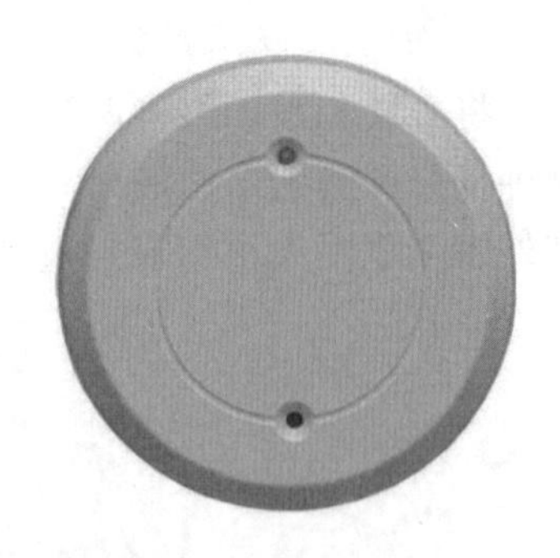
图 3-15　玻璃破碎探测器实图

8. 门磁开关探测器

门磁是一种最普通常见的报警器,用于门、窗、抽屉的报警,门磁由两部分组成,一个小块为磁铁,作用是建立一个小型的磁场,另一个大块为门磁开关与发射器,门磁开关相当于一个"磁控管"。当磁铁与门磁开关靠近时(小于 15mm),"磁控管"处于断开状态;当磁铁移开时,"磁控管"由于没有磁铁的吸引而闭合,此时产生一个报警信号,报警指示灯亮并且传输到报警主机进行报警。

门磁的安装非常简单,一般装门、窗、抽屉的内侧隐蔽位置,大块固定在门框、窗户框、抽屉框上,小块装在门、窗、抽屉上,在门、窗、抽屉闭合时,大块与小块的间距不能超过 15 mm,大块一般固定不动,小块装在门、窗、抽屉上活动。安装时避免装在磁场干扰强的环境。

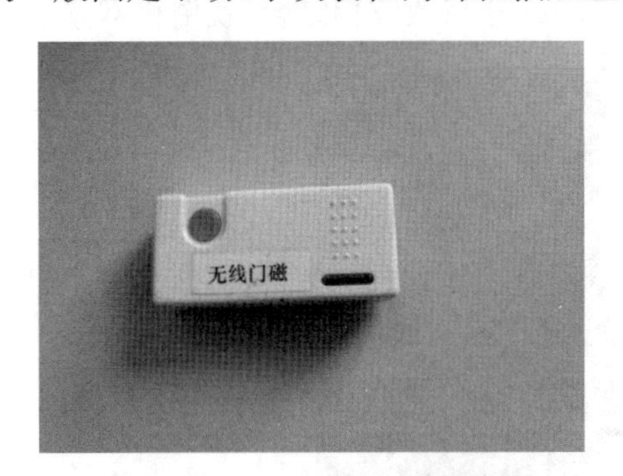

图 3-16　门磁开关实图

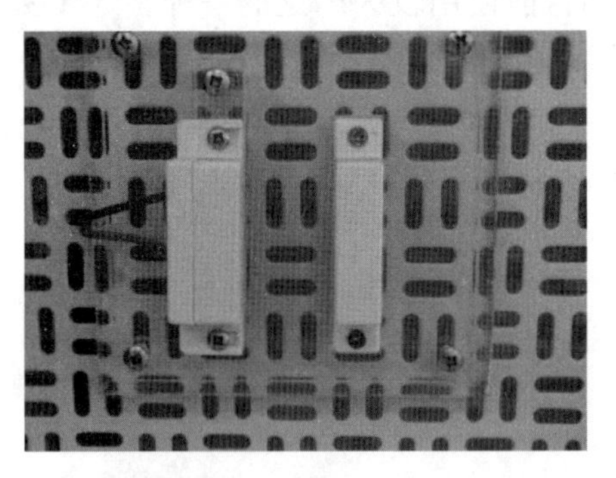
图 3-17　门磁开关安装实图

9. 紧急按钮(多种形式脚踏式)

紧急报警按钮就是起到报警的作用,通过人为的手动按下紧急报警按钮可以达到警报效果。就像银行柜台的紧急报警按钮一样的道理,还可以和警灯相连。

图 3-18　手按式紧急按钮实图

图 3-19　脚踏式紧急按钮实图

10. 光电探测器

光电探测器能把光信号转换为电信号。根据器件对辐射响应的方式不同或者说器件工作的机理不同,光电探测器可分为两大类:一类是光子探测器;另一类是热探测器。

光电探测器的工作原理是基于光电效应，热探测器基于材料吸收了光辐射能量后温度升高，从而改变了它的电学性能，它区别于光子探测器的最大特点是对光辐射的波长无选择性。

光电探测器利用光线具有直线传播的特点，因此它适合于探测出入口或较开阔而没有物体阻挡光束的区域。如果区域较大，可以使用镜子来反射光。光电探测器的主要缺点是，它不适用于短而又不直的通道。若用于短而不直的通道，则需使用多面镜子，而每面镜子的安装位置不准或被沾染污物都会造成误报。另外入侵者还可能利用镜子反射光束，使光束不被阻断的方法潜入保安区内而不被探测出来。

图 3-20　光电探测器实图

12. 接近探测器

接近探测器是一种当入侵物体接近它但尚未碰到它时能即时触发报警的探测装置。接近探测器常适用于室内防护，如对文件柜等特殊物件提供保护。通常被保护的物件是金属的，实际上可以构成保护电路的一部分。敏感导线接到柜子的框架上，作为敏感电路中电容器的一个极板。

接近探测器也非常适合于对特定物件的保护。它的最突出优点是可以很方便地将被保护物体当作电路的一部分，因而只要有人试图破坏系统时，就会立即触发报警。

接近探测器的主要优点是多用性和通用性，它几乎可用来保护任何物体，而且不会被几米以外的干扰所激发。一旦有人靠近被保护物体时，便会触发报警，但在附近的正常业务工作可以照常进行。

接近探测器的主要缺点是太灵敏，如果为了适应某一种应用而把灵敏度调得太高时，容易造成频繁的误报。与其他系统不同，它不可能将电源插头一插就能使系统正常工作，而必须进行一定的调整，使误报的概率降低到最低限度。

如果接近探测器在室外应用时，很容易发生误报，必须在应用时采取特殊的措施。最常见的影响是温度和湿度的变化，下雨时，影响就更大了，要采用高级的绝缘材料来支承放感导线，以便将雨水的影响减小到最低限度。

图 3-21　接近探测器实图

3.2.3　入侵报警控制器

一、入侵报警控制器工作原理

入侵报警控制器是对入侵行为的检测、识别、百分析、报警的器材。它通过收集和分析网络行为、安全日志、审计数据、其他网络上可以获得的信息以及计算机系统中若干关键点的信息，检查网络或系统中是否度存在违反安全策略的行为和被攻击的迹象。入侵报警控制器作为一种积极主动的安全防护产品，提供了对内部攻击、外部攻击和误操作的实时保护，在网络系知统及周界防护系统受到危害之前拦截和响应入侵。因此被认为是当代人民居住和财产安全的有利保护者。

入侵报警控道制器的基本功能是：

(1) 阻拦(有形或者无形的阻拦)；

(2) 威慑(对入侵者产生心理威慑力，阻版止其入侵)；

(3) 识别(检测前端是否有入侵行为发生，并且可以触发报警权)；

(4) 报警(入侵行为一旦发生，马上启动报警外接设备，联动摄像机，让安保人员迅速反应直接解决现场入侵行为，保证人身财产安全不受损失)。

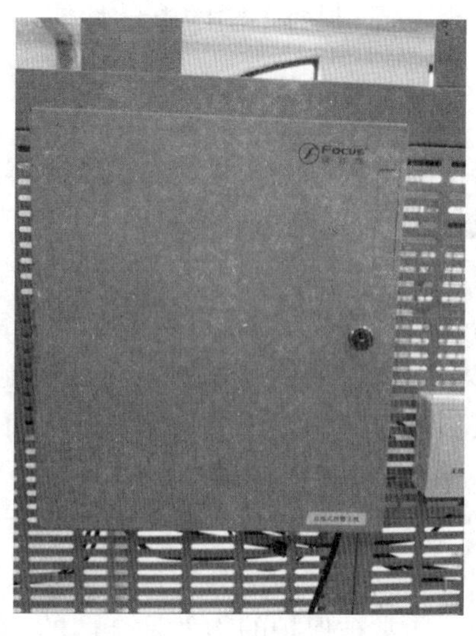

图 3－22　入报警系统主机

二、入侵报警控制器与探测器的连接

1. 有线连接方式

(1) 直接使用报警控制器自带的并行接口(自带防区)

如图 3－23 所示，普通的探测器具有常开或常闭触点输出，C、NO 和 C、NC(一般防火探测器是 C、NO)。图中是以 FC－7448 自带防区为例，触发方式为开路或短路报警的两种接线方式图。

线尾电阻在购买主机时都作为附件配套提供。各种报警主机的线尾电阻都不一样。如 FC－7448 自带防区的线尾电阻是 2.2K，而扩充模块的线尾电阻为 47 K。在使用时，不能混淆。

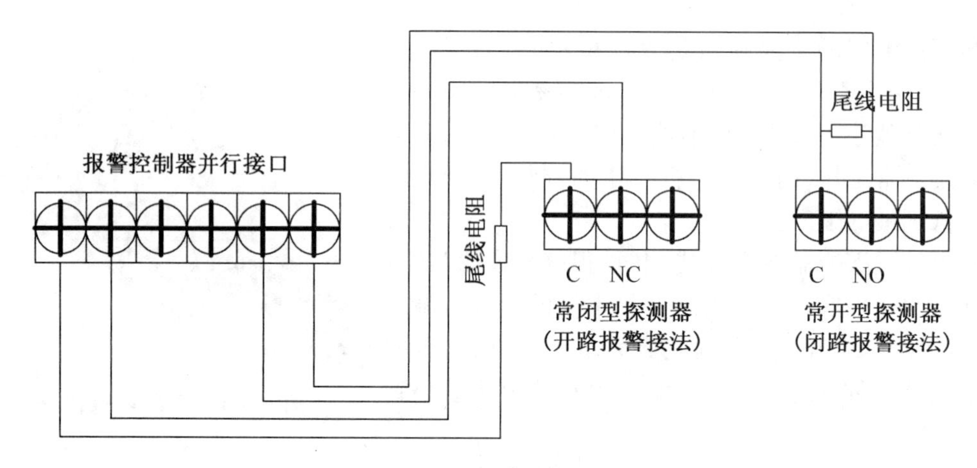

图 3－23　探测器接报警主机自带防区

(2) 总线连接方式

如图 3－24 所示，当防区数比较多(连接的探测器数量较大)，可采用支持总线制的报警主机。总线连接方式下，前端入侵探测器先将信号接在地址模块(或叫防区模块)上，地址模块串行连接在报警主机提供的总线接口上(如 485 总线)，当某个防区的探测设备发现有非法入侵行为发生时，探测器发出报警信号，由地址模块通过数据总线传送给报警主机，实时的将负责防区的报警信号显示到报警主机键盘上，并触发声光报警，使安保人员能及时、精准掌握入侵情况，及时进行处理。

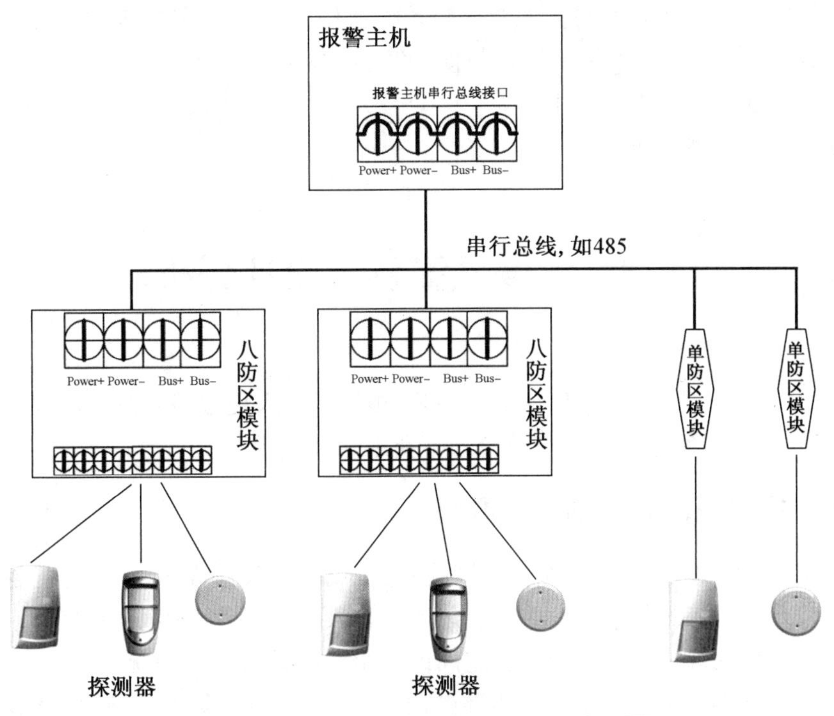

图 3-24　报警主机通过串行总线连接探测器

总线连接方式下，一对信号总线可以接多个地址模块，地址模块一般有单防区、2 防区、4 防区和 8 防区模块。比如采用 FC-7448，除了 8 个自带防区外，可支持 240 个可编地址码防区，如果采用 8 防区模块，可接 30 个模块。防区模块到主机的距离可以达到 1 200 米（比如采用串行 485 总线）。

2. 无线连接方式

采用有线报警系统，设计和安装通常需要从控制器布线到所有的探测器。这往往会耗费很多时间，无线报警系统提供了一个有效的解决方法。

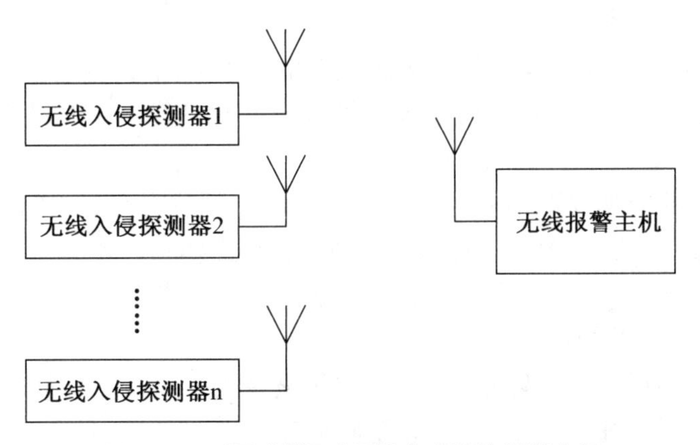

图 3-25　探测器通过无线方式连接报警主机

无线报警系统适合无强无线干扰信号、近距离场所使用。如图 3-25 所示，包括支持无线通信方式的入侵探测器和无线报警主机，一般可采用近距离通信技术，比如 zigbee、蓝牙通信技术。随着电子技术的发展，无线系统在价格上有了竞争力，因此拓宽了无线报警系统的市场。凭借安装速度快，无干扰，无线探测系统适用于越来越多的应用场合，比如应用于保护修建或翻建中的建筑，可以在未安装永久性有线探测器时确保建筑的安全。无线系统甚至能在主要电线未排布的情况下安装。一旦建筑完工，无线报警系统可以很方便地移到建筑的其他地方或其他建筑上去。

3.3 入侵报警系统设计分析

根据《安全防范工程技术标准》(GB50348—2018)和《入侵报警系统工程设计规范》(GB 50394—2007)，入侵报警系统设计应符合如下要求相关要求。

3.3.1 入侵报警系统设计的一般原则

1. 入侵和紧急报警系统应对保护区域的非法隐蔽进入、强行闯入以及撬、挖、凿等破坏行为进行实时有效的探测与报警。应结合风险防范要求和现场环境条件等因素，选择适当类型的设备和安装位置，构成点、线、面、空间或其组合的综合防护系统。

2. 入侵和紧急报警系统设计内容应包括安全等级、探测、防拆、防破坏及故障识别、设置、操作、指示、通告、传输、记录、响应、复核、独立运行、误报警与漏报警、报警信息分析等，并应符合下列规定：

(1) 设备的安全等级不应低于系统的安全等级。多个报警系统共享部件的安全等级应与各系统中最高的安全等级一致。

(2) 入侵和紧急报警系统应能准确、及时地探测入侵行为或触发紧急报警装置，并发出入侵报警信号或紧急报警信号。

(3) 当下列设备被替换或外壳被打开时，入侵和紧急报警系统应能发出防拆信号。

3. 当报警信号传输线被断路/短路、探测器电源线被切断、系统设备出现故障时，控制指示设备应发出声、光报警信号。

4. 应能按时间、区域、部位，对全部或部分探测防区(回路)的瞬时防区、24 h 防区、延时防区、设防、撤防、旁路、传输、告菁、胁迫报警等功能进行设置。应能对系统用户权限进行设置。

5. 系统用户应能根据权限类别不同，按时间、区域、部位对全部或部分探测防区进行自动或手动设防、撤防、旁路等操作，并应能实现胁迫报警操作。

6. 系统应能对入侵、紧急、防拆、故障等报警信号来源、控制指示设备以及远程信息传输工作状态有明显清晰的指示。

7. 当系统出现入侵、紧急、防拆、故障、胁迫等报警状态和非法操作时，系统应能根据不同需要在现场和/或监控中心发出声、光报警通告。

8. 应能实时传递各类报警信号/信息、控制指示设备各类运行状态信息和事件信息。当传输链路受到来自防护区域外部的影响时，安全等级 4 级的系统应采取特殊措施以确保信号或信息不能被延迟、修改、替换或丢失。

9. 应能对系统操作、报警和有关警情处理等事件进行记录和存储，且不可更改。对于安全等级2、3和4级还应具有记录等待传输事件的功能、记录事件发生的时间和日期。对于安全等级3、4级应具有事件记录永久保存的设备。

3.3.2 入侵报警系统功能、性能设计要求

1. 入侵报警系统的误报警率应符合设计任务书和/或工程合同书的要求。

2. 入侵报警系统不得有漏报警。

3. 入侵报警功能设计应符合下列规定：

(1) 紧急报警装置应设置为不可撤防状态，应有防误触发措施，被触发后应自锁。

(2) 当下列任何情况发生时，报警控制设备应发出声、光报警信息，报警信息应能保持到手动复位，报警信号应无丢失：

① 在设防状态下，当探测器探测到有入侵发生或触动紧急报警装置时，报警控制设备应显示出报警发生的区域或地址；

② 在设防状态下，当多路探测器同时报警(含紧急报警装置报警)时，报警控制设备应依次显示出报警发生的区域或地址。

(3) 报警发生后，系统应能手动复位，不应自动复位。

(4) 在撤防状态下，系统不应对探测器的报警状态做出响应。

(5) 报警发生后，系统应能手动复位，不应自动复位。

(6) 在撤防状态下，系统不应对探测器的报警状态做出响应。

4. 防破坏及故障报警功能设计应符合下列规定：

当下列任何情况发生时，报警控制设备上应发出声、光报警信息，报警信息应能保持到手动复位，报警信号应无丢失：

(1) 在设防或撤防状态下，当入侵探测器机壳被打开时。

(2) 在设防或撤防状态下，当报警控制器机盖被打开时。

(3) 在有线传输系统中，当报警信号传输线被断路、短路时。

(4) 在有线传输系统中，当探测器电源线被切断时。

(5) 当报警控制器主电源/备用电源发生故障时。

(6) 在利用公共网络传输报警信号的系统中，当网络传输发生故障或信息连续阻塞超过30 s时。

5. 记录显示功能设计应符合下列规定：

(1) 系统应具有报警、故障、被破坏、操作(包括开机、关机、设防、撤防、更改等)等信息的显示记录功能。

(2) 系统记录信息应包括事件发生时间、地点、性质等，记录的信息应不能更改。

6. 系统应具有自检功能。

7. 系统应能手动/自动设防/撤防，应能按时间在全部及部分区域任意设防和撤防；设防、撤防状态应有明显不同的显示。

8. 系统报警响应时间应符合下列规定：

(1) 分线制、总线制和无线制入侵报警系统：不大于2 s；

(2) 基于局域网、电力网和广电网的入侵报警系统：不大于2 s。

(3) 基于市话网电话线入侵报警系统：不大于20 s。

9. 系统报警复核功能应符合下列规定：

(1) 当报警发生时，系统宜能对报警现场进行声音复核。

(2) 重要区域和重要部位应有报警声音复核。

10. 无线入侵报警系统的功能设计，除应符合 GB 50394—2007 规范第 5.2.1～5.2.9 条的要求外，尚应符合下列规定：

(1) 当探测器进入报警状态时，发射机应立即发出报警信号，并应具有重复发射报警信号的功能。

(2) 控制器的无线收发设备宜具有同时接收处理多路报警信号的功能。

(3) 当出现信道连续阻塞或干扰信号超过 30 s 时，监控中心应有故障信号显示。

(4) 探测器的无线报警发射机，应有电源欠压本地指示，监控。

3.3.3 入侵报警系统设备选型与设置依据

1. 探测设备

(1) 探测器的选型应符合下列规定：

① 根据防护要求和设防特点选择不同探测原理、不同技术性能的探测器。多技术复合探测器应视为一种技术的探测器。

② 所选用的探测器应能避免各种可能的干扰，减少误报，杜绝漏报。

③ 探测器的灵敏度、作用距离、覆盖面积应能满足使用要求。

(2) 周界用入侵探测器的选型应符合下列规定：

① 规则的外周界可选用主动式红外入侵探测器、遮挡式微波入侵探测器、振动入侵探测器、激光式探测器、光纤式周界探测器、振动电缆探测器、泄漏电缆探测器、电场感应式探测器、高压电子脉冲式探测器等。

② 不规则的外周界可选用振动入侵探测器、室外用被动红外探测器、室外用双技术探测器、光纤式周界探测器、振动电缆探测器、泄漏电缆探测器、电场感应式探测器、高压电子脉冲式探测器等。

③ 无围墙/栏的外周界可选用主动式红外入侵探测器、遮挡式微波入侵探测器、激光式探测器、泄漏电缆探测器、电场感应式探测器、高压电子脉冲式探测器等。

④ 内周界可选用室内用超声波多普勒探测器、被动红外探测器、振动入侵探测器、室内用被动式玻璃破碎探测器、声控振动双技术玻璃破碎探测器等。

(3) 出入口部位用入侵探测器的选型应符合下列规定：

① 外周界出入口可选用主动式红外入侵探测器、遮挡式微波入侵探测器、激光式探测器、泄漏电缆探测器等。

② 建筑物内对人员、车辆等有通行时间界定的正常出入口(如大厅、车库出入口等)可选用室内用多普勒微波探测器、室内用被动红外探测器、微波和被动红外复合入侵探测器、磁开关入侵探测器等。

③ 建筑物内非正常出入口(如窗户、天窗等)可选用室内用多普勒微波探测器、室内用被动红外探测器、室内用超声波多普勒探测器、微波和被动红外复合入侵探测器、磁开关入侵探测器、室内用被动式玻璃破碎探测器、振动入侵探测器等。

(4) 室内用入侵探测器的选型应符合下列规定：

① 室内通道可选用室内用多普勒微波探测器、室内用被动红外探测器、室内用超声波多普勒探测器、微波和被动红外复合入侵探测器等。

② 室内公共区域可选用室内用多普勒微波探测器、室内用被动红外探测器、室内用超声波多普勒探测器、微波和被动红外复合入侵探测器、室内用被动式玻璃破碎探测器、振动入侵探测器、紧急报警装置等。宜设置两种以上不同探测原理的探测器。

③ 室内重要部位可选用室内用多普勒微波探测器、室内用被动红外探测器、室内用超声波多普勒探测器、微波和被动红外复合入侵探测器、磁开关入侵探测器、室内用被动式玻璃破碎探测器、振动入侵探测器、紧急报警装置等。宜设置两种以上不同探测原理的探测器。

(5) 探测器的设置应符合下列规定：

① 每个(对)探测器应设为一个独立防区。

② 周界的每一个独立防区长度不宜大于 200 m。

③ 需设置紧急报警装置的部位宜不少于 2 个独立防区，每一个独立防区的紧急报警装置数量不应大于 4 个，且不同单元空间不得作为一个独立防区。

④ 防护对象应在入侵探测器的有效探测范围内，入侵探测器覆盖范围内应无盲区，覆盖范围边缘与防护对象间的距离宜大于 5 m。

⑤ 当多个探测器的探测范围有交叉覆盖时，应避免相互干扰。

(6) 常用入侵探测器的选型要求宜符合附录 B(GB 50394—2007 规范)的规定。

2. 控制设备

(1) 控制设备的选型除应符合 GB 50394—2007 规范第 3.0.3 条的规定外，尚应符合下列规定：

① 应根据系统规模、系统功能、信号传输方式及安全管理要求等选择报警控制设备的类型。

② 宜具有可编程和联网功能。

③ 接入公共网络的报警控制设备应满足相应网络的入网接口要求。

④ 应具有与其他系统联动或集成的输入、输出接口。

(2) 控制设备的设置应符合下列规定：

① 现场报警控制设备和传输设备应采取防拆、防破坏措施，并应设置在安全可靠的场所。

② 不需要人员操作的现场报警控制设备和传输设备宜采取电子/实体防护措施。

③ 壁挂式报警控制设备在墙上的安装位置，其底边距地面的高度不应小于 1.5 m，如靠门安装时，宜安装在门轴的另一侧；如靠近门轴安装时，靠近其门轴的侧面距离不应小于 0.5 m。

④ 台式报警控制设备的操作、显示面板和管理计算机的显示器屏幕应避开阳光直射。

3.4　典型案例 1—住宅小区家庭报警系统设计分析

3.4.1　项目概况

该住宅小区项目,总建筑面积约为 200 889.13 平方米。其中地上建筑面积约 138 646.27 m^2,地下室建筑面积约 59 912.62 平方米。共由 6 层洋房 9 栋,7 层洋房 1 栋,8 层洋房 2 栋,17 层高层 1 栋,18 层高层 6 栋,共计住户 958 户。1 个地面出入口,3 个直接对外的地下车库出入口(见附图一室外总平图)。

项目技术指标如下:

(1) 系统具有入侵报警、线路故障报警功能、防破坏报警等功能;

(2) 能正确记录报警控制设备的开、关机时间、报警部位、报警时间、报警性质等;

(3) 系统具有自检功能,能对前端的报警探测器及所有显示器和声响器件进行自检;

(4) 报警响应时间不大于 2 秒,报警持续时间不小于 5 秒。

3.4.2　入侵探测点位设计

根据技防要求,在每户住宅的主卧和客厅设置紧急按钮户,高层在一、二及顶层,联排别墅住户每层,根据每户房型图在客厅、主卧、卫生间、厨房等处的窗户处安装幕帘式红外探测器。在每户厨房位置安装煤气探测器(如图 3-26 所示)。

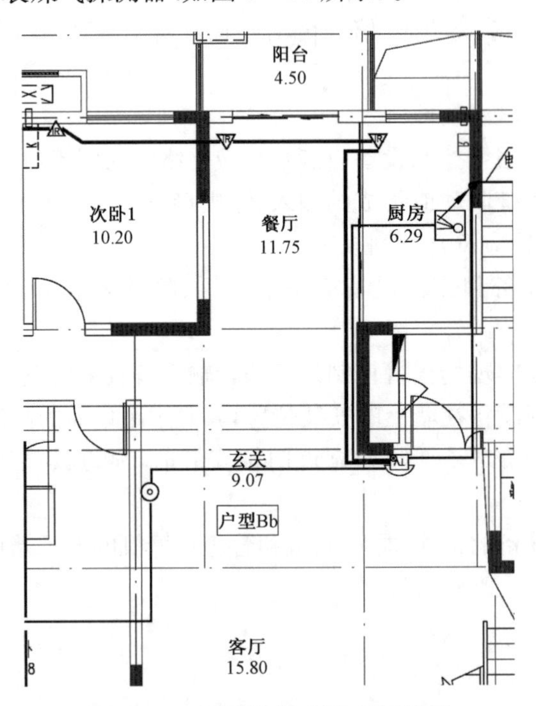

图 3-26　红外幕帘、紧急按钮设置

高层前端：高层区一层、二层及顶层的外窗都采用幕帘式红外探测器共计 2 640 个，紧急按钮 1 916 个(每户 2 个)，煤气探测器 958 个(每户一个)。所有红外窗栅和紧急按钮接入可视分机报警防区，通过系统传送报警信号至控制中心，中心软件反映并记录报警信息。

点位防区类型的划分：

(1) 各防护类型对应防区的划分为实时防区和 24 小时无声报警防区。

(2) 实时防区：一旦被触发即立刻报警，对应住户的窗户。

(3) 24 小时无声报警防区：不论报警系统是否处于工作状态，只要按下按钮将会将警情传输至于中心，对应客厅及主卧的紧急按钮。

3.4.3 设备选型与配置

紧急按钮无需电源供电，为开路报警型，信号通过连接导线将改变的变量传送至带防区的报警键盘或八防区模块的防区信号输入端，系统联网线将报警信号传送至监控中心的小区报警软件，当发生紧急事件需要紧急求助时，只需按下红色按钮，报警信号立即传送。

红外幕帘为开路报警型，信号线通过暗敷的室内管道与室内的报警键盘输入端子连接，最终通过联网线将报警信号传送至接警中心(机房)。

煤气探测器配管 PC20 引自楼层弱电井内可燃气体报警接线盒，通过对讲网络和报警主机连接，传至监控中心。

通过电脑显示屏显示，并发生声光报警信号，告知保安采取相应措施，电脑软件具有记录功能，将报警信息存储留档。

前端幕帘红外探测器、紧急按钮接入每户对讲分机报警防区，通过对讲网络系统接入安防中心控制室，通过报警中心软件接收和处理各种信号，并且可存储、打印报警信息。设备选型与配置清单如下表 3－1 所示：

表 3－1 家庭报警系统设备配置清单

序号	产品名称	型号	单位	数量
1	紧急按钮	SV－88	个	1 916
2	吸顶探测器	ET360	个	2 640
3	燃气探测器	ES268	个	958
4	门禁电源	DC12/5A	个	48
5	报警电源线	RVV2 * 1.5	米	若干
6	紧急按钮信号线	RVV2 * 1.0	米	若干
7	红外探测器信号线	RVVP4 * 1.0	米	若干

3.4.4 系统组成

红外线被动探测器在使用 DC12V 电源供电时，当它感应到一定热量的移动物体时，探测器的电平量改变(为开路报警型)，通过连接导线将改变的变量传送至户内报警键盘的防区信号输入端，最终系统联网线将报警信号传送至监控中心的小区报警软件。探测器的布撤防操作是在报警键盘上实现的，输入一组布防密码后，探测器即进入退出延时阶段，经过

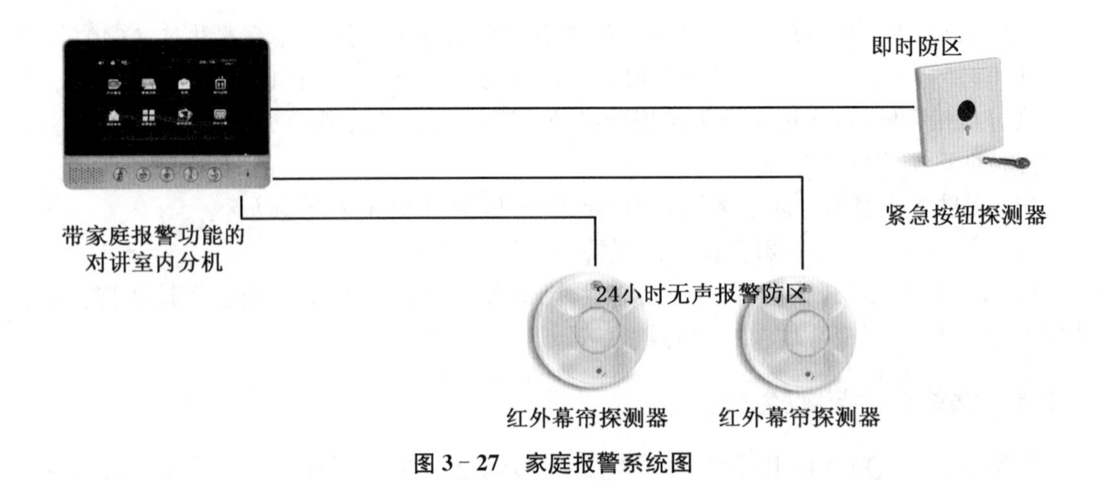

图 3-27　家庭报警系统图

延时后(60～180 s),探测器即进入警戒状态,当有人非法闯入时如不能进行正常的撤防操作,探测器将传送报警信号.业主进入时只需输入撤防密码即可解除探测器的警戒状态。

本方案中高层家庭防盗报警系统的地上一、二层及顶层住宅住户全面设防,别墅区每层全面设防,系统布防后,一旦触发探测器或是按下紧急按钮,相应报警键盘会立即接收到报警信息,在接收报警信息时,报警键盘会显示报警防区号。

通过电脑显示屏显示的电子地图信息识别报警区域,并发生声光报警信号,告知保安采取相应措施,电脑软件具有记录功能,将报警信息存储留档。

3.4.5　主要设备性能

(1) 吸顶红外探测器

智能温度补偿,现代时尚设计。幕帘广角可选。360°全方位探测无死角防虫设计。LED:ON/OFF 可选,报警输出:NC/NO 可选,报警延时可调。探测距离 6～8 米。

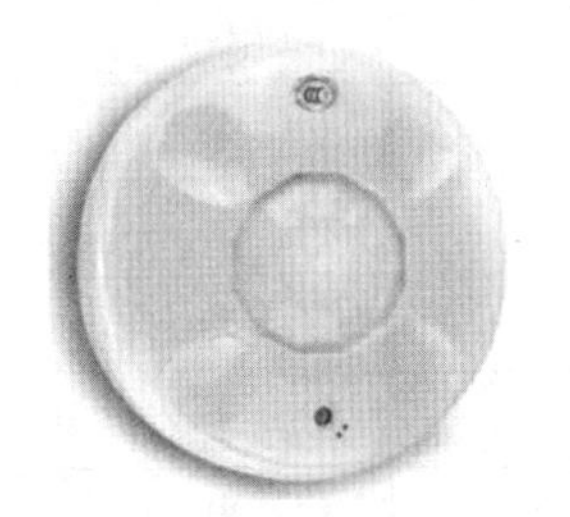

图 3-28　吸顶式红外探测器

图 3-29　紧急按钮

(2) 紧急按钮

① 额定电流:300

② 额定电压(VDC):250

③ 毛重(kgs):12.5

④ 数量(pcs):180

⑤ 包装尺寸(mm):540 * 360 * 270

3.5　典型案例 2—住宅小区周界防入侵系统设计分析

3.5.1　项目概况

同典型案例 1 所述案例，该住宅小区项目，总建筑面积约为 200 889.13 平方米。其中地上建筑面积约 138 646.27 m^2，地下室建筑面积约 59 912.62 平方米。共由 6 层洋房 9 栋，7 层洋房 1 栋，8 层洋房 2 栋，17 层高层 1 栋，18 层高层 6 栋，共计住户 958 户。1 个地面出入口，3 个直接对外的地下车库出入口。小区周界长度为 970 米(见附图—室外总平图)。

根据项目整体智能化安防系统规划，本项目住宅区作为封闭式智能化管理，周界防盗报警系统作为整个智能化安防系统的第一层防护非常重要。从智能化系统整体考虑，在周界建成的围墙上设置电子围栏探测器进行防护，构成住宅区的电子围栏报警系统。

项目技术指标如下：

(1) 系统具有入侵报警、线路故障报警功能、防破坏报警等功能；

(2) 能正确记录报警控制设备的开、关机时间、报警部位、报警时间、报警性质等；

(3) 系统具有自检功能，能对前端的报警探测器及所有显示器和声响器件进行自检；

(4) 系统设置应无盲区、无死角、24 h 设防；系统报警响应时间应≤5 s，报警持续时间不小于 5 s。

(5) 报警信息应保存 30 天以上。

(6) 系统报警时，监控中心应有声光报警信号，并应在模拟显示屏或电子地图上准确标识报警的区域。

(7) 周界依据现场围墙的具体样式，可根据实际应用需求设计安装物理防爬刺作为电子围栏补充。

3.5.2　周界系统点位设计

根据该小区周界的实际情况，一共设 28 个防区，使用张力式电子围栏。一共约 970 米，电子围栏负责在周界使用，防区的划分应有利于报警时准确定位，各防区的距离应按技术要求设置，脉冲式电子围栏每个防区不大于 70 米，光纤报警器每个防区应不大于 50 米，张力式电子围栏每个防区应不大于 40 米。具体见表 3 - 2 所示。

表 3 - 2　周界点位表

<table>
<tr><th>序号</th><th>防区划分</th><th>防区长度/米</th><th>双防区主机</th><th>单防区主机</th></tr>
<tr><td>1</td><td>防区 1</td><td>36</td><td rowspan="2">1</td><td></td></tr>
<tr><td>2</td><td>防区 2</td><td>30</td><td></td></tr>
<tr><td>3</td><td>防区 3</td><td>36</td><td></td><td>1</td></tr>
<tr><td>4</td><td>防区 4、5</td><td>35</td><td>1</td><td></td></tr>
</table>

(续表)

序号	防区划分	防区长度/米	双防区主机	单防区主机
5	防区6、7	30	1	
6	防区8、9	36	1	
7	防区10、11	30	1	
8	防区12、13	36	1	
9	防区14	30	1	
10	防区15	36		
11	防区16～27	36×12	6	
12	防区28	36		1
13	合计	970	13	2

3.5.3 设备选型与配置

根据安防工程技术规范要求:周界防护系统应沿小区实体周界(小区围墙、栅栏、临时围墙等实体防护设施)封闭设置,优先选用误报率较低的周界电子围栏系统,在不宜安装周界电子围栏的地方可补充红外对射等其他技术的报警装置。

前端:电子围栏有脉冲式和张力式电子围栏两种,其中,张力式电子围栏不带任何电压,安全系数更高,所示本设计中,选用张力式电子围栏。采用4线制张力式电子围栏。张力前端探测装置可立即将警情传送到管理中心,管理中心对报警信号进行接收和处理,电脑上弹出的入侵区域的监控画面;同时,外接的录播喇叭开始发出声音驱赶;中心值班人员通知巡逻中的保安人员立刻赶往现场处理。中心保安人员在现场处理完毕后,对报警主机及探测器的报警状态进行恢复。现场报警同时也能警号报警,提醒附近职工注意,协助保安人员。

防区:小区围墙长度约为970米,35～40米设置一个防区,共设置28个报警防区,24小时设防(见上表3-1),其中张力式双防区控制器13台,单防区控制器2台,每台控制器配主机电源一台,一共15台;单防区地址模块28个,声光报警器等28个。张力围栏终端受力杆30～50米一根,一共34套;拐角地方要设置张力转向杆,一共19套,每套配转角用滑轮4个,共计76个;张力式过线杆(4线含全套配件)3～5米配置一根,一共220套。警示牌每隔10米放一块,970米一共97块。

显示:系统配置1台管理工作站,1台报警主机,报警的信号及系统的布撤防状态可在工作站查询。

采用总线制报警主机一台,配套LCD报警键盘一只,声光报警器频闪频率200次/分钟,直流12 V供电,使用蓄电池一块,容量6.5 AH,12 V输出。配置LED灯模拟电子地图一块,这样可以更精确直观显示小区周界的范围,配置电脑联动模块一套,当电子围栏主机发出报警信号时,通过联动模块可以联动对应电子地图。设备详细配置清单如下表3-3所示。

表 3-3　设备清单表

序号	产品名称	型号	单位	数量
一	**控制中心报警系统**			
1	总线制报警主机	H778S	台	1
2	LCD 报警键盘	H778S 键盘	块	1
3	声光警号	ES603	个	1
4	蓄电池	12 V/6.5 AH	块	1
5	LED 灯模拟电子地图	AP-DT	幅	1
6	32 路继电器板	32C	块	1
7	报警软件	S901	套	1
8	电脑联动模块	H778S-IP	套	1
9	报警系统管理电脑	i5 8G 1T 21.5″	台	1
二	**一期围墙(970 米)**			
1	张力式单防区控制器(4 线)	EH500-1	套	2
2	张力式双防区控制器(4 线)	EH500-2	套	13
3	主机电源	24 V3 A	套	15
4	张力终端受力杆(4 线含全套配件)	K-ZC	套	34
5	张力式过线杆(4 线含全套配件)	K-ZG	套	220
6	张力转向杆(4 线含全套配件)	K-ZX	套	19
7	转角用滑轮	K-HN	只	76
8	不锈钢合金线	K-HM12#	米	4 500
9	不锈钢收紧器	K-JX	只	112
10	警示牌	K-JSP	块	97
11	束线器	K-SXQ	个	448
12	不锈钢弹簧	K-TH	个	112
13	单防区地址模块	D7559	只	28
14	高压避雷器(含支架)	EH5WS-10	个	28
15	接地桩,接地线	EH-JDZ	套	28
16	高压绝缘线	EH-GYS	米	300
17	声光报警器	EH-JD	个	28

3.5.4　系统组成

系统由前端设备、防区设备、报警设备、工作站(含系统软件)和打印机所组成。

本系统是一种“有形”的报警系统,实实在在地给人一种威慑感觉,使入侵者增加一种心理压力,从而把报警系统和警戒系统有机地结合起来,达到以防为主,防报结合的目的。安

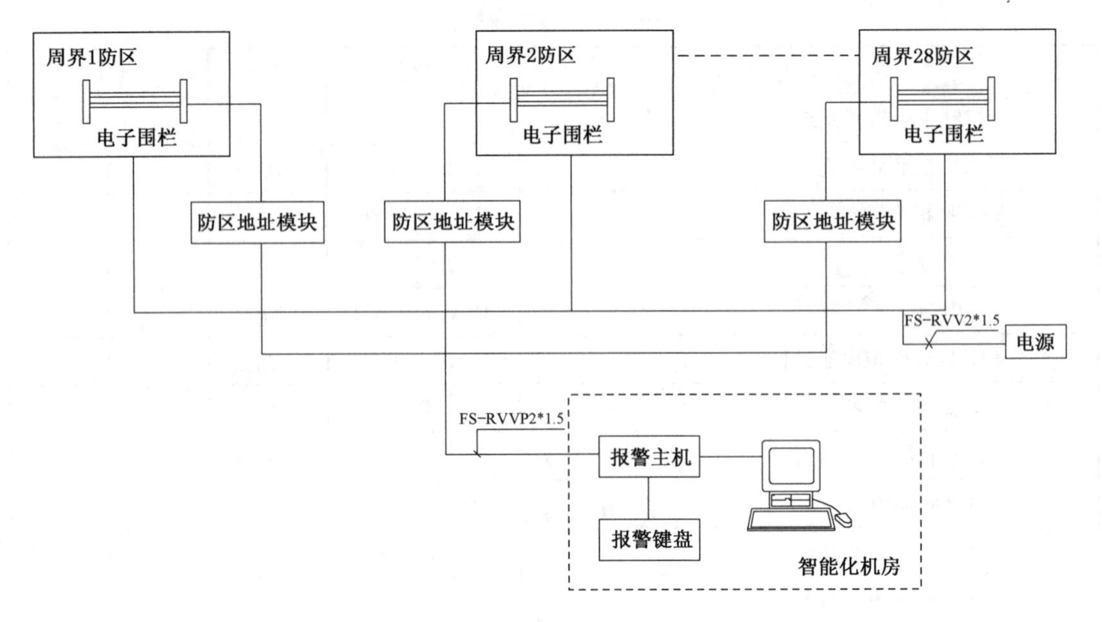

图 3-30 周界防越系统图

装本系统后，相当于在墙顶上形成一道“有形”的电子屏障，增加了围墙高度，使外人无法入侵，也使围墙内的人无法从墙面攀越逃离。另外，本系统如遇断路、短路或失电，系统都会发出报警信号。报警输出为一开关量，故与别的任何报警系统都可联网使用，便于提高防范等级。

(1) 前端设备

张力式电子围栏探测器由张力控制器和前端探测围栏组成。

张力控制器前端探测围栏处于短路、断路、钢丝松弛、剪断、收紧状态时能产生报警信号的设备。

前端探测围栏系由防区张力传感器、终端受力杆、张力过线杆、张力终端杆及金属线等构件组成的有形周界。

(2) 防区设置设备(防区模块)

对围栏的报警设置防区编码，以识别报警的区域。并以总线的方式传输，这类系统框架的特点是系统可根据实际情况作灵活调整，对情况复杂的地段合理增加防区。

(3) 报警管理设备(区域管理器)

接收防区设置设备的编码信号，并对信息进行有效处理，并将处理后的信息提供至系统工作站，同时输出联动信号至报警模拟屏。

(4) 工作站(含系统软件)

对报警信息进行管理，包括系统的布撤防状态的查询和报警信息的历史查询，信息管理的内容包括报警发生的区域(通过防区识别)和发生的时间。系统一旦接收到信号，即时响应报警，并蜂鸣提示。

产品主要功能

① 前端探测围栏任意一根钢丝绳发生松弛、剪断、压力、拉力时，3 秒内张力控制杆应发出报警信号；

② 张力控制器报警信号的输出和端口应符合《防盗报警控制器通用技术条件》(GB12663)的规定；

③ 张力控制器应具有设备故障报警功能；

④ 张力控制杆被非法打开时，应不受所处的状态和交流断电的影响，提供全天候的防拆报警；

(5) 系统主要功能

① 通过周界实体围墙上安装电子围栏不仅能起到一般周界入侵探测器的报警功能，又因为电子围栏是有形的防入侵障碍物，所以还能阻止外人翻墙入内；

② 系统具有剪断报警和防止误报警功能；

③ 报警信息的保存时间能大于 30 天。

3.5.5 系统主要设备性能

1. 张力围栏防区控制器

(1) 张力式智能电子围栏是一种防止人体逾越的障碍物和感知攀爬、拉压、剪断障碍物企图入侵的机电装置的集合体，是一种新型的周界防入侵报警设施。由张力探测器、张力控制模块和控制杆、受力杆、钢丝绳、弹簧、紧固件等组成。张力式电子围栏由于采用全新的探测方式和特殊的信号处理方法，确保环境的变化不会引起张力静态值、张力报警值的变化，因此，张力电子围栏可以在风霜、雨雪、浓雾、沙尘、高温、低温等严酷环境下始终忠于职守，全天候稳定可靠的工作。

(2) EH500 控制器系列主机均能独立布、撤防，自带有 485 通信功能，有报警直流 12 V 输出，且有报警延时电路可以有效地联动起现场声光报警器，起到现场威慑作用。

(3) 终端杆和承力杆采用高质量的铝塑板，防腐蚀，壁厚或造型可根据现场实际情况定制。刚性较强，使用寿命长，外观美观大方。

2. 张力式终端受力杆

产品型号：EH－ZC

材质选择：铝型材

颜色选择：银白色

质量控制：壁厚 1.5 mm，支撑 2.0 mm

尺寸：850 * 40 * 40(mm)

图 3－31　张力式终端受力杆

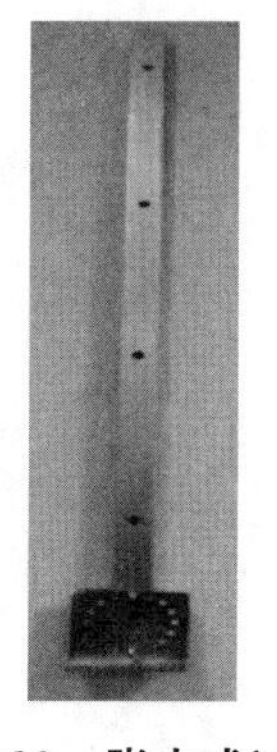

图 3－32　张力式过线杆

重量:1.4 kg
使用:可安装4路张力传感器
3. 张力式过线杆
产品型号:EH-ZG
材质选择:铝型材
颜色选择:银白色
质量控制:壁厚3.0 mm
尺寸:15*30*850(mm)
使用:可穿4道钢丝线,开孔用塑胶材质减轻摩擦,可调安装角度
4. 不锈钢弹簧
产品型号:EH-TH
材质选择:不锈钢
颜色选择:银白色
质量控制:企业标准图
尺寸:100*20*3.5(mm)

图3-33 不锈钢弹簧

图3-34 不锈钢合金线

5. 不锈钢合金线
产品型号:EH-ZLX
材质选择:304不锈钢
型号:HM12#
颜色选择:银白色
质量控制:企业标准
尺寸:400米/卷
重量:5 kg

3.6　技能训练与操作

3.6.1　FC-7448入侵报警实训系统简介

FC-7448大型工业报警主机系统是美安科技公司非常成熟稳定的产品，并具有很强的使用性。被广泛地应用在小区住家及周界报警系统、大楼安保系统以及工厂、学校、仓储等各类大型安保系统。可实现计算机管理，并方便地与其他系统集成。

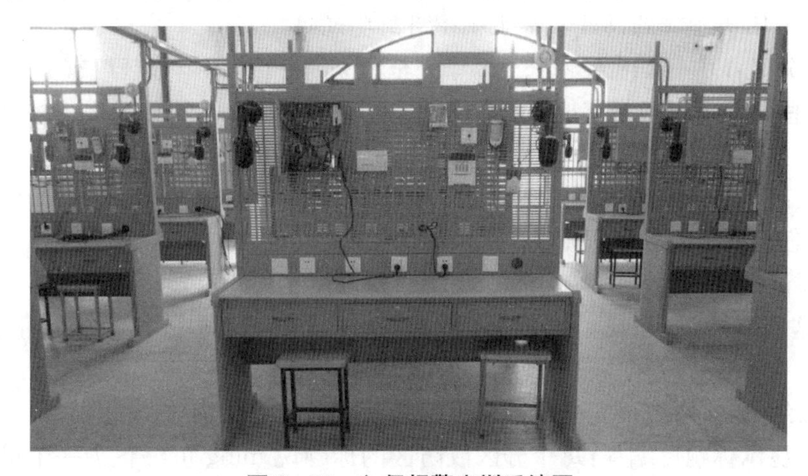

图3-35　入侵报警实训系统图

FC-74系列总线探头是中外合资美安科技专为FC-7448、FC-7458开发的超低功耗探头，红外探头的功耗小于100 μA，双鉴探头的功耗小于200 μA，四鉴探头的功耗小于300 μA(不含加热系统，可直接利用总提供的电源无须另外布线，最大程度减少工程安装成本)。FC-7448、FC-7458可直接接100个单鉴探头、60个双鉴探头、40个四鉴探头。

1. FC-7448功能简介

(1) FC-7448基本功能

全中文液晶显示，方便操作。

自带8个防区，以两芯总线方式(不包括探测器电源线)可扩展240个防区，共248个防区。

总线总长度达2.0 km(直径1.5 mm)。

可接15个键盘，分为8个独立分区，可分别独立布防/撤防。

支持双向有线无线键盘，双向智能遥控器。

控制程序采用C+语言编写，可靠性高。

有200组个人操作密码；30种可编程防区功能。

可选择多种防区扩展模块：有八防区扩展模块FC-7408、单防区扩展模块FC-7401、双防区扩展模块FC-7402、六防区键盘FC-6Zkey及带地址码的探测器。

辅助输出总线接口可接FC-7412、FC-32B继电器输出模块等外围设备。可实现防区报警与输出一对一，多对一，一对多等多种报警/输出关系。

通过 FC－7412 可实现与计算机的直接连接，或通过接口的设备与 LAN 连接。

可通过 PSTN 与报警中心连接，支持 4＋2、Contact ID 等多种通信格式。

可实现键盘编程或远程遥控编程。

支持无线扩充功能：2 个无线接收器，112 个无线探测器或按钮，5 个无线键盘。

（2）福科斯大型工业总线报警主机 FC－7448 新增功能

具备双串口，可接有线无线键盘。

支持双向通信，可接 8 个双向有线键盘，8 个双向无线键盘，8 个双向智能遥控器。

支持 GSM 传输，支持 TCP/IP 协议，联网报警设置。

采用全新 16 位高速单片机，性能稳定。

2. FC－7448 大型工业总线报警主机使用简要说明

（1）8 个分区：FC－7448 系列分成 8 个完全独立的分区，每个分区可有自己独立的键盘和 ID 码。一些键盘可以被指定成系统主键盘，他们可以对所有的分区进行控制、编程和布撤防。

（2）防区：FC－7448 最多可以支持 248 个防区，其中 8 个是自带防区，240 个是可编程地址码防区，任何一个防区可跟随 15 个可编程的防区功能中的一个。

（3）时间记忆：系统最多可有 400 个历史事件，可在 FC－7416K 键盘上显示，按时间和日期来保存这些事件，如系统的布撤防、报警、系统故障等，其中 120 个时间可以被固定记忆。

（4）键盘编程：次系统可完全由键盘进行编程，无须昂贵的手提编程器。

（5）液晶显示标题可编程：每个分区或防区的标题说 ming 可编程为一个最多为 16 个字母的短句，一旦被编程，他们可以显示在液晶键盘上。

（6）200 个用户码：系统可有 200 组四位数的用户代码。任何一个用户码可以被指定为超级用户码，只有这些主码才可以用来编程所有的用户码。除了超级用户码，其他的用户码可分为 6 种不同的权限级别，可限制他们来旁路、测试和系统撤防等。

（7）自动布防/延时布防：每个分区的每天自动布防时间可编程。超级用户可以利用延时布防来取代系统的自动布防时间，或者给主机指定一个特定的时间。

（8）公共分区：一个分区可以编程为跟随一些或者所有其他分区的布防状态。只有当与公共分区相关联的所有分区都布防以后，公共分区才会布防。这样使得系统在保护好公共区域（如大厅、门口等）的同时，还可以保持分区的独立性。

（9）烟感探测器校验报警：FC－7448 系列可以编程为，当烟感探测器第一次探测到有报警信号时，系统自动地将此探测器复位，如果在确认时间内再次探测到有报警信号时，主机立即将时间确认为火灾报警。这样既能减少潜在的误报，又能对报警做出快速反应。

（10）强制布防：系统可以根据一些可编程的多种布防设置，在自动旁路一组防区后布防。应答机优先。

（11）3 个电话号码：系统支持 2 个 20 为的电话号码，每个分区或防区对这两个号码都可以有一个 3 位或者 4 位数的报告 ID 码。每个电话号码都可以相应地设置自己的通信格式和选择脉冲拨号或者音频拨号。第 3 个电话号码用于远程遥控编程。

（12）防接管保护：系统可锁定全部或部分编程，即使有人想要接管超级用户时，编程也不会更改。在地址码可编程的装置中，有带密码的防接管回路，可防止更换控制指令。

(13) 两个独立的进入延时：防区编程时，可选择两个进入延迟的一个。这样原理键盘的防区就可以选择较长延迟时间。

(14) 简易的功能键超级用户界面：拥有 8 个已表明功能的按键。输入一个超级用户码 PIN，在按一个功能键即可进行布防，撤防和复位烟感等功能。

(15) 灵活的数字通信：通信主机可在目前使用的大多数报警接收 qi 中使用，支持 4+2，Contact ID 数字通信格式。

3. 福科斯大型总线工业报警主机 FC－7448 应用注意事项

(1) FC－7448 最多可扩展至 248 个防区，(建议总线防区不超过 100 个。)通信距离最远可达 2.4 公里，建议单条总线长度尽量不超过 1.0 km。实际应用中我们必须注意以下几点：

(2) 距离比较远的时候，通信线必须采用 RVVP4×1.5 mm 即非屏蔽非双绞 1.5 mm 的平行线；主机请做良好的接地处理；

(3) 为保证系统稳定，原则上通信距离超过 600 米或防区扩展每超过 60 个，都应增加总线分离器 FC－7425(亦叫总线隔离器，包含总线延长和总线隔离功能。)，而单路总线上最多使用两个总线分离器。因此，在防区较多、通信距离较远的情况下，尽可能从主机的两个总线通道分两条总线单独出去接防区，但两通道不能并联在一起。

(4) 为了便于管理中心处理警情，可增加一个 232 串口模块 FC－7410 和配套软件 FC－7400SF，通过电脑进行管理。但是如果项目要求同时又联动监控系统的时候，也即系统中也用到了 32 路继电器 FC－7432B 的时候(主机可搭配多台 FC－7432B)，目前由于种种原因，FC－7410 和 FC－7432B 不能同时使用，这时需要用接警卡 FC－130－22 来代替 FC－7410 才可以顺利工作。

3.6.2　基于 FC－7448 的编程方法

1. FC－7448 主机编程

FC－7448 主机编程地址是四位数，而每个地址的数据是两位。如：需将地址 0001 中填数据 21，方法如下：

首先按进入编程指令 9876＋#0，此时主机键盘的灯都闪动。

此时输入地址 0001，接着输入 21＋#，此时自动跳到下一个地址，即地址 0002。

若不需要对地址 0002 进入编程，则连续按两次“*”键，此时就可以输入新的地址及该地址要设置的数据了。

2. 一般防区编程的步骤

(1) 确定防区功能(防区类型)：

FC－7448 有 30 种防区功能可以设置，用户可以根据自己的习惯自行设置，分别占用地址 0001～0030，每个地址中有两位数据。

防区功能编程出厂值设置状态如下表 3－4 所示：

表 3-4 防区功能设置

防区功能号	对应地址	出厂值数据	含义
01	0001	23	连续报警,延时 1
02	0002	24	连续报警,延时 2
03	0003	21	连续报警,周界即时
04	0004	25	连续报警,内部/入口跟随
05	0005	26	连续报警,内部留守/外出
06	0006	27	连续报警,内部即时
07	0007	22	连续报警,24 小时防区
08	0008	7*0	脉冲报警,附校验火警
…	…		
30	0030		

防区功能地址中的数据含义表示如下:

输入数据	含 义
0	无声、无显示防区,开路短路报警
1	无显示防区,开路短路报警
2	连续报警声输出,开路短路报警
3	脉冲报警声输出,开路短路报警

输入数据	含 义
0	无效防区
1	即时防区
2	24 小时防区
3	延时 1 防区
4	延时 2 防区
9	布/撤防防区
*0	防火防区(带校验)
*1	防火防区(无校验)

选择功能	输入数据
对单个分区布防/撤防(不能强制布防)	0
对单个分区布防/撤防(能强制布防)	1
对所有分区布防/撤防(不能强制布防)	2
对所有分区布防/撤防(能强制布防)	3

图 3-36 防区功能地址数据含义表示

如果第二个数据位为 9,则第一个数据位必须为表中的数据。

(2) 确定一个防区的防区功能

FC-7448 主机共有 248 个防区(通过 DS7436 扩展模块可扩展 240 个防区,主机自带 8 个防区),分别从地址 0031~0278 总共 248 个地址,每一个地址对应一个防区。每个防区地址都有两位数据组成,这两位数据对应的是表 4－1 的防区功能号,分别是功能号 01～30 之间。使用多少个防区就编多少个地址,不用的防区在防区地址中必须填"00"(也就是说不使用任何防区功能号,一般默认值为"00"),防区与防区地址的对应关系可参考附录四。

也可以用公式:防区地址＝防区号＋30

如:将第 32 防区设为 24 小时防区(防区功能号使用出厂值),如何确定防区功能? 以及如何编程?

由上面公式我们可以知道:32＋30＝62 所以第 32 防区的所对应的防区地址是 0062,经查表得:第 32 防区的地址也为 0062。所以我们一般可以用此公式计算相应的防区地址。

因设为 24 小时防区,经查表 5－1 得,24 小时防区功能号为 07

将第 32 防区设为 24 小时防区,具体编程如下:

① 9876＋#0,进入编程模式(FC－7448 进入编模式的默认密码与小型报警主机进入 CC488/408 的默认密码是不同的,不能混淆。);

② 0062,输入 32 防区的防区地址(不能直接按#,因为在 FC－7448 中#是表示确认键,且在 FC－7448 主机中输入/改写数据,只能地址和数据同时进行输入,再按#键确认。);

③ 07＋#,确认将 0062 地址中的内容改成数据 07,即将 32 防区设置为 24 小时防区;

④ 长按*,退出编程模式。

⑤ 调试

3. 分区编程

FC7448 报警主机可分为 8 个独立分区,并可自由设置每个分区含哪些防区。每个分区可独立地进行布防/撤防。

(1) 确定系统使用几个分区,有无公共分区:

公共分区是指当其他相关分区都布防,公共分区才能布防。而公共分区先撤防其他相关分区才能撤防。在地址 3420 中,第一位数据位表示确定使用几个分区,第二个数据位确定公共分区与其他分区的关系。

数据1

输入数据	含　义
0	使用 1 个分区
1	使用 2 个分区
2	使用 3 个分区
3	使用 4 个分区
4	使用 5 个分区
5	使用 6 个分区
6	使用 7 个分区
7	使用 8 个分区

数据2

选择项目	输入数据
无公共分区	0
分区 1 是分区 2 和 3 的公共分区	1
分区 1 是分区 2 和 4 的公共分区	2
分区 1 是分区 2 和 5 的公共分区	3
分区 1 是分区 2 和 6 的公共分区	4
分区 1 是分区 2 和 7 的公共分区	5
分区 1 是分区 2 和 8 的公共分区	6

图 3－37　分区地址数据含义表示

(2) 确定哪些防区属于哪个分区

这个编程的概念是:DS7400 有 248 个防区,可分为 8 个独立的分区,将这 248 个防区设置到不同的分区中去从地址 0287～0410 共 124 个地址。每个地址有 2 个数据位,共 248 个数据位,它们依次代表 248 个防区。在这 248 个数据位中填入不同的数据,就表示系统的 248 个防区属于不同的分区。防区归属分区地址对照表参考附录六。各地址两位数据位意思表示如下:

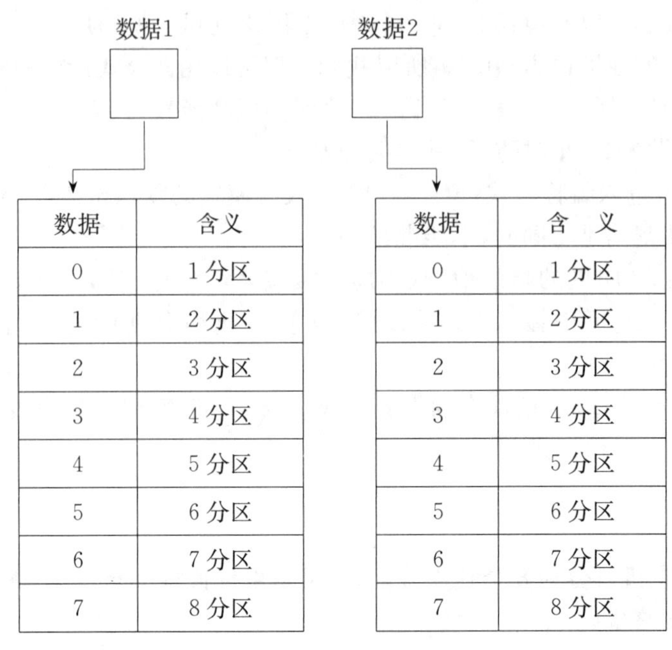

数据	含义
0	1 分区
1	2 分区
2	3 分区
3	4 分区
4	5 分区
5	6 分区
6	7 分区
7	8 分区

数据	含　义
0	1 分区
1	2 分区
2	3 分区
3	4 分区
4	5 分区
5	6 分区
6	7 分区
7	8 分区

图 3-38　防区归属分区地址数据含义表示

如将 1、2 防区设为一分区,将 3、4 防区设为二分区

则编程如下:

进入编程模式:[9876][#][0]

输入程序地址:[0287]

输入数据位 01:[0]

输入数据位 02:[0]

确认:[#]

系统自动跳转到[0288]

输入数据位 01:[1]

输入数据位 02:[1]

确认:[#]

4. 进入/退出延时编程设置

(1) 进入延时时间设置;FC-7448 主机也有两个进入延时时间,分别是进入延时时间 1 和进入延时时间 2。进入延时时间 1 的设置地址在 4028,进入延时时间 2 的设置地址在 4029,每个地址有两位数据。两个数据位表示时间,以 5 秒为单位,输入数据范围是 00～51(即最大为 255 秒),预设值为 09。进入延时时间 1 与进入延时时间 2 的设置方法是一

样的。

（2）退出延时时间设置：退出延时时间设置与进入延时时间设置的方法是相同的，只是地址不同。退出延时时间的设置地址是4030，每个地址有两位数据。两相数据位表示时间，以5秒为单位，输入数据范围是00～51（即最大为255秒），预设值为12（即60秒）。

3.6.3 基于FC－7448的技能训练与操作

扫一扫查看技能训练与操作

项目四　视频监控系统

4.1　视频监控系统概述

视频监控系统是通过在某些地点安装摄像头等视频采集设备对现场进行拍摄监控，然后通过一定的传输网络将视频采集设备采集到的视频信号传送到指定的监控中心，监控中心通过人工监控或者将视频信号存储到存储设备上对现场进行视频监控。

视频监控系统分为前端监控设备，包括有摄像机、云台、防护罩、支架、镜头和解码器等设备。后端监控设备，包括有视频监控主机、数字视频矩阵、视频存储、服务器、监视器等设备。

前端监控设备的功能有：摄像机采集视频信号或者图像。云台控制摄像机的转动，调整监视范围。镜头可以调整摄像机的焦距，从而起到调整图像的清晰度和图像的远近。解码器是接收控制主机的控制信号，对云台和镜头进行控制，以达到控制云台的运动方向以及控制镜头的焦距从而保证监控中心对现场可以进行全方位的实时监控。

后端监控设备的功能有：视频监控主机设备负责对前端监控摄像机发送指令，获取前端监控设备的视频信号；监视器则是用来显示前端视频。采用数字视频矩阵来对摄像头和监视器进行切换，既可以监控到所有的现场，又可以节约成本。

视频监控信号进行传输可以分为模拟传输和数字传输，现在随着科学技术不断进步，计算机更加深入的各行各业，数字技术的日益发展，模拟传输现在已经基本淘汰。

数字传输又可以分为通过电话线传输，DDN 线路传输，ISDN 线路传输，光纤信道传输，无线信道传输，卫星线路传输，现在随着 TCP/IP 网络的带宽越来越大，通过 TCP/IP 网络进行传输已经成为主流。

视频图像编解码标准包括有：

(1) 由国际标准化组织(ISO)制定的：1991 年制定的 MPEG - Ⅰ图像编解码标准，1994 年制定的 MPEG - Ⅱ图像编解码标准，基于 IP 的视频传送的 MPED - 4 图像编解码标准。

(2) 由国际电信联盟—电信标准化组织(ITU - T)制定的：H. 261 图像编解码标准是基于 N * 64K 速率下的会议电视视频编码标准，提供 QCIF、FCIF 两种编码格式，H. 263 图像编解码标准是基于低速率下的会议电视视频编码标准，提供 SQCIF、QCIF、CIF，4CIF、16CIF 五种编码算法。H. 264 H. 264 是视频编码专家组提出的压缩视频编码标准。

H. 264，同时也是 MPEG - 4 第十部分，是由 ITU - T 视频编码专家组(VCEG)和 ISO/IEC 动态图像专家组(MPEG)联合组成的联合视频组(JVT，Joint Video Team)提出的高度压缩数字视频编解码器标准。这个标准通常被称之为 H. 264/AVC(或者 AVC/H. 264 或者 H. 264/MPEG－4 AVC 或 MPEG－4/H. 264 AVC)而明确的说明它两方面的开发者。

H264 标准各主要部分有 Access Unit delimiter(访问单元分割符),SEI(附加增强信息),primary coded picture(基本图像编码),Redundant Coded Picture(冗余图像编码)。还有 Instantaneous Decoding Refresh(IDR,即时解码刷新)、Hypothetical Reference Decoder (HRD,假想参考解码)、Hypothetical Stream Scheduler(HSS,假想码流调度器)。

H. 265 标准在 H. 264 基础上,进行了算法改进,仅需原来的一半带宽就可以传输相同质量的视频。

随着网络技术以及摄像机芯片处理能力的提升,安防监控高清视频 720P、1080P 已逐渐普及,监控领域以及开始出现 4K 高清视频,所以我们在之前使用的 MPEG－2、MPEG－4、H. 264/AVC 基础上不能满足,这样 H. 265 就应运而生了,压缩效率提高一倍。

4.1.1 视频监控系统分类

系统发展了短短二十几年时间,从最早模拟监控到前些年火热数字监控再到现在方兴未艾网络视频监控,发生了翻天覆地变化。在 IP 技术逐步统一全球今天,我们有必要重新认识视频监控系统发展历史。从技术角度出发,视频监控系统发展划分为第一代模拟视频监控系统(CCTV),到第二代基于"PC＋多媒体卡"数字视频监控系统(DVR),到第三代完全基于 IP 网络视频监控系统(IPVS)。

1. 第一代视频监控

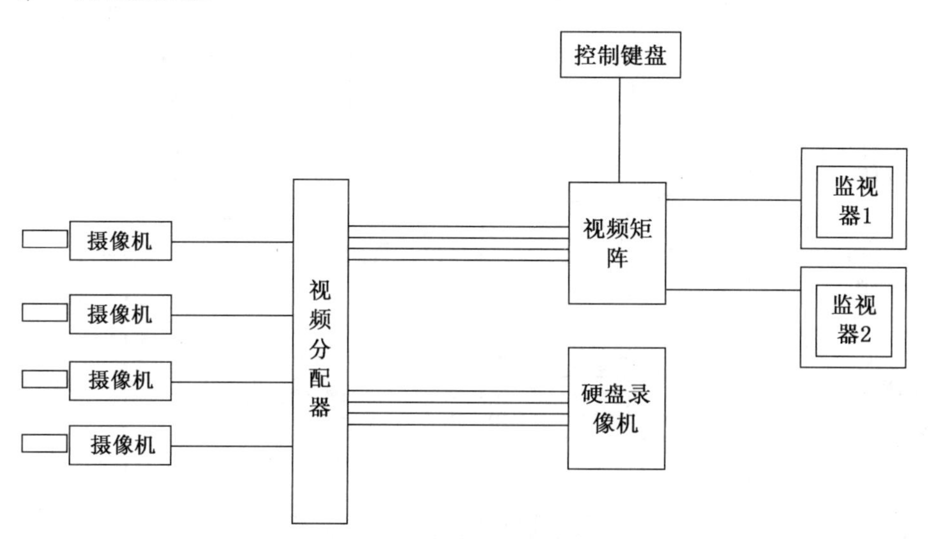

图 4－1 传统模拟视频监控系统图

第一代视频监控是传统模拟闭路视频监控系统(CCTV)。

依赖摄像机、缆、录像机和监视器等专用设备。例如,摄像机通过专用同轴缆输出视频信号。缆连接到专用模拟视频设备,如视频画面分割器、矩阵、切换器、卡带式录像机(VCR)及视频监视器等。模拟 CCTV 存在大量局限性:

有限监控能力只支持本地监控,受到模拟视频缆传输长度和缆放大器限制。

有限可扩展性系统通常受到视频画面分割器、矩阵和切换器输入容量限制。

录像负载重用户必须从录像机中取出或更换新录像带保存，且录像带易于丢失、被盗或无意中被擦除。

录像质量不高录像是主要限制因素。录像质量随拷贝数量增加而降低。

2. 第二代视频监控

第二代视频监控是“模拟—数字”监控系统（DVR）。

“模拟—数字”监控系统是以数字硬盘录像机 DVR 为核心半模拟—半数字方案，从摄像机到 DVR 仍采用同轴缆输出视频信号，通过 DVR 同时支持录像和回放，并可支持有限 IP 网络访问，由于 DVR 产品五花八门，没有标准，所以这一代系统是非标准封闭系统，DVR 系统仍存在大量局限：

复杂布线“模拟—数字”方案仍需要在每个摄像机上安装单独视频缆，导致布线复杂性。

有限可扩展性 DVR 典型限制是一次最多只能扩展 16 个摄像机。

有限可管理性您需要外部服务器和管理软件来控制多个 DVR 或监控点。

有限远程监视/控制能力您不能从任意客户机访问任意摄像机。只能通过 DVR 间接访问摄像机。磁盘发生故障风险与 RAID 冗余和磁带相比，“模拟—数字”方案录像没有保护，易于丢失。

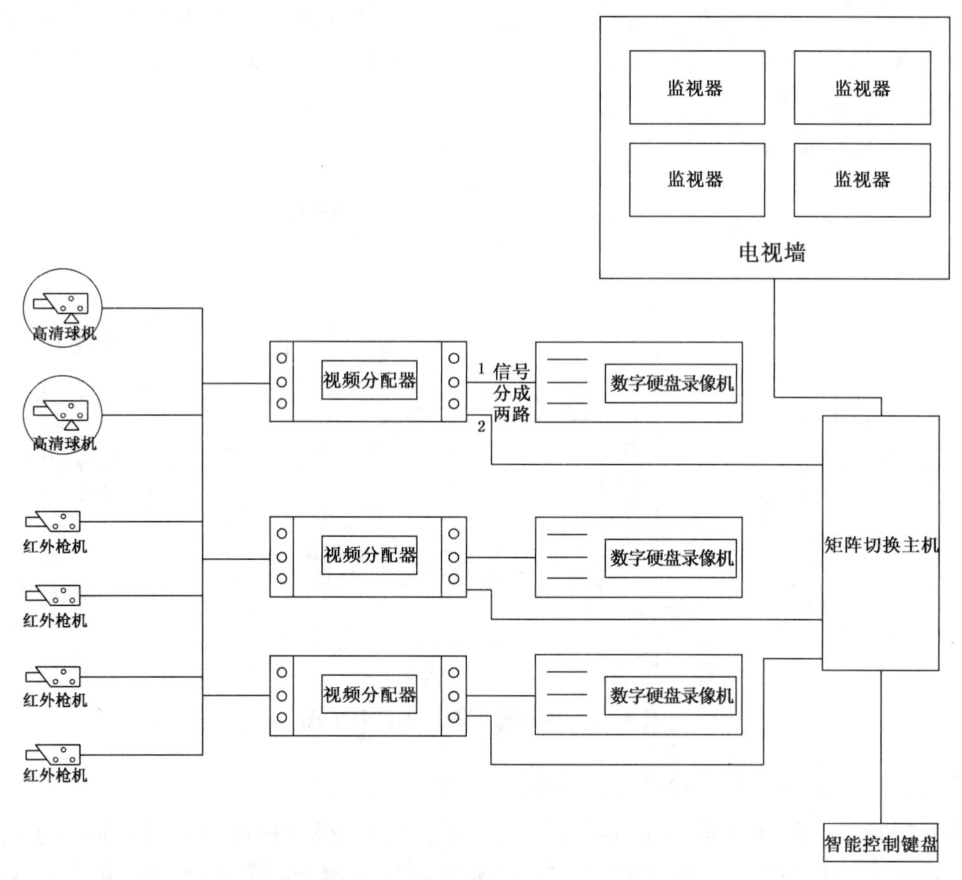

图 4-2 “模拟—数字”监控系统图

3. 第三代视频监控

第三代视频监控是完全 IP 视频监控系统 IPVS。

全 IP 视频监控系统与前面两种方案相比存在显著区别。该系统优势是摄像机内置 Web 服务器，并直接提供以太网端口。这些摄像机生成 JPEG 或 MPEG4 数据文件，可供任何经授权客户机从网络中任何位置访问、监视、记录并打印，而不是生成连续模拟视频信号形式图像。全 IP 视频监控系统它巨大优势是：

简便性—所有摄像机都通过经济高效有线或者无线以太网简单连接到网络，使您能够利用现有局域网基础设施。您可使用 5 类网络缆或无线网络方式传输摄像机输出图像以及水平、垂直、变倍(PTZ)控制命令(甚至可以直接通过以太网供)。

强大中心控制——一台工业标准服务器和一套控制管理应用软件就可运行整个监控系统。

易于升级与全面可扩展性—轻松添加更多摄像机。中心服务器将来能够方便升级到更快速处理器、更大容量磁盘驱动器以及更大带宽等。

全面远程监视—任何经授权客户机都可直接访问任意摄像机。您也可通过中央服务器访问监视图像。坚固冗余存储器—可同时利用 SCSI、RAID 以及磁带备份存储技术永久保护监视图像不受硬盘驱动器故障影。

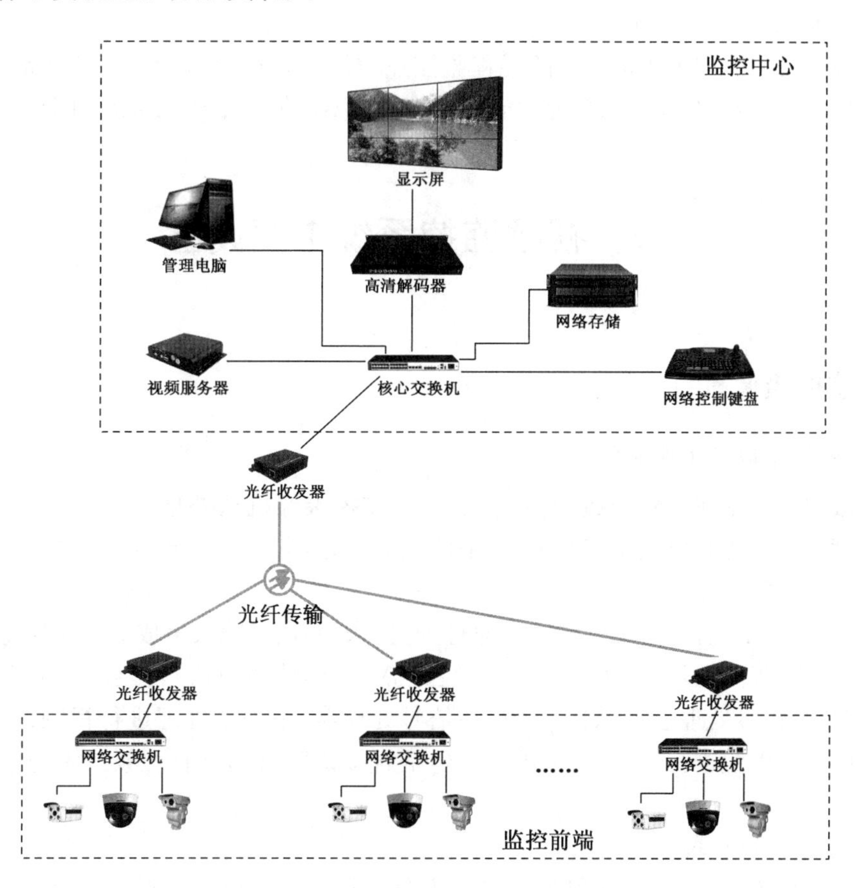

图 4－3　网络视频监控系统图

4.1.2 视频监控系统主要特点

1. 管理应用简便

由于数字监控系统基于计算机和网络设备，绝大部分系统控制管理功能通过电脑实现，无须模拟系统中众多繁杂的设备，减轻了操作维护人员的管理工作强度。

2. 强大的操作功能

多种显示模式、多画面智能切换轮巡；多种预警模式、实时、定时、报警触发、随时启停等多种录像方式；图片抓拍打印、智能快速录像回放查询等等。

3. 监控查看简便

由于全数字化网络视频集中监控模式基于网络的特性，无须增加设备投资，网络上的远程或本地监控中心均可以实时监控、录像或任意回放一个或多个监控现场画面，授权的联网电脑也可以实现监控功能，避免了地理位置间隔原因造成监督管理的不便和缺位。

4. 极高的安全能力

图像掩码技术，防止非法篡改录像资料；网络上的任意授权电脑均可以进行录像备份，有效防止恶意破坏；网络故障断网缓存功能，有效保护视频数据；视频中断主机报警功能、授权分级管理功能、强大日志管理功能。

5. 无限的无缝扩展能力

监控摄像机的增加主要是前端的远程监控点增加，而监控前端通过 IP 地址进行标识，增加设备只是意味着 IP 地址的扩充，简单的结构可以组成庞大的多级监控网络。

4.2 视频监控系统主要设备

4.2.1 监控摄像机

一、摄像机组成及工作原理

监控摄像机是用在安防领域的摄像机系统，监控摄像机从外型上主要区分为枪式、半球、高速球型，另外还有模拟监控和 IP 网络监控的区分，广泛应用于学校、公司、银行、交通、平安城市等多个安保领域。

如图 4-4 所示，监控摄像机的工作原理为光(景物)通过镜头生成的光学图像投射到图像传感器(CCD)表面上，然后转为电信号，经过 A/D(模数转换器)转换后变为数字图像信号，再送到数字信号处理芯片(如 DSP 数字信号处理器)中加工处理进行视频编码压缩，再通过网线或同轴电缆进行传输，后端可通过电脑直接访问解码查看视频或者通过解码设备进行显示。

1. 摄像机扫描制式

摄像机扫描制式有 PAL 制和 NTSC 制之分。常见的电视信号制式是 PAL 和 NTSC，另外还有 SECAM 等。NTSC(美国全国电视标准委员会简称)、PAL(逐行倒相，PhaseAlternateLine)以及 SECAM(顺序传送与存储彩色电视系统，法国采用的一种电视制

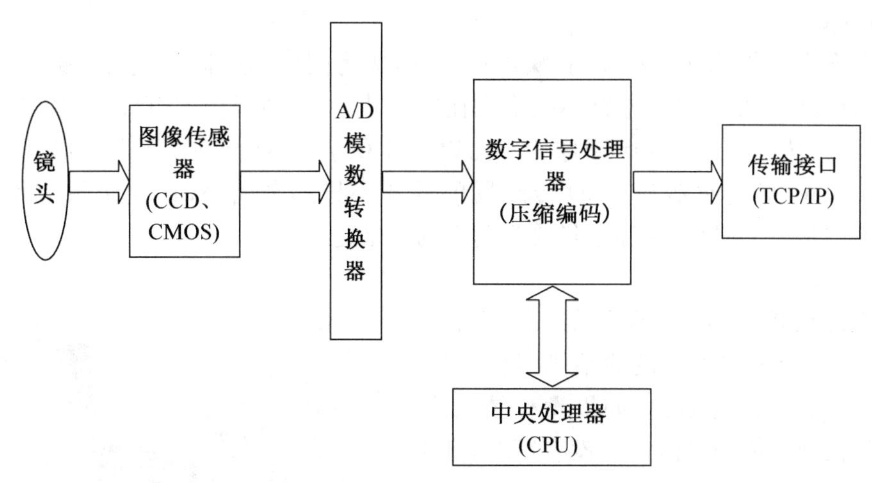

图 4－4　监控摄像机工作原理图

式，SEquentialCouleurAvecMemoire)。NTSC 即正交平衡调幅制。PAL 为逐行倒像正交平衡调幅制。

PAL 电视标准，每秒 25 帧，电视扫描线为 625 线，奇场在前，偶场在后，标准的数字化 PAL 电视标准分辨率为 720＊576，24 比特的色彩位深，画面的宽高比为 4∶3，PAL 电视标准用于中国、欧洲等国家和地区。NTSC 电视标准，每秒 29.97 帧(简化为 30 帧)，电视扫描线为 525 线，偶场在前，奇场在后，标准的数字化 NTSC 电视标准分辨率为 720＊486，24 比特的色彩位深，画面的宽高比为 4∶3。NTSC 电视标准用于美、日等国家和地区。

2. 图像传感器

感光器件是监控摄像机最为核心的部件，图像传感器有 CMOS 和 CCD 两种。CCD 具有低照度效果好、信噪比高、通透感强、色彩还原能力佳等优点，在交通、医疗等高端领域中广泛应用。由于其成像方面的优势，在很长时间内还会延续采用，但同时由于其成本高、功耗大也制约了其市场发展的空间。

CCD 与 CMOS 在不同的应用场景下各有优势，但随着 CMOS 工艺和技术的不断提升，以及高端 CMOS 价格的不断下降，在安防行业高清摄像机未来的发展中，CMOS 将占据越来越重要的地位。

图 4－5　CCD 图像传感器实图

图 4－6　CMOS 图像传感器实图

CCD(Charged Coupled Device)于 1969 年在贝尔试验室研制成功，之后开始量产，其发展历程已经将近 40 多年。CCD 又可分为线型(Linear)与面型(Area)两种，其中线型应用于影像扫描器及传真机上，而面型主要应用于数码相机(DSC)、摄录影机、监视摄影机等多项影像输入产品上。

CCD图像传感器由于灵敏度高、噪声低，逐步成为图像传感器的主流。但由于工艺上的原因，敏感元件和信号处理电路不能集成在同一芯片上，造成由CCD图像传感器组装的摄像机体积大、功耗大。CMOS图像传感器以其体积小、功耗低在图像传感器市场上独树一帜。如今，CMOS传感器和CCD传感器的性能差异逐渐缩小，在大多数应用领域，由CMOS传感器取代CCD传感器已经成为明显的未来趋势。

3. 摄像机镜头

摄像机镜头是视频监控系统的关键设备之一，它的质量直接影响摄像机的整机指标，摄像机镜头相当于人眼的晶状体，如果没有晶状体，人眼看不到任何物体；同理，如果没有镜头，那么摄像机也没有清晰的图像输出。

图4-7　摄像机镜头实图

(1) 镜头的分类

① 按镜头安装方式分类

CCD摄像机的镜头安装有两种工业标准，即C安装座和CS安装座。两者螺纹部分相同，但两者从镜头到感光表面的距离不同。

C安装座：从镜头安装基准面到焦点的距离是17.526 mm。

CS安装座：特种C安装，此时应将摄像机前部的垫圈取下再安装镜头。其镜头安装基准面到焦点的距离是12.5 mm。如果要将一个C安装座镜头安装到一个CS安装座摄像机上时，则需要使用镜头转换器。

② 以摄像机镜头规格分类

摄像机镜头规格应视摄像机的CCD尺寸而定，两者应相对应。即

摄像机的CCD靶面大小为1/2英寸时，镜头应选1/2英寸。

摄像机的CCD靶面大小为1/3英寸时，镜头应选1/3英寸。

摄像机的CCD靶面大小为1/4英寸时，镜头应选1/4英寸。

如果镜头尺寸与摄像机CCD靶面尺寸不一致时，观察角度将不符合设计要求，或者发生画面在焦点以外等问题。

③ 以镜头光圈分类

镜头有手动光圈和自动光圈之分，配合摄像机使用，手动光圈镜头适合于亮度不变的应用场合，自动光圈镜头因亮度变更时其光圈亦作自动调整，故适用亮度变化的场合。自动光圈镜头有两类：一类是将一个视频信号及电源从摄像机输送到透镜来控制镜头上的光圈，称为视频输入型，另一类则利用摄像机上的直流电压来直接控制光圈，称为DC输入型。

自动光圈镜头上的ALC(自动镜头控制)调整用于设定测光系统，可以整个画面的平均亮度，也可以画面中最亮部分(峰值)来设定基准信号强度，供给自动光圈调整使用。一般而言，ALC已在出厂时经过设定，可不作调整，但是对于拍摄景物中包含有一个亮度极高的目标时，明亮目标物之影像可能会造成“白电平削波”现象，而使得全部屏幕变成白色，此时可以调节ALC来变换画面。

另外，自动光圈镜头装有光圈环，转动光圈环时，通过镜头的光通量会发生变化，光通量即光圈，一般用 F 表示，其取值为镜头焦距与镜头通光口径之比，即：$F=f$（焦距）/D（镜头实际有效口径），F 值越小，则光圈越大。

下列应用场合可使用自动光圈：

太阳光直射等非常亮的情形，用自动光圈镜头有较宽的动态范围；要求在整个视野有良好的聚焦时，用自动光圈镜头有比固定光圈镜头更大的景深；要求在亮光上因光信号导致的模糊最小时，应使用自动光圈镜头。还有，对于环境照度处于经常变化的情况，如随日照时间而照度变化较大的门厅、大堂内等，均需选用自动光圈镜头，这样便可以实现画面亮度的自动调节，获得良好的较为恒定亮度的监视画面。

④ 以镜头的视场大小分类

标准镜头：视角 30 度左右，在 1/2 英寸 CCD 摄像机中，标准镜头焦距定为 12 mm，在 1/3 英寸 CCD 摄像机中，标准镜头焦距定为 8 mm。

广角镜头：视角 90 度以上，焦距可小于几毫米，可提供较宽广的视景。

远摄镜头：视角 20 度以内，焦距可达几米甚至几十米，此镜头可在远距离情况下将拍摄的物体影响放大，但使观察范围变小。

变倍镜头(zoom lens)：也称为伸缩镜头，有手动变倍镜头和电动变倍镜头两类。

可变焦点镜头(vari-focus lens)：它介于标准镜头与广角镜头之间，焦距连续可变，即可将远距离物体放大，同时又可提供一个宽广视景，使监视范围增加。变焦镜头可通过设置自动聚焦于最小焦距和最大焦距两个位置，但是从最小焦距到最大焦距之间的聚焦，则需通过手动聚焦实现。

针孔镜头：镜头直径几毫米，可隐蔽安装。

⑤ 从镜头焦距上分

短焦距镜头：因入射角较宽，可提供一个较宽广的视野。

中焦距镜头：标准镜头，焦距的长度视 CCD 的尺寸而定。

长焦距镜头：因入射角较狭窄，故仅能提供狭窄视景，适用于长距离监视。

变焦距镜头：通常为电动式，可作广角、标准或远望等镜头使用。

图 4-8　左图为短焦、右图为长焦

(2) 镜头的主要参数

① 焦距

平行光通过凸透镜会汇聚于一个焦点，这个焦点离透镜中心位置的长度就是焦距。现有镜头一般都可以看成凸透镜组，对于焦距固定的镜头，即定焦镜头；焦距可以调节变化的镜头，即变焦镜头。

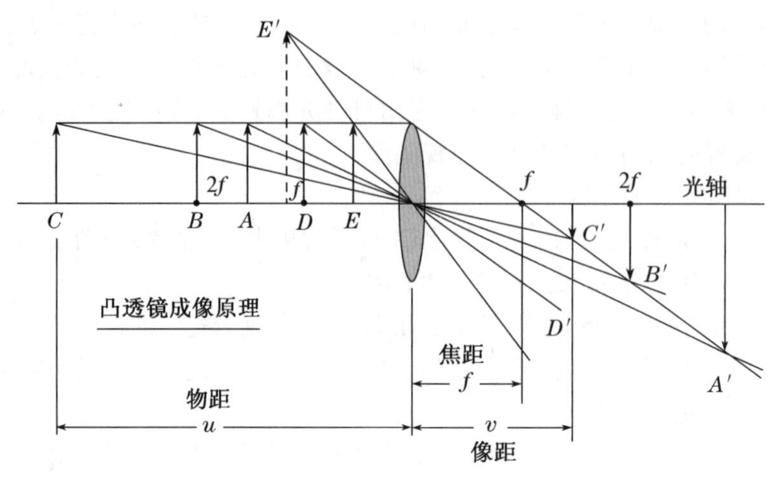

图 4-9 焦距示意图

② 光圈指数

光圈指数用 F 表示，以镜头焦距 f 和通光孔径 D 的比值来衡量。每个镜头上都标有最大 F 值，例如 6 mm/P1.4 代表最大孔径为 4.29 毫米。光通量与 F 值的平方成反比关系，F 值越小，光通量越大。镜头上光圈指数序列的标值为 1.4，2，2.8，4，5.6，8，11，16，22 等，其规律是前一个标值时的曝光量正好是后一个标值对应曝光量的 2 倍。也就是说镜头的通光孔径分别是 1/1.4，1/2，1/2.8，1/4，1/5.6，1/8，1/11，1/16，1/22，前一数值是后一数值的根号 2 倍，因此光圈指数越小，则通光孔径越大，成像靶面上的照度也就越大。

图 4-10 光圈示意图

视频监控系统的摄像机镜头光圈有手动和自动光圈之分。手动光圈适合亮度变化不大的场合，它的进光量通过镜头上的光圈环调节，一次性调整合适为止。自动光圈镜头会随着光线的变化而自动调整通光孔径，保证进入摄像机的亮度相对稳定，用于室外、人口等光线变化大且频繁的场合。

③ 视场角

以镜头为顶点，以被测目标的物像可以通过镜头的最大范围的两条边缘构成的夹角，称为视场角。

焦距的大小决定着视场角的大小，焦距数值小，视场角大，所观察的范围也大，但距离远的物体分辨不很清楚；焦距数值大，视场角小，观察范围小，只要焦距选择合适，即便距离很远的物体也可以看得清清楚楚。由于焦距和视场角是一一对应的，一个确定的焦距就意味着一个确定的视场角，所以在选择镜头焦距时，应该充分考虑是观测细节重要，还是有一个大的观测范围重要，如果要看细节，就选择长焦距镜头；如果看近距离大场面，就选择小焦距的广角镜头。

表 4-1　不同镜头焦距与视场角的对应关系

镜头规格	视场角	推荐监控距离
2.8 mm(半球机)	约 98.5 度	约 3 米
4	79	6
6	49	10
8	40	20
12	23	30
16	19.2	50
25	12.4	80

④ 景深

景深是保证对焦点前后景物成像清晰的范围的总和，就叫作景深，即只要在这个范围之内的景物，都能清楚地拍摄到。

景深的大小，首先与镜头焦距有关，焦距长的镜头，景深小，焦距短的镜头景深大。其次，景深与光圈有关，光圈越小，景深就越大；光圈越大景深就越小。一般来说，前景深小于后景深，也就是说，精确对焦之后，对焦点前面只有很短一点距离内的景物能清晰成像，而对焦点后面很长一段距离内的景物，都是清晰的。

(3) 监控摄像机镜头的选用

设备选型必须结合现场环境需求，并考虑到一定的经济性，下面就以使用环境的不同谈如何正确选用摄像机镜头。

① 镜头焦距的选用

摄像机镜头焦距的选用一般采用计算法，依据摄像机成像靶面尺寸(宽 w，高 h)，需要监视范围的尺寸(宽 W 或高 H)，监视点距离摄像机的距离(L)，通过下述公式，计算出镜头需要的焦距。

公式一：$f=W*L/w$(W，L 单位 M，f，w 单位 mm)

公式二：$f=H*L/h$(H，L 单位 M，f，h 单位 mm)

举例：当选用 1/2″镜头时，图像尺寸为 $u=4.8$ mm，$h=6.4$ mm。

镜头至景物距离 $D=3\ 500$ mm，景物的实际高度为 $U=2\ 500$ mm(景物的实际宽度可由

下式算出 $H=1.333$ 这种关系由摄像机取景器 CCD 片决定)。

将以上参数代入公式一中,可得 $f=4.8$

3 500/2 500=6.72 mm,故选用 6 mm 定焦镜头即可。

② 镜头尺寸的选用(应与 CCD 相匹配)

那么为何在镜头的选用中考虑 CCD 靶面的尺寸呢?为了从 1/3″与 1/2″CCD 摄像机中获取同样的视角,1/3″CCD 摄像机镜头焦距必须缩短;相反如果在 1/3″CCD 与 1/2″CCD 摄像机中采用相同焦距的镜头,1/3″CCD 摄像机视角将比 1/2″CCD 摄像机明显地减小,同时 1/3″CCD 摄像机的图像在监视器上将比 1/2″CCD 的图像放大,产生了使用长焦距镜头的效果。

在选择镜头时应注意这样一个原则:即小尺寸靶面的 CCD 可使用大尺寸靶面 CCD 摄像机的镜头,反之则不行。原因是:如 1/2″CCD 摄像机采用 1/3″镜头,则进光量会变小,色彩会变差,甚至图像也会缺损;反之,则进光量会变大,色彩会变好,图像效果肯定会变好。当然,综合各种因素,摄像机最好还是选择与其相匹配的镜头。

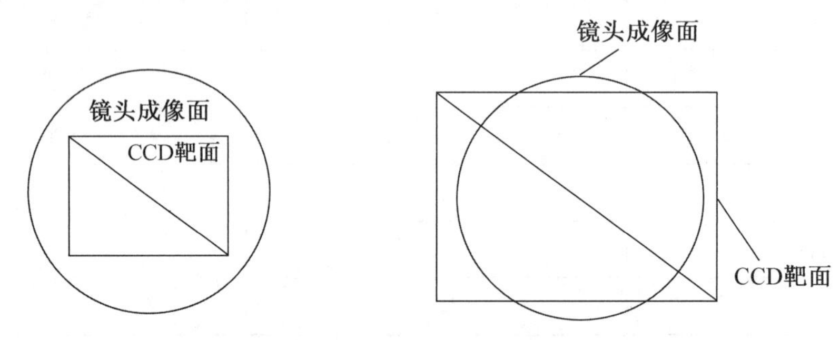

图 4-11 镜头尺寸与 CCD 靶面的关系

③ 手动、自动光圈镜头的选用

手动、自动光圈镜头的选用取决于使用环境的照度是否恒定。对于在环境照度恒定的情况下,如电梯轿厢内、封闭走廊里、无阳光直射的房间内,均可选用手动光圈镜头,这样可在系统初装调试中根据环境的实际照度,一次性整定镜头光圈大小,获得满意亮度画面即可。

对于环境照度处于经常变化的情况,如随日照时间而照度变化较大的门厅、窗口及大堂内等,均需选用自动光圈镜头(必须配以带有自动光圈镜头插座的摄像机),这样便可以实现画面亮度的自动调节,获得良好的较为恒定亮度的监视画面。

对于自动光圈镜头的控制信号又可分为 DC 及 VIDEO 控制两种,即直流电压控制及视频信号控制。这在自动光圈镜头的类型选用上,摄像机自动光圈镜头插座的连接方式上,以及选择自动光圈镜头的驱动方式开关上,三者注意协调配合好即可。

④ 定焦、变焦镜头的选用

定焦、变焦镜头的选用取决于被监视场景范围的大小,以及所要求被监视场景画面的清晰程度。

镜头规格(镜头规格一般分为 1/3″、1/2″和 2/3″等)一定的情况下,镜头焦距与镜头视场角的关系为:镜头焦距越长,其镜头的视场角就越小;在镜头焦距一定的情况下,镜头规格与镜头视场角的关系为:镜头规格越大,其镜头的视场角也越大。所以由以上关系可知:在镜头物距一定的情况下，随着镜头焦距的变大，在系统末端监视器上所看到的被监视场景的画面范围就越小，但画面细节越来越清晰；而随着镜头规格的增大，在系统末端监视器上所看到的被监视场景的画面范围就增大，但其画面细节越来越模糊。

在狭小的被监视环境中如电梯轿厢内，狭小房间均应采用短焦距广角或超广角定焦镜头，如选用镜头规格为1/2″，CS型接口，镜头焦距为3.6 mm或2.6 mm镜头，这些镜头视场角均不小于99°或127°，这对于摄像机在狭小空间里一般标高为2.5 m左右时，其镜头的视场角范围足以覆盖整个近距离狭小被监视空间。也可根据现场实际情况选用手动变焦镜头。

⑤ 电动变焦镜头的使用

对于一般变焦镜头而言，由于其最小焦距通常为6.0 mm左右，故其变焦镜头的最大视场角为45°左右，如将此种镜头用于这种狭小的被监视环境中，其监视死角必然增大，虽然可通过对前端云台进行操作控制，以减少这种监视死角，但这样必将会增加系统的工程造价（系统需增加前端解码器、云台、防护罩等），以及系统操控的复杂性，所以在这种环境中，不宜采用变焦镜头。

在开阔的被监视环境中，首先应根据被监视环境的开阔程度，用户要求在系统末端监视器上所看到的被监视场景画面的清晰程度，以及被监视场景的中心点到摄像机镜头之间的直线距离为参考依据，在直线距离一定且满足覆盖整个被监视场景画面的前提下，应尽量考虑选用长焦距镜头，这样可以在系统末端监视器上获得一幅具有较清晰细节的被监视场景画面。在这种环境中也可考虑选用变焦镜头（电动三可变镜头），这可根据系统的设计要求以及系统的性能价格比决定，在选用时也应考虑两点：在调节至最短焦距时（全景）应能满足覆盖主要被监视场景画面的要求；

在调节至最长焦距时（局部细节）应能满足观察被监视场景画面细节的要求。

通常情况下，在室内的仓库、车间、厂房等环境中一般选用6倍或者10倍镜头即可满足要求，而在室外的库区、码头、广场、车站等环境中，可根据实际要求选用10倍、16倍或20倍镜头即可（一般情况下，镜头倍数越大，价格越高，可在综合考虑系统造价允许的前提下，适当选用高倍数变焦镜头，或者快球）。

总结来说，对于小视距、大视场角的场所，例如电梯、房间等，一般用2.8～4 mm镜头；对于景深大、视角范围广的场所，例如室外环境、围墙等，一般用6～8 mm镜头；对于视角较小、距离较远的场所，例如通道、车间、仓库等，常用6～12 mm镜头。

一些常用地方的选择的摄像机如何选择镜头的毫米数？

在小商铺和家庭等室内环境中，推荐4 mm的镜头，主要考虑了室内距离不会太远（3～6米不等），同时监控的角度要足够大。

小区单元门照看，我们一般选择6 mm的镜头，这样可以看到单元门和单元门外的出入口。

在室外的道路，胡同等场景，可以选择6 mm或8 mm的摄像机（最佳监控距离在10～20米），具有走廊模式，让画面更完美。

镜头焦距的选择，也可以采用如下的估算法。该方法适用于4 mm以上的镜头。

表 4-2　估算法选择镜头焦距

清晰度	镜头焦距	看清细节特征	看清体貌特征	看清行为特征
标清	f	$f/2$ 米	f 米	$2f$ 米
130 万	f	$0.75f$ 米	$1.5f$ 米	$3f$ 米
200 万	f	$1.5f$ 米	$3f$ 米	$6f$ 米
300 万	f	$1.5f$ 米	$3f$ 米	$6f$ 米
500 万	f	$1.5f$ 米	$3f$ 米	$6f$ 米

通过上方表格，我们以 200 万高清摄像机为例，假设某人距离摄像机 36 米。

如果想看清人脸面部特征，则选用 36÷1.5=24 mm 左右的镜头。

如果想看清人体体貌特征，则选用 36÷3=12 mm 左右的镜头。

如果想看清人的行为特征，比如看清人从事的活动，则选用 36÷6=6 mm 左右的镜头。

二、摄像机主要技术参数

(1) CCD 尺寸：亦即摄像机靶面。

(2) CCD 像素：是 CCD 的主要性能指标，它决定了显示图像的清晰程度，分辨率越高，图像细节的表现越好。CCD 是由面阵感光元素组成，每一个元素称为像素，像素越多，图像越清晰。现在市场上大多以 25 万和 38 万像素为划界，38 万像素以上者为高清晰度摄像机。

(3) 水平分辨率：彩色摄像机的典型分辨率是在 320 到 500 电视线之间，主要有 330 线、380 线、420 线、460 线、500 线等不同档次。分辨率是用电视线(简称线 TV LINES)来表示的，彩色摄像头的分辨率在 330～500 线之间。分辨率与 CCD 和镜头有关，还与摄像头电路通道的频带宽度直接相关，通常规律是 1 MHz 的频带宽度相当于清晰度为 80 线。频带越宽，图像越清晰，线数值相对越大。

(4) 最小照度：也称为灵敏度。是 CCD 对环境光线的敏感程度，或者说是 CCD 正常成像时所需要的最暗光线。照度的单位是勒克斯(LUX)，数值越小，表示需要的光线越少，摄像头也越灵敏。

黑白摄像机的灵敏度大约是 0.02～0.5 Lux(勒克斯)，彩色摄像机多在 1 Lux 以上。0.1 Lux 的摄像机用于普通的监视场合；在夜间使用或环境光线较弱时，推荐使用 0.02 Lux 的摄像机。与近红外灯配合使用时，也必须使用低照度的摄像机。另外摄像的灵敏度还与镜头有关，0.97 Lux/F0.75 相当于 2.5 Lux/F1.2 相当于 3.4 Lux/F1。

参考环境照度：

夏日阳光下 100 000 Lux	阴天室外 10 000 Lux
电视台演播室 1 000 Lux	60 W 台灯 60 cm 桌面 300 Lux
室内日光灯 100 Lux	黄昏室内 10 Lux
20cm 处烛光 10～15 Lux	夜间路灯 0.1 Lux

(6) 摄像机电源：交流有 220 V、110 V、24 V，直流为 12 V 或 9 V。

(7) 信噪比：典型值为 46 db，若为 50 db，则图像有少量噪声，但图像质量良好；若为 60 db，则图像质量优良，不出现噪声。

(8) 视频输出：多为 1 Vp－p、75 Ω，均采用 BNC 接头。

(9) 镜头安装方式：有 C 和 CS 方式，二者间不同之处在于感光距离不同。

(10) 镜像功能 MIR：图像左右相反，成镜像。

(11) 防闪烁 FLK：当有灯光闪烁的频率不一致导致闪烁时可调节至一致。

(12) 自动增益控制 AGC

所有摄像机都有一个将来自 CCD 的信号放大到可以使用水准的视频放大器，其放大量即增益，等效于有较高的灵敏度，可使其在微光下灵敏，然而在亮光照的环境中放大器将过载，使视频信号畸变。为此，需利用摄像机的自动增益控制(AGC)电路去探测视频信号的电平，适时地开关 AGC，从而使摄像机能够在较大的光照范围内工作，此即动态范围，即在低照度时自动增加摄像机的灵敏度，从而提高图像信号的强度来获得清晰的图像。

(13) 背光补偿 BLC

通常，摄像机的 AGC 工作点是通过对整个视场的内容作平均来确定的，但如果视场中包含一个很亮的背景区域和一个很暗的前景目标，则此时确定的 AGC 工作点有可能对于前景目标是不够合适的，背景光补偿有可能改善前景目标显示状况。

当背景光补偿为开启时，摄像机仅对整个视场的一个子区域求平均来确定其 AGC 工作点，此时如果前景目标位于该子区域内时，则前景目标的可视性有望改善。

(14) 强光抑制 ELC

强光抑制功能是一种独有的背光补偿技术，它可以侦测是否存在强光点并给该区域提供所需的补偿获得更清晰的影像。在夜晚街道或停车场内读取车辆车牌上的号码时，强光抑制就非常有用了。

(15) 自动电子快门 AES

在 CCD 摄像机内，是用光学电控影像表面的电荷积累时间来操纵快门。电子快门控制摄像机 CCD 的累积时间，当电子快门关闭时，对 NTSC 摄像机，其 CCD 累积时间为 1/60 秒；对于 PAL 摄像机，则为 1/50 秒。当摄像机的电子快门打开时，对于 NTSC 摄像机，其电子快门以 261 步覆盖从 1/60 秒到 1/10 000 秒的范围；对于 PAL 型摄像机，其电子快门则以 311 步覆盖从 1/50 秒到 1/10 000 秒的范围。当电子快门速度增加时，在每个视频场允许的时间内，聚焦在 CCD 上的光减少，结果将降低摄像机的灵敏度，然而，较高的快门速度对于观察运动图像会产生一个“停顿动作”效应，这将大大地增加摄像机的动态分辨率。

(16) 自动白平衡 AWB

白平衡只用于彩色摄像机，就是摄像机对白色物体的还原。其用途是实现摄像机图像能精确反映景物状况，有手动白平衡和自动白平衡两种方式。

① 自动白平衡

连续方式——此时白平衡设置将随着景物色彩温度的改变而连续地调整，范围为 2 800～6 000 K。这种方式对于景物的色彩温度在拍摄期间不断改变的场合是最适宜的，使色彩表现自然，但对于景物中很少甚至没有白色时，连续的白平衡不能产生最佳的彩色效果。

按钮方式——先将摄像机对准诸如白墙、白纸等白色目标，然后将自动方式开关从手动拨到设置位置，保留在该位置几秒钟或者至图像呈现白色为止，在白平衡被执行后，将自动方式开关拨回手动位置以锁定该白平衡的设置，此时白平衡设置将保持在摄像机的存储器中，直至再次执行被改变为止，其范围为 2 300～10 000 K，在此期间，即使摄像机断电也不会丢失该设置。以按钮方式设置白平衡最为精确和可靠，适用于大部分应用场合。

② 手动白平衡

开手动白平衡将关闭自动白平衡，此时改变图像的红色或蓝色状况有多达107个等级供调节，如增加或减少红色各一个等级、增加或减少蓝色各一个等级。除此之外，有的摄像机还有将白平衡固定在3 200 K(白炽灯水平)和5 500 K(日光水平)等档次命令。

为了了解白平衡，就必须了解另一个重要的概念：色温。所谓色温，简而言之，就是定量地以开尔文温度表示色彩。当物体被电灯或太阳加热到一定的温度时，就会发出一定的光线，此光线不仅含有亮度的成分，更含有颜色的成分，而色温越高，蓝色的成分越多，图像就会偏蓝；相反，色温越低，红色的成分就越多，图像就会偏红。因此，如果照射物体的光线发生了变化，那么其反映出的色彩也会发生了变化，而这种变化反映到摄像机里，就会产生在不同光线下彩色还原不同的现象。

三、常用类型摄像机

1. 监控摄像机分类

根据不同监控摄像机的特点和主要用途，监控摄像机种类大概的分为以下4类：

(1) 根据工作原理：分为数字摄像机和模拟摄像机。数字摄像机是通过双绞线传输经压缩的数字视频信号，模拟摄像机是通过视频同轴电缆传输模拟信号。由于网络技术的普及，基于TCP/IP的网络数字摄像机快速发展，模拟摄像机已经逐渐退出应用市场。

(2) 根据摄像机外观：可分为枪机，半球，球机等。枪机多用于户外监控，对防水防尘等级要求较高；半球多用于室内，比如大楼门厅位置及电梯轿厢，一般采用短焦距，可视范围广；球机一般内置一体机与解码器，可以360度无死角进行监控。

(3) 根据摄像机功能：可分为宽动态、强光抑制、道路监控专用、红外摄像机、一体机等。根据安装环境的具体需要选择合适的监控摄像机。

(4) 根据特殊环境应用：监控摄像机还可分为针孔摄像机、烟感摄像机、热成像摄像机、防爆摄像机等。主要适用于特殊环境下的图像采集。

2. 监控常用摄像机

(1) 枪式摄像机

图4-12　枪式摄像机实图

枪式摄像机由 CCD 电路板、后背电路板、外壳、背焦环组成。使用时加装镜头形成完整的摄像机整体。

标准枪机：130 万/200 万像素

日夜型枪机：在达到一定照度（一般为 10 LUX）左右，控制摄像机使输出为黑白视频。

（2）红外摄像机

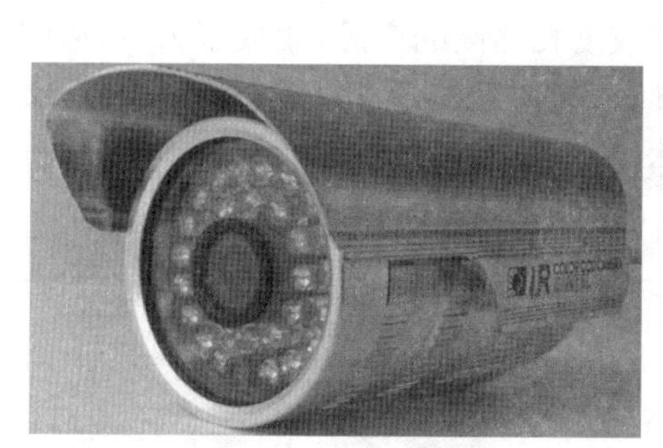

图 4－13　带红外功能摄像机实图

红外灯按其红外光辐射机理分为半导体固体发光（红外发射二极管）红外灯和热辐射红外灯两种。

红外摄像机红外灯板上一个光敏电阻，当光线达到较低时可以控制红外灯的打开，同时摄像机切换到黑白模式，这样就可以提高分辨率，图像效果。红外摄像机的滤光片可使 850 nm 波长的红外线可以进入，晚上可以感红外光，但也会使白天的图像部分颜色偏掉。

（3）宽动态摄像机

图 4－14　宽动态（左图）与普通摄像机（右图）拍摄效果对比

宽动态摄像技术是在非常强烈的对比下让摄像机看到影像而运用的一种技术。在一些明暗反差过大的场合，一般的摄像机由于 CCD 的感光特性所限制，摄取的图像往往出现背景过亮或前景太暗的情况。针对这种情况，宽动态技术应运而生，较好地解决了这一问题。

如果室内照度为 100 Lux，而外面照度是 10 000 Lux，对比度就是 10 000/100＝100：1。对于人眼来说能较为容易地分辨，因为人眼能处理 1 000：1 的对比度，然而普通摄像机只有 3：1 的对比性能，只能选择使用 1/60 秒的电子快门来取得室内目标的正确曝光，但是室外的影像会被清除掉，呈现全白色；或者摄像机选择 1/6000 秒取得室外影像完美曝光，但是室内的影像会被清除,呈全黑色。

而宽动态技术是同一时间曝光两次,一次快,一次慢,再进行合成使得能够同时看清画面上亮与暗的物体。相比于背光补偿技术,虽然都是为了克服在强背光环境条件下,看清目标而采取的措施,但背光补偿是以牺牲画面的对比度为代价的,所以从某种意义上说,宽动态技术是背光补偿的升级。

(4) 球型摄像机

球型摄像机是一种智能化摄像机前端,全名叫智能化球型摄像机,简称球机。球机是监控系统最复杂和综合表现效果最好的摄像机前端之一,制造复杂、价格较贵,能够适应高密度、高复杂度的监控场合。球机是一种集成度相当高的产品,集成了云台、通信模块、和摄像机系统,云台系统是指电机带动的旋转部分,通信系统是指对电机的控制以及对图像和信号的处理部分,摄像机系统是指采用的一体机机芯。

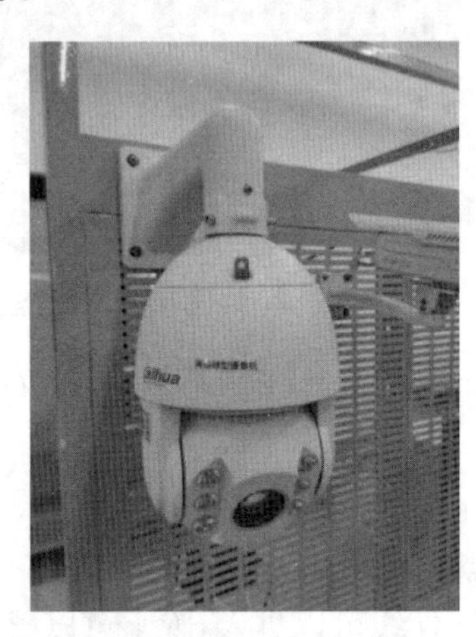

图 4-15　智能化球机实图

球机云台控制着球机的上、下、左、右,其主要的指标有水平和垂直的极限角度、转速、预置位轨迹等功能的状况。球机具有预制点、点间巡航、线扫、连续旋转等功能。

球型摄像机的分类如下:

① 按球机云台的转速为分类依据:包括高速球(0～360/s);中速球(0～60/s)和低速球(0～30/s)。

② 以使用环境区分:室内智能球型摄像机和室外智能球型摄像机。

③ 以安装方式划分:吊装(通过支架吊于屋顶或天花板)、侧装(通过支架固定在墙面或室外立杆);嵌入安装(直接在天花板开孔)。

(5) 半球摄像机

半球摄像机,形状似半球型而得名。半球摄像机体积小巧,外型美观,适合办公场所以及装修档次较高的场所使用。其内部由摄像机、自动光圈手动变焦镜头、密封性能优异球罩和支架组成。安装方便。

与枪机相比,半球摄像机自带变焦镜头,一般其变焦范围较小,而且镜头都不易更换。而枪机的变焦范围取决于选用的镜头,可从几倍到十数倍,并且镜头更换非常方便。半球摄像机大多用于室内小范围的监控场合,例如重要部位出入口、通道、电梯轿厢等。而枪式摄像机的应用范围非常宽广,可根据选用不同镜头,实现远距离或广角监控,应用的场合要比

图 4－16 半球摄像机实图

半球广泛得多。随着技术的发展，半球摄像机功能已与高性能的枪机差别越来越小，变焦范围也逐渐增大；且球罩整体密封性能更好，特别是下球罩，制作得薄而均匀，透光率更好、光损更小、安装支架机械设计更精巧，使得摄像机位置调整非常方便。

（6）电梯专用摄像机

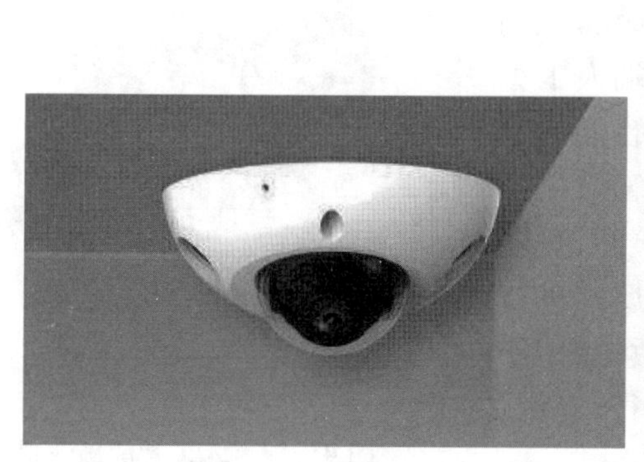

图 4－17 电梯专用摄像机实图

电梯专用摄像机是视场角更大一些，体积更小巧一些的半球摄像机，与普通半球摄像机的区别如下：

1）特点不同

① 电梯专用摄像机：消除了信号中的干扰超声波，图像质量高，灵敏度高。

② 普通半球摄像机：有固定比 CCD 传感器高 10 倍的噪音。

2）优势不同

① 电梯专用摄像机：利用 3D 数字降噪系统、能得到更清晰的彩色图像。具有先进的数字背光补偿功能。

② 普通半球摄像机：根据光的强弱积聚相应的电荷，经周期性放电，产生表示一幅幅画面的电信号，经过滤波、放大处理，通过摄像头的输出端子输出一个标准的复合视频信号。

（7）智能监控卡口摄像机

图 4－18 智能监控卡口摄像机实图

该摄像机用于卡口监控也就是治安卡口监控，是在道路上特定场所，例如高速收费站、交通检查组、治安检查站、过境公路等地点，对所有通过该卡口点的机动车辆、车内人员进行拍摄、处理与记录的一种道路交通现场监测摄像设备。

（8）人工智能摄像机

人工智能摄像机通过在前端内置人工智能芯片，可实时分析视频内容，检测运动对象，识别人、车属性信息，并通过网络传递到后端人工智能的中心数据库进行存储。这是人工智能满足视频监控实战应用需求的优势。人工智能摄像机一般内嵌智能人脸算法，支持人脸检测、自动抓拍功能，支持对性别、年龄段等人脸属性进行识别，并且根据不同属性统计抓拍人数，适用于车站、地铁进出口，住宅小区、超市、银行，宾馆、关键道路、通道进出口等。

图 4－19 人工智能摄像机实图

（9）全景摄像机

图 4－20 全景摄像机安装实图

图 4－21 全景摄像机拍摄效果图

全景摄像机是一种可以实现大范围无死角监控的摄像机，主流全景摄像机采用吊装与壁装方式可分别达到 360°与 180°的监控效果，360 度全景摄像机可无盲点监测覆盖所处场景，设有一个鱼眼镜头，或者一个反射镜面，或者多个朝向不同方向的普通镜头拼接而成，一台全景摄像机可以取代多台普通的监控摄像机，做到了无缝监控，实现了监控新应用，广泛适用于需要大范围监控场景。

（10）针孔摄像机

图 4－22　针孔摄像机拍摄效果图

针孔摄像机即超微型摄像机。它的拍摄孔径确实只有针孔一般的大小。针孔摄像机被应用在保护人们的生命、财产和隐私上。例如：记者的暗访调查，公安的暗访取证等。

针孔摄像机使用的镜头有鱼眼镜头、平面镜头和锥形镜头三种。如果按照数据传输方式来分类的话，可以分成无线摄像机和有线摄像机两类。

针孔摄像机广泛适用于 ATM 取款机、银行、监狱等需要隐蔽监控的场所。

（11）防爆摄像机

防爆摄像机属于防爆监控类产品，是防爆行业跟监控行业的交叉产物，因为在具有高危可燃性、爆炸性现场不能使用常规的摄像产品，需要具有防爆功能且有国家权威机构颁发的相关证书的产品才能称得上是防爆摄像机。

防爆摄像机在光电结构上与普通工业摄像机并无本质上的差异。其最重要的特征是使用了一种或多种的防爆形式对工业摄像机进行处理，使之能够在易燃易爆的现场环境中监控。

目前市场上防爆摄像机有三种：本安型、正压型、隔爆型。

① “本安型”是从限制电路中的能量入手，摄像机内部通过可靠的控制电路参数将潜在的火花能量降低到可点燃规定的气体混合物能量以下，导线及元件表面发热温度限制在规定的气体混合物的点燃温度之下。在摄像机内部的所有电路都是由在标准规定条件下，产生的任何电火花或任何热效应均不能点燃规定的爆炸性气体环境的本质安全电路。

② “正压型”防爆型式，是在摄像机内保持持续的空气或充入惰性气体，以限制可燃性混合物通过外壳进入摄像机内部。

③ “隔爆型”防爆型式，它是把摄像机可能点燃爆炸性气体混合物的部件全部封闭在一个外壳内，其外壳能够承受通过外壳任何接合面或结构间隙，渗透到外壳内部的可燃性混合物在内部爆炸而不损坏，并且不会引起外部由一种、多种气体或蒸气形成的爆炸性环境的点燃。把摄像机可能产生火花、电弧和危险温度的零部件均放入隔爆外壳内，隔爆外壳使摄像

机内部空间与周围的环境隔开。

图 4-23　防爆型半球

图 4-24　防爆型球机

(12) 一体化摄像机

对于一体化摄像机,一直以来有几种不同的理解,有指半球型一体机、快速球型一体机、结合云台的一体化摄像机和镜头内建的一体机。现在通常所说的一体化摄像机应专指镜头内建、可自动聚焦的一体化摄像机。

图 4-25　一体化摄像机

(13) 雷视一体机

雷视一体机是通过 AI 算法将雷达和视频各自的检测优势、检测数据深度融合,对机动车、非机动车、行人等多种目标分类检测,联动 LED 屏进行信息播报,实现即时检测、实时发布提醒,有效达成道路安全预警目的。

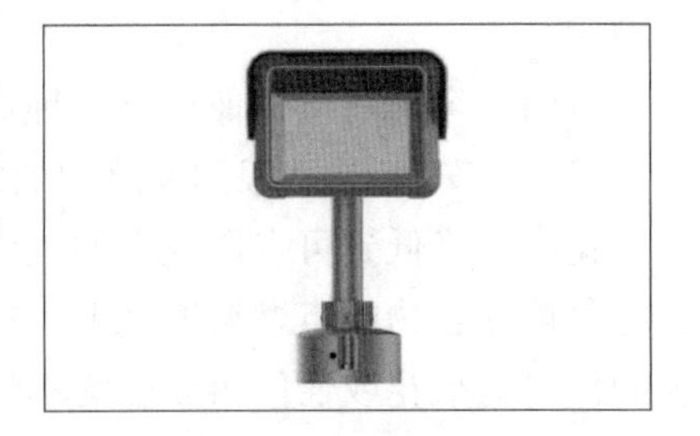

图 4-26　雷视一体化摄像机实图

以预警系统为例,在大雾、大雨等低照度情况下,摄像头将难以看清,视频监控就难以充分发挥作用。而雷达通过检测物体的反射频率,既可以测距,也可以测速,在视频监控难以看清的时候,雷达可以有效弥补视频监控的不足,让视频监控持续工作。单摄摄像机检测距离一般在 100 米以内,雷达的识别范围则在 200 米以上,能够更好地发挥事前预警作用。

（14）三维重构摄像机

当前，视频监控主要通过二维图片与视频信息对通行人员进行结构化信息提取，然而二维信息只是三维真实场景在成像平面的投影，因此还原真实的监控场景存在很大的困难。

通过融合现有的安防网络相机技术与最新的高精度三维成像技术，除了能获取场景的颜色、轮廓信息之外，还能获取重要的深度信息。借助于深度信息，能突破现有二维成像技术的瓶颈，有效地采集场景内的三维人体特征信息，为安防监控系统提供更准确的情报。

为了满足智能安防对于三维数据的迫切需求，市场已经推出适用于安防的三维网络摄像机，该相机融合了二维彩色网络摄像机和结构光深度相机技术，可以在火车站、飞机场、地铁站等室内光照复杂环境下全天候的获取通信人员的二维色彩与三维形状信息。

三维深度图不同于二维图像，深度图上每个像素值大小代表目标和相机的几何距离，因此，深度图对于图像传输过程中的保真性要求很高，譬如两个物体交界的边界处，二维图像可以容忍一定的边界锯齿和模糊现象，但是对于深度图来说，边界锯齿和模糊都是绝对不能允许的。可通过预处理的方法来提高数据传输过程中的保真性。

（15）热成像摄像机

热成像摄像机，是一种通过接受物体发出的红外线来显示的摄像机。任何有温度的物体都会发出红外线，而热成像摄像机的工作原理就是热红外成像技术。其核心就是热像仪，它是一种能够探测极微小温差的传感器，将温差转换成实时视频图像显示出来。但是只能看到人和物体的热轮廓，看不清物体的真实面目。

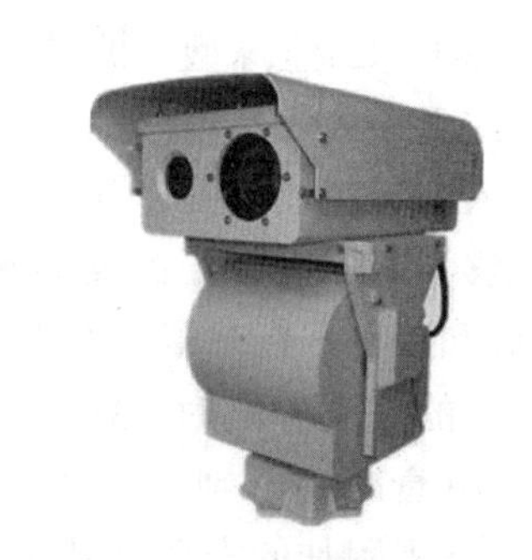

图 4－27　热成像摄像机实图

红外热成像仪可分为致冷型和非致冷型两大类。致冷型的热灵敏度高结构复杂一般用于军事用途而非致冷型灵敏度虽低于致冷型，但其性能已可以满足多数军事用途和几乎所有的民用领域。由于不需要配备制冷装置，因此非制冷红外热成像仪性价比较致冷型的高。

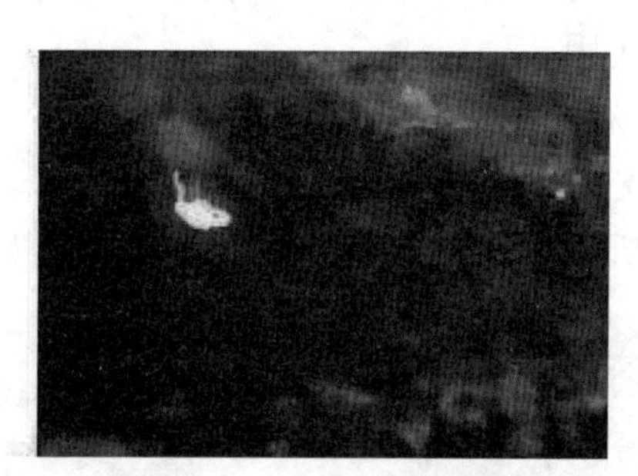

图 4－28　热成像摄像机拍摄效果图(右图)，左图为可见光拍摄

四、摄像机常用配件

1. 防护罩

按照形状划分，摄像机防护罩一般可分为三大类：枪式防护罩、球型防护罩和坡型防护罩。

1）枪式防护罩：枪式防护罩是监控系统最为常见的防护罩，成本低、结实耐用、尺寸多样、样式美观。室内型枪式防护罩不需要进行特殊的防锈处理，一般使用涂漆或阳极氧化处理的铝材、钢材或高抗冲塑料。

枪式防护罩的开启结构有顶盖拆卸式、前后盖拆开式、滑道抽出式、顶盖撑杆式、顶盖滑动式等，各种结构方式都是以安装、检修、维护方便为目的。

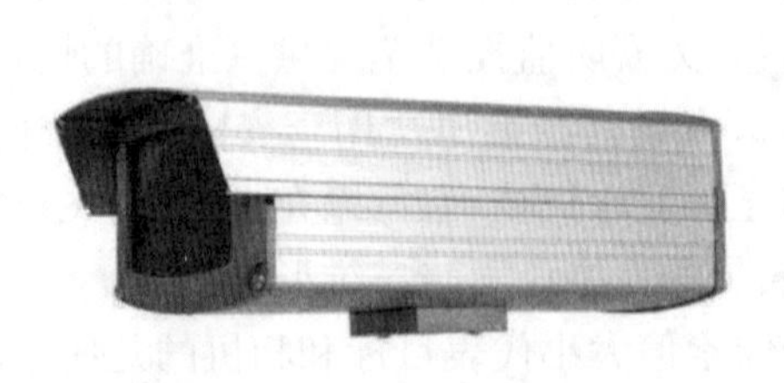

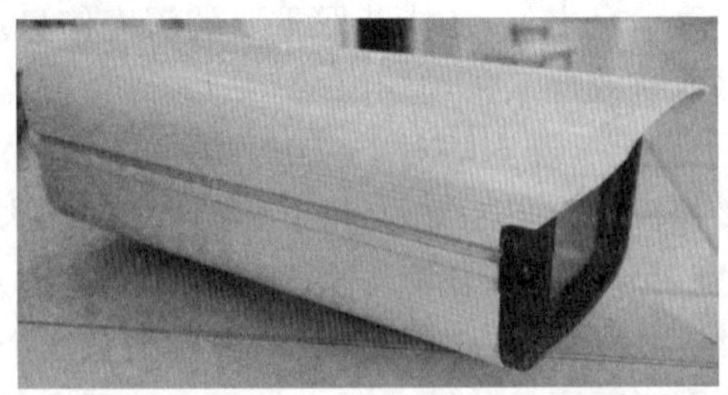

图 4-29　枪式防护罩实图

2）球型防护罩：球型防护罩有半球型和全球型两种，一般室外应用大多采用全球型球罩，室内应用中则会根据现场环境选择半球或全球型防护罩。全球型防护罩一般使用支架悬吊式或吸顶式安装，半球型防护罩最常见的是吸顶式和天花板嵌入到天花板的安装方式。

图 4-30　球型防护罩实图

能够为球罩内镜头提供场景光线的塑料球罩有三种：透明、镀膜和茶色。在球罩只作为保护摄像机、镜头而不需要隐蔽摄像机的监视方向时，常采用透明球罩。透明球罩的光线损失最小(衰减 10%到 15%)。如果希望隐藏摄像机的监视方向，以获得附加的安全效果，就需要选用镀膜或茶色球罩。光线通过镀膜球罩后会衰减约 75%，茶色球罩相对来说效果较好，光线衰减约 50%。

3）坡型防护罩：坡型防护罩采用吸顶嵌入式安装，防护罩的后半部分隐藏在天花板内，外面只暴露前面窗口部分，比较便于隐蔽，由于俯仰角度不能调整，因此使用环境有限，适合楼道走廊使用。

2. 支架与立杆

(1) 支架

摄像机支架是用于固定摄像机的部件，根据应用环境的不同，支架的形状也各异。

图 4-31　吊装云台支架实图

图 4-32　壁装云台支架实图

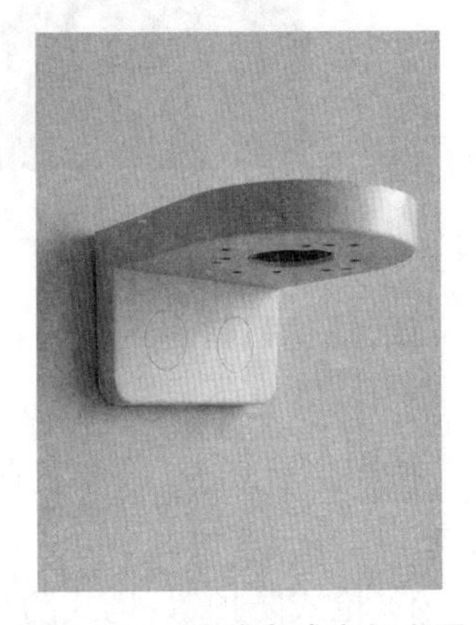

图 4-33　壁装半球支架实图

① 云台支架

云台支架分两种：吊装、壁装，至于外观形状规格和颜色可以根据使用环境和要求选择。

② 半球和海螺支架上区别不大，分别是吊装、壁装。枪机也区分吊装和壁装，枪机也有云台型支架

图 4－34　壁装枪机支架实图

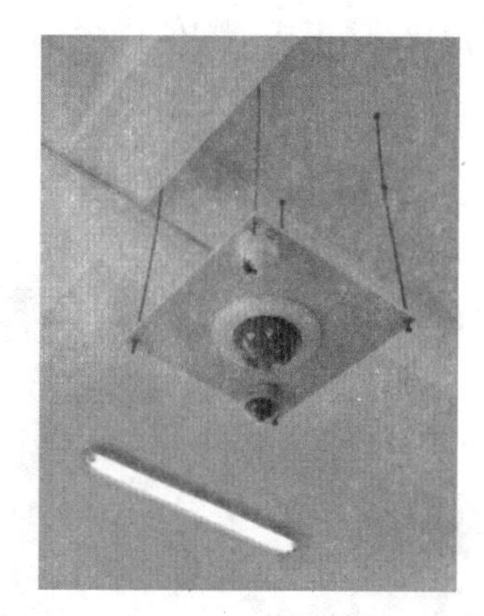

图 4－35　吊装半球支架实图

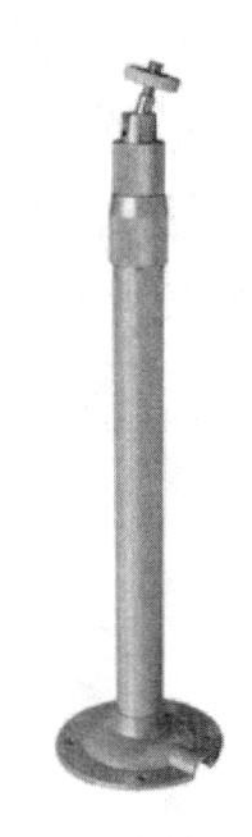

图4－36　吊装枪机支架实图

(2) 摄像机立杆

摄像机立杆，主要用于道路监控固定摄像机所专用。根据立杆外形特点可分为八角监控杆、圆管监控杆、等径监控杆、变径监控杆和锥形监控杆等，一般的城市道路监控立杆均按照高 6 米横臂 1 米，小区监控杆常规按高度 3 至 4 米臂长 0.8 米来进行制作。

图 4－37　摄像机立杆实图

1) 摄像机立杆颜色选择

① 小区监控立杆可选择灰色系的，能突显小区的高档性。

② 道路监控杆一般选择白色，因为白色与道路斑马线基本吻合，而且白色对于行驶中的车辆来说，比较容易引人注意。此外，白色监控立杆在夜晚具有反光作用，能提醒行驶中的车注意路况。

③ 特殊使用场合：监控立杆颜色应根据情况而定，例如一些酒店，监控立杆会采用古铜色，与酒店装修风格相适应。

2) 摄像机立杆规格选择

合理选择立杆，应根据摄像机类型，尽量满足达到最佳监控效果高度为宜。

① 枪型摄像机立杆高度选择：通常选择高度为 3.5～4.5 米之间的立杆。

② 球型摄像机立杆高度的选择：因球型摄像机可 360 度旋转，且焦距可调，所以球形摄像机立杆应尽可能地高，通常可选择 4.5～5.5 米之间的立杆。此外，应根据立杆位置与监控目标位置的距离和取景方向选择合理的横臂长度，避免横臂过短影响拍摄内容。在被遮挡的环境中，宜选择 1 米或横臂 2 米，以减少遮挡。监控杆基础混凝土的配比和水泥用量应符合 GBJ204—83 的规定。

3. 拾音器

拾音器,又称监听头。拾音器是用来采集监控现场环境声音再传送到后端设备的一个器件,它是由麦克风和音频放大电路构成。拾音器有三线制和四线制之分;三线制拾音器一般红色代表电源正极,白色代表音频正极,黑色代表信号及电源的负极(公共地)。四线制拾音器一般红色代表电源正极,白色代表音频正极,音频负极和电源负极是分开来。

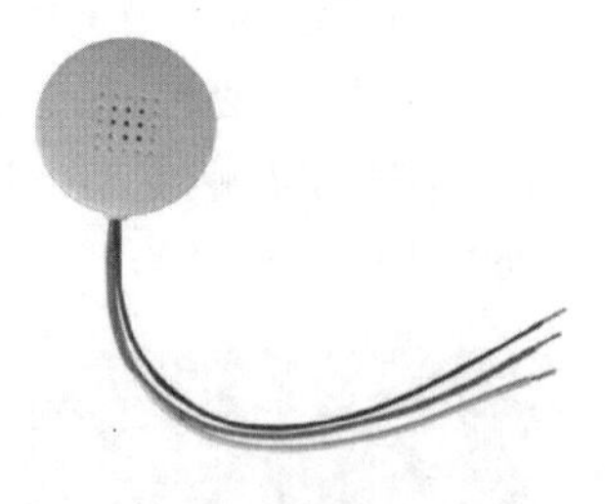

图 4-38 拾音器实图

4. 监控电源

图 4-39 监控电源

5. 补光灯

监控补光灯主要用于补足光线亮度不足。使监控画面清晰,能对车辆和驾驶员进行清晰的抓拍。主要分度为以下种类:

按基本类型分:频闪、常亮、红外、白光、爆闪

按使用范围分:卡口、收费站、住宅小区、停车道闸

按使用功能分:车牌识别、高清录像、人脸识别、电子警察

按使用设备分:球机、枪机

图 4-40 摄像机补光灯实图

4.2.2 存储设备

1. 网络硬盘录像机(NVR)

NVR:是网络硬盘录像机的缩写。NVR 通过网络接收 IPC(网络摄像机)设备传输的数字视频码流,并进行存储、管理,从而实现网络化带来的分布式架构优势。通过 NVR,可以同时观看、浏览、回放、管理、存储多个网络摄像机。

图 4-41 网络硬盘录像机实图

2. 数字硬盘录像机(DVR)

DVR:使数字硬盘录像机的缩写,相对于传统的模拟视频录像机,采用硬盘录像,故常常被

称为硬盘录像机，也被称为 DVR。硬盘录像机的主要功能包括：监视功能、录像功能、回放功能、报警功能、控制功能、网络功能、密码授权功能和工作时间表功能等。还包含以下功能：

(1) 视频存储

数字硬盘录像机可以接入串口硬盘，用户可以根据自己录像保存时间选择不同存储容量的硬盘。

(2) 视频查看

数字硬盘录像机一般具有 BNC、VGA 视频输出，可以与电视、监视器、电脑显示器等显示设备配合使用。

(3) 视频管理

数字硬盘录像机出厂配有集中管理软件，可以用该软件管理多个硬盘录像机的视频图像与视频统一存储等功能。

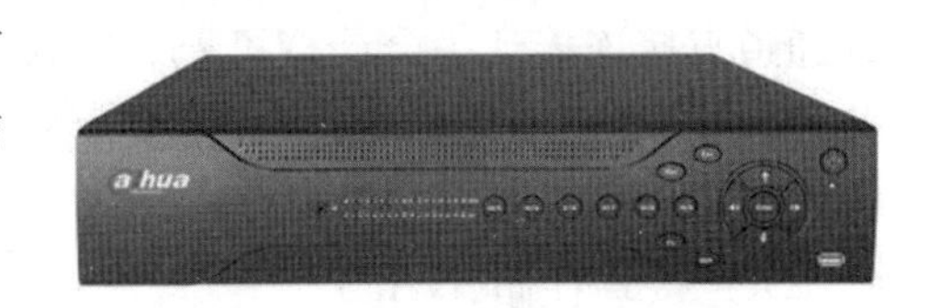

图 4－42 数字硬盘录像机实图

(4) 远程访问

数字硬盘录像机可以实现远程访问。在正确配置网络 IP 地址的情况下，实现远程查看、设置等功能。

3. 混合硬盘录像机(XVR)

当前，有厂家推出一种混合硬盘录像机，该产品兼容 HDTVI、AHD 等多种同轴高清规范，可任意接入 HDTVI、AHD、模拟、网络信号；可禁用任意路数模拟通道，转换为 IP 通道，兼具 DVR 和 NVR 的双重功能。并采用多项 IT 高新技术，既可本地实现独立高清监控，也可联网组成强大的安全防范系统。可广泛应用于金融、公安、部队、电信、交通、电力、教育、水利等领域的安全防范。

4. SD 卡

SD 存储卡是一种基于半导体快闪记忆器的新一代记忆设备，由于它体积小、数据传输速度快、可热插拔等优良的特性，被广泛地于便携式装置上使用。普通的存储卡读取速度比较慢，而视频监控存储卡的读写速度较快，一般在 10X 以上。

图 4－43 SD 卡实图

5. 固态硬盘 SSD

固态硬盘采用 NAND 闪存作为存储介质，SSD 固态硬盘延迟非常小，访问时间为 0.01 到 0.1 毫秒，最先进的 15000 转硬盘的访问时间则为 4 到 10 毫秒。SSD 固态盘由于无机械装置，完全半导体化，所以它具有普通机械硬盘所不具备的特点：不怕震动，温度范围宽，运转安静没有噪音。

视频监控对监控硬件性能要求非常高，任何单点故障，都会引发系统崩溃。使用普通机械硬盘，由于硬盘一般长期处于运转状态，长期数据写入会造成机械硬盘机械部件磨损，往往会造成数据无法恢复而使得整个监控系统崩溃。SSD 硬盘

图 4－44 固态硬盘 SSD 实图

采用闪存介质,闪存单点可达到 40 万次的擦写次数,MTBF(平均无故障工作时间)可达 200 万小时,可保障整个视频监控系统性能大幅度提升。

6. NAS 网络存储

NAS 网络存储基于标准网络协议实现数据传输,大致分为三种:直连式存储(DAS: Direct Attached Storage)、网络连接式存储(NAS: Network Attached Storage)和存储网络(SAN: Storage Area Network)。

图 4-45 NAS 网络存储

(1) 直连式存储(DAS)

这是一种直接与主机系统相连接的存储设备,如作为服务器的计算机内部硬件驱动。将存储设备通过 ISCSI 接口或光纤通道直接连接到一台计算机上。其缺点是服务器成为网络瓶颈,存储容量不易扩充;服务器发生故障时,连接在服务器上的存储设备中的数据不能被存取。

(2) 连接式存储(NAS)

NAS 是一种采用直接与网络介质相连的特殊设备实现数据存储的机制。由于这些设备都分配有 IP 地址,所以客户机通过充当数据网关的服务器可以对其进行存取访问,甚至在某些情况下,不需要任何中间介质客户机也可以直接访问这些设备。

① NAS 适用于那些需要通过网络将文件数据传送到多台客户机上的用户。NAS 设备在数据必须长距离传送的环境中可以很好地发挥作用。

② NAS 设备非常易于部署。可以使 NAS 主机、客户机和其他设备广泛分布在整个企业的网络环境中。NAS 可以提供可靠的文件级数据整合,因为文件锁定是由设备自身来处理的。

③ NAS 应用于高效的文件共享任务中,例如 UNIX 中的 NFS 和 Windows NT 中的 CIFS,其中基于网络的文件级锁定提供了高级并发访问保护的功能。

(3) 存储网络(SAN)

SAN 是指存储设备相互连接且与一台服务器或一个服务器群相连的网络。其中的服务器用作 SAN 的接入点。在有些配置中,SAN 也与网络相连。SAN 中将特殊交换机当作连接设备。它们看起来很像常规的以太网络交换机,是 SAN 中的连通点。SAN 使得在各自网络上实现相互通信成为可能,同时并带来了很多有利条件。

网络存储通信中使用到的相关技术和协议包括 SCSI、RAID、iSCSI 以及光纤信道。SCSI 支持高速、可靠的数据存储。RAID(独立磁盘冗余阵列)指的是一组标准,提供改进的性能和/或磁盘容错能力。光纤信道是一种提供存储设备相互连接的技术,支持高速通信。与传统存储技术,如 SCSI 相比,光纤信道也支持较远距离的设备相互连接。iSCSI 技术支持通过 IP 网络实现存储设备间双向的数据传输。其实质是使 SCSI 连接中的数据连续化。通过 iSCSI,网络存储器可以应用于包含 IP 的任何位置。

FC-SAN 采用光度纤通道协议(FC),直接对存储设备物理硬件的块级存储访问,可以使用光纤交换机。问 IP-SAN 基于以太网技术,也就是 iSCSI,底层答是 TCP/IP 协议。造价方面,FC-SAN 要高。效率方面,FC-SAN 更高。

在大中型安防监控项目上,当监控点位超过 300 个点位时,一般在存储设计方面需要采用 IP－SAN，通过在传统的 IP 以太网基础上架构设计 SAN 存储，将服务器与存储设备进行结合，IP－SAN 需要独立配置服务器和平台软件进行管理和配置。IP－SAN 是基于 IP 网络环境的存储系统，其数据的迁移和远程镜像也较为容易，在足够的带宽条件下，数据的传输没有距离的限制，具备更好的异地灾备的支撑能力，支撑跨平台数据共享和集中式数据管理。

表 4－3　FC－SAN、IP－SAN 和 NAS 对比

	FC－SAN	IP－SAN	NAS
接口技术	通过光纤通道传输数据	通过 IP 网络来传输数据	通过 IP 网络来传输数据
数据传输方式	Block 协议方式	Block 协议方式	File 协议
传输速度	速度快，可达到 2 Gbps	速度较快，可达到 1 Gbps	速度较慢
资源共享	共享存储资源	共享存储资源	共享数据
管理门槛	采用 IP 网络现有成熟架构。管理维护方便。	独立于一般网络系统架构，需 FC 供货商提供专用管理工具软件。	采用 IP 网络现有成熟架构。管理维护方便。
成本	建置成本低廉、管理容易而维护方便	建设成本较高，需要专门 FC 管理技术	建置成本低廉、管理容易而维护方便
传输距离	支持长距离的数据传输，没有理论上距离限制，适合长距离大容量传输。	支持长距离的数据传输，FC 的理论值可达 100 公里	支持长距离的数据传输，没有理论上距离限制，适合长距小容量传输

6. *云存储*

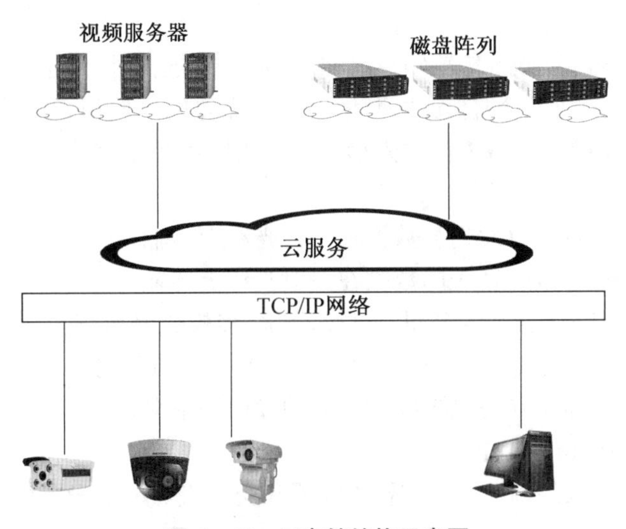

图 4－46　云存储结构示意图

云存储就是设备厂商在网络中部署安全专业的存储服务器，将重要录像存储在云端的一种服务方式。监控云存储是将 IPC、NVR 等设备的数据上传到云端进行存储的付费服务。

云存储服务独立于本地存储介质，设备端将检测到监控画面有物体移动的活动视频，实时上传至云端进行存储，手机、电脑等客户端可查看、下载和删除等操作。

因此，相比于存储介质，云存储会带来更灵活、更安全、更方便的使用体验。云存储拥有海量存储空间，可以根据实际的录像时长需求选择不同云存储套餐，不受存储介质的性能影响。开通存储服务后，实时保存摄像机/录像机上传的所有活动录像，不需要担心存储空间不足，放心录制超高清视频。

4.2.3 传输设备

1. 光纤收发器

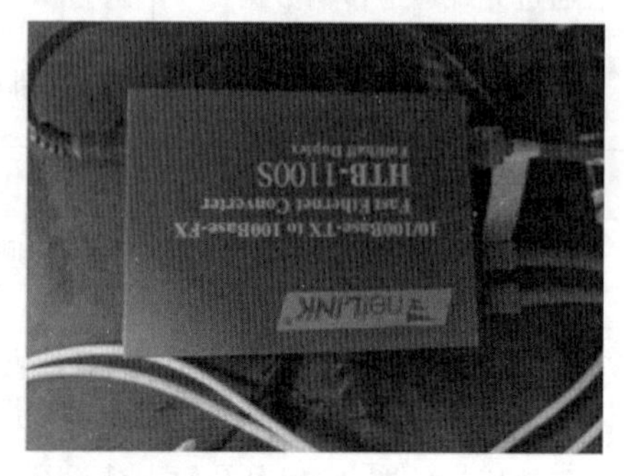

图 4-47　光纤收发器

光纤收发器，是一种将短距离的双绞线电信号和长距离的光信号进行互换的以太网传输媒体转换单元，也被称为光电转换器(Fiber Converter)。产品应用在以太网电缆无法覆盖、必须使用光纤来延长传输距离的实际网络环境中，如：监控安全工程的高清视频图像传输；同时在帮助把光纤最后一公里线路连接到城域网和更外层的网络上也发挥了巨大的作用。

采用传统双绞线进行传输，传输距离有限，传输距离越长，损失越大。而光纤则不同，可传输距离以公里计，很多使用场合无法只使用网线，需要同时使用光纤传输。此时就需要光纤收发器了，它能将光纤长距离传输的光信号转换为网线短距离传输所需的电信号。

光纤收发器分为：

1）单纤光纤收发器：接收发送的数据在一根光纤上传输

2）双纤光纤收发器：接收发送的数据在一对光纤上传输

单模光纤收发器传输距离 20 公里至 120 公里，多模光纤收发器：传输距离 2 公里到 5 公里。如 5 公里光纤收发器的发射功率一般在－20～－14 db 之间，接收灵敏度为－30 db，使用 1 310 nm 的波长；而 120 公里光纤收发器的发射功率多在－5～0 dB 之间，接收灵敏度为－38 dB，使用 1 550 nm 的波长。

为了保证与其他厂家的网卡、中继器、集线器和交换机等网络设备的完全兼容，光纤收发器产品必须严格符合 10Base－T、100Base－TX、100Base－FX、IEEE802.3 和 IEEE802.3u 等以太网标准，除此之外，在 EMC 防电磁辐射方面应符合 FCC Part15 标准。

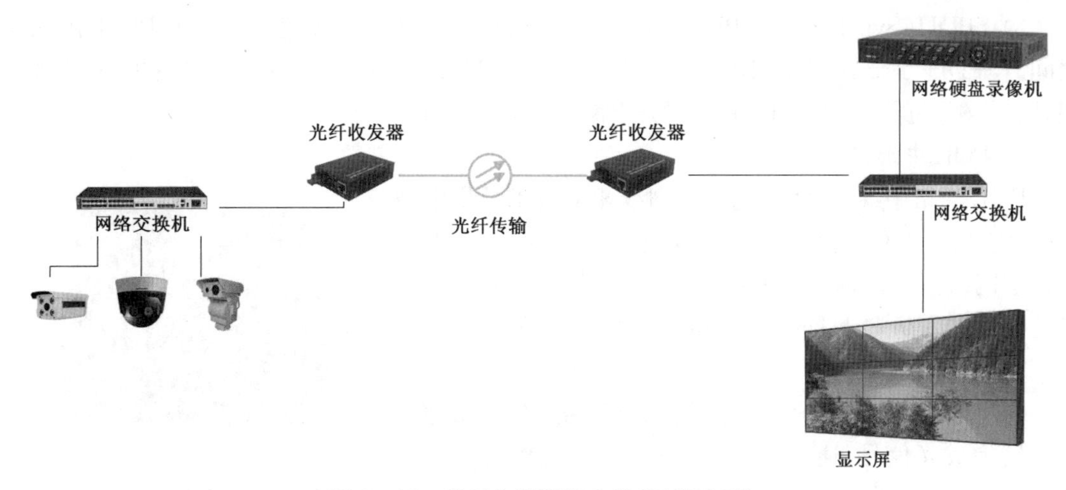

图 4-48　光纤收发器接交换机(接法图)

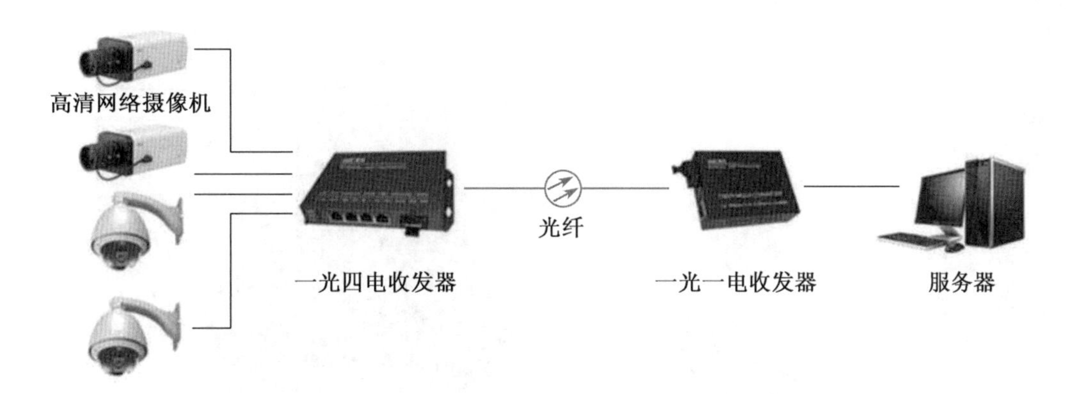

图 4-49　光纤收发器接 IP 摄像机(接法图)

2. 视频光端机

视频光端机,就是把 1 到多路的模拟视频信号通过各种编码转换成光信号通过光纤介质来传输的设备,由于视频信号转换成光信号的过程中会通过模拟转换和数字转换两种技术,所以视频光端机又分为模拟光端机和数字光端机。光端机原理就是把信号调制到光上,通过光纤进行视频传输。

图 4-50　视频光端机实图

光端机分 3 类:PDH,SPDH,SDH。

1) PDH(Plesiochronous Digital Hierarchy,准同步数字系列)光端机是小容量光端机,一般是成对应用,也叫点到点应用,容量一般为 4E1,8E1,16E1。

2) SDH(Synchronous Digital Hierarchy,同步数字系列)光端机容量较大,一般是 16E1 到 4032E1。

3) SPDH(Synchronous Plesiochronous Digital Hierarchy)光端机，介于PDH和SDH之间。SPDH是带有SDH(同步数字系列)特点的PDH传输体制(基于PDH的码速调整原理，同时又尽可能采用SDH中一部分组网技术)。

4. POE中继器

POE网络中继器，使用先进的网线驱动技术及供电技术，可将100 m网络信号延长传输至200 m的距离，大大延长了网络信号传输距离并提供PoE供电。该产品可以广泛使用在安防PoE网络监控和PoE网络工程中。

图4-51 POE中继器实图

5. 光模块

简单地说，光模块的作用就是光电转换，发送端把电信号转换成光信号，通过光纤传送后，接收端再把光信号转换成电信号。光模块(optical module)由光电子器件、功能电路和光接口等组成，光电子器件包括发射和接收两部分。

图4-52 光模块实图

1) 发射部分：输入一定码率的电信号经内部的驱动芯片处理后驱动半导体激光器(LD)或发光二极管(LED)发射出相应速率的调制光信号，其内部带有光功率自动控制电路，使输出的光信号功率保持稳定。

2) 接收部分：一定码率的光信号输入模块后由光探测二极管转换为电信号，经前置放大器后输出相应码率的电信号。

图4-53 光模块连接交换机示意图

图 4-54 万兆网络应用光模块示意图

6. 无线网桥

无线网桥是无线网络的桥接，它利用无线传输方式实现在两个或多个网络之间通信转换；无线网桥按通信机制分可分为电路型网桥和数据型网桥。

对电梯进行监控时会使用到无线网桥，每个电梯井和轿厢的监控点分别采用一对无线网桥发送和接收传输实时视频，再通过光纤将实时视频回传至监控中心。

图 4-55 无线网桥实图

4.2.4 显示与控制设备

显示与控制设备是视频监控系统的组成部分，是监控系统的显示部分，作为视频监控不可缺的终端设备，充当着监控人员的"眼睛"。显示设备经历了从黑白到彩色，从 CRT 显示器到 LCD 液晶显示的发展过程，每个过程都发生了很大的质的飞跃。从黑白到彩色，使得监控图像从单调显示迈向五彩缤纷，从 CRT 到 LCD 带来了节能环保。

1. CRT 显示器

图 4-56 CRT 监视器实图

2. LCD液晶显示器

图4-57 LCD监视器实图

3. 拼接屏显示系统

拼接屏可通过多个液晶屏的拼接，使用及安装都非常简单。拼接屏四周边缘仅有9 mm的宽度，表面带钢化玻璃保护层、内置智能温控报警电路，适应数字信号输入。

拼接屏分为曲面液晶拼接屏，液晶拼接屏、等离子拼接屏、DLP、透明屏等。拼接屏的出现，解决了传统电视幕墙的各种缺陷，为方便、全面、实时地显示各系统视频信息，特别是远程实时指挥，调度等工程应用提供了最佳解决方案。

(1) LCD拼接屏

液晶拼接根据不同使用需求，实现画面分割单屏显示或多屏显示功能：单屏分割显示、单屏单独显示、任意组合显示、全屏液晶拼接、双重拼接液晶拼接屏、竖屏显示，图像边框可选补偿或遮盖，支持数字信号的漫游、缩放拉伸、跨屏显示，各种显示预案的设置和运行，全高清信号实时处理。

液晶拼接屏优点：

① 低功耗、重量轻

② 易安装、可进行任意拼接

③ 寿命长(一般可正常工作5万小时以上)

④ 无辐射、画面亮度均匀、画质好

⑤ 后期维护成本较低

(2) DLP拼接屏

DLP大屏幕拼接系统其原理是将通过UHP灯泡发射出的冷光源通过冷凝透镜，通过Rod将光均匀化，经过处理后的光通过一个色轮，将光分成RGB三色(或者RGBW等更多色)，再将色彩由透镜投射在DMD芯片上，最后反射经过投影镜头在投影屏幕上成像。

DLP拼接屏的优点：

① 大尺寸、拼缝小

② 数字化显示亮度衰减慢

③ 像素点缝隙小，图像细腻

④ 适合长时间显示计算机和静态图像

DLP拼接屏缺点：

① 亮度比等离子低

② 拼接数目多了，会出现亮度不均匀

③ 占用空间比较大

④ 功耗大,后期维护成本高,价格贵

(3) LED 拼接屏

LED 拼接屏是一种用发光二极管按顺序排列而制成的新型成像电子设备。由于其亮度高、可视角度广、寿命长等特点,正被广泛应用于户外广告屏等产品中。

LED 拼接屏优点:

① 自发光

② 从远处可以看见

③ 价格相对较低

④ 可室外安装

关于 LED 拼接屏缺点:

① 显示内容少,一般是数码、LED 电子滚动显示等

② 耗电大

③ 控制复杂

图 4-58　LED 拼接屏实图

(4) LED 透明拼接屏

图 4-59　LED 透明拼接屏实图

(5) 等离子拼接屏

图 4-60　等离子拼接屏实图

等离子显示器因其超薄的机身，超大的显示面积，以及在多种环境下的卓越显示性能，成为目前较为先进的大屏幕显示设备。等离子显示器的核心部件是等离子屏，与 BSV 液晶拼接不同的是拥有一些像素，其中每个像素单元由红、绿、蓝三个像素点组成，发光的外屏内表面荧光体类似于 CRT 显像管内的荧光体，这种荧光体主动发光的显示方式能够提供生动丰富的色彩、极短的响应时间和非常广阔的可视角度。每一个像素单元都由单独的电极控制，视频信号经转化后，各电极做出响应，通过三种原色不同亮度的组合，每一个像素点能够产生 1 670 万种以上的颜色。

等离子拼接屏优点：

① 单屏均匀度高

② 安装初期亮度高

③ 对比度高、图像细腻

关于等离子拼接屏缺点：

① 像素点缝隙大，可靠性较低，耗电极高

② 显示计算机图像或静态图像容易灼烧

③ 亮度衰减快且无法提高

④ 难以在海拔 2 500 米以上正常工作

4. 交互一体机(带触摸)

触摸一体机与传统 PC 机的工作原理大致相同。根据触摸屏屏体的大小并配合软件可实现如公众信息查询、广告展示、媒体互动、会议内容展示等，如配合指纹仪、扫描仪、读卡器、微型打印机等外设，可实现指纹考勤、刷卡、打印等需求。

图 4-61　交互一体机实图

5. 拼接控制器

拼接控制器是将一个完整的图像信号划分成若干块（N 块）后分配给若干个（N 个）视频显示单元，完成用多个普通视频单元组成一个大型屏幕动态图像显示屏。

图 4-62　拼接控制器实图

6. 矩阵切换器

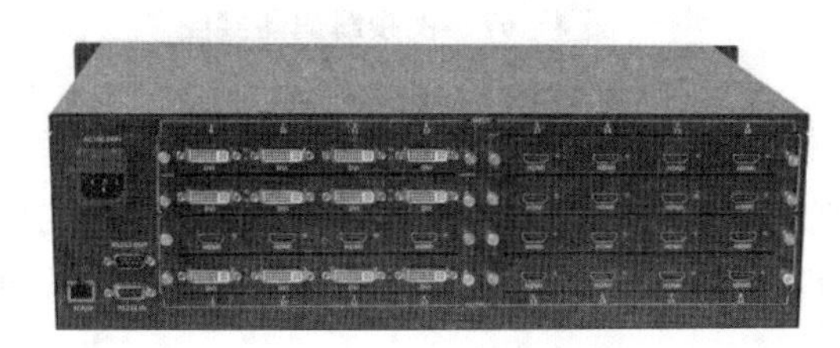

图 4-63　矩阵切换器实图

7. 控制键盘

通过网络可以直接控制网络硬盘录像机（NVR）的业务功能、网络球机的云台、综合视频平台的切换。可支持显示屏、四维摇杆控制、具有键盘锁定功能、具备多级用户权限设置、支持键盘级联功能、可进行单台或多台设备的联网控制。

图 4-64　控制键盘实图

8. 楼层显示器

视频电梯楼层显示器，能将电梯上下运行状态及符号，电梯所在楼号、单元门号及电梯编号全部用中文叠加在电梯内摄像机的视频图像上。监控中心工作人员能准确快速地查看出入大楼的人员所在的楼号单元号电梯号和楼层号，以便电梯内发生状况时，工作人员能够实时采集电梯内的信息，并根据收集的信息分析进出人员的活动情况。

图 4－65　楼层显示器实图

4.2.5　编解码设备

1. 编码器

视频编码器可以广泛应用于安防、交通、电力及其他实时监控环境。集音视频编码压缩和数据传输为一体，对实时音视频信号进行编码压缩，并封装为 IP 数据包，通过 IP 网络传送到指定的目的地址。

图 4－66　视频编码器实图

图 4－67　视频解码器实图

2. 解码器

视频解码是视频编码的逆过程，网络视频解码器的工作与网络视频编码器的工作正相反，与编码有硬编码和软编码相同，视频解码也有硬解码和软解码之分。硬解码通常由 DSP 完成，软解码通常由 CPU 完成。

(1) 硬解码器

硬解码器有两种，即 DSP Based 解码器、PC Based 解码器。硬解码器通常应用于监控中心，一端连接网络，一端连接监视器。主要功能是将数字信号转换成模拟视频信号，然后输出到电视墙上进行视频显示，视频信号经过编码器的解码压缩、上传、网络传输、存储转发等环节后，由解码器进行视频还原给最终用户。

(2) 软解码器

软解码器通常是基于主流计算机、操作系统、处理器、运行解码程序实现视频的解码、图像还原过程，解码后的图像直接在工作站的视频窗口进行浏览显示。而不是像硬件解码器那样输出到监视器。

(3) 万能解码器

在网络视频监控系统应用中还存在兼容性问题，也就是不同厂家编解码设备之间的互联互通问题。万能解码器便能解决这个问题。工作原理是“利用不同编码设备厂家的解码库”，首先将视频践行解码，然后得到解码后的 YUV 色彩空间数据流，再还原输出到电视墙上。在解码系统接收到视频流后，首先判断该视频流的厂家，然后再去调用相应的厂家的解码库，对该视频进行解码，再讲解码后的 YUV 数据输出到万能解码卡就可以实现视频还原显示。

3. 视音频合码器

当前视频监控系统中经常会有将多路码流合成一路输出，并进行编码存储的应用需求。视音频合码器专为解决这一问题而诞生，合码器专为视频监控系统中多路码流的合成而设计，支持多种网络传输及接入协议，系统运行稳定可靠。

图 4－68　音视频合码器实图

图 4－69　网络视频服务器实图

4. 网络视频服务器

网络视频服务器(DVS，digital video server)是一种压缩、处理音视频数据的专业网络传输设备，由音视频压缩编解码器芯片、输入输出通道、网络接口、音视频接口、RS485 串行接口控制、协议接口控制、系统软件管理等构成，主要是提供视频压缩或解压功能，完成图像数据的采集或复原等，目前比较流行的基于 MPEG－4 或 H. 264 的图像数据压缩通过 Internet 网络传输数据以及音频数据的处理。

4.2.6　监控前端设备

网络传输设备、光纤收发器、防雷器、电源等部署于室外机箱。监控网络摄像机前端部署结构如下图所示：

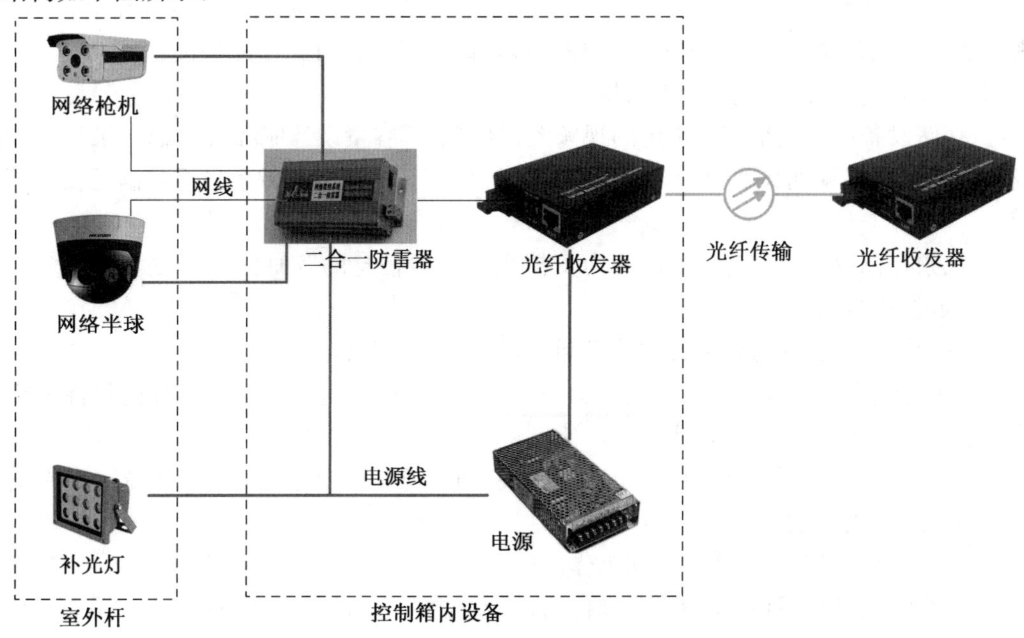

图 4－70　监控前端部署结构示意图

4.3　视频监控系统设计

根据《安全防范工程技术标准》(GB 50348—2018)和《视频安防监控系统工程设计规范》(GB 50395—2007),视频监控系统设计应符合如下要求相关要求。

4.3.1　视频监控系统设计的一般原则

1. 视频监控系统应对监控区域和目标进行实时、有效的视频采集和监视,对视频采集设备及其信息进行控制,对视频信息进行记录与回放,监视效果应满足实际应用需求。

2. 视频监控系统设计内容应包括视频/音频采集、传输、切换调度、远程控制、视频显示和声音展示、存储/回放/检索、视频/音频分析、多摄像机协同、系统管理、独立运行、集成与联网等,并应符合下列规定:

(1) 视频采集设备的监控范围应有效覆盖被保护部位、区域或目标,监视效果应满足场景和目标特征识别的不同需求。视频采集设备的灵敏度和动态范围应满足现场图像采集的要求。

(2) 系统的传输装置应从传输信道的衰耗、带宽、信噪比,误码率、时延、时延抖动等方面,确保视频图像信息和其他相关信息在前端采集设备到显示设备、存储设备等各设备之间的安全有效及时传递。视频传输应支持对同一视频资源的信号分配或数据分发的能力。

(3) 系统应具备按照授权实时切换调度指定视频信号到指定终端的能力。

(4) 系统应具备按照授权对选定的前端视频采集设备进行 PTZ 实时控制和(或)工作参数调整的能力。

(5) 系统应能实时显示系统内的所有视频图像,系统图像质量应满足安全管理要求。声音的展示应满足辨识需要。显示的图像和展示的声音应具有原始完整性。

(6) 存储/回放/检索应符合下列规定:

① 存储设备应能完整记录指定的视频图像信息,其容量设计应综合考虑记录视频的路数、存储格式、存储周期长度、数据更新等因素.确保存储的视频图像信息质量满足安全管理要求;

② 视频存储设备应具有足够的能力支持视频图像信息的及时保存、连续回放、多用户实时检索和数据导出等;

③ 视频图像信息宜与相关音频信息同步记录、同步回放。

(7) 防范恐怖袭击重点目标的视频图像信息保存期限不应少于 90 d,其他目标的视频图像信息保存期限不应少于 30 d。

(8) 系统可具有场景分析、目标识别、行为识别等视频智能分析功能。系统可具有对异常声音分析报警的功能。

(9) 系统可设置多台摄像机协同工作。

(10) 系统应具有用户权限管理、操作与运行日志管理、设备管理和自我诊断等功能。

(11) 安全防范系统的其他子系统和安全防范管理平台(非依赖于视频监控系统的安全

防范管理平台)的故障均应不影响视频监控系统的运行;视频监控系统的故障应不影响安全防范系统其他子系统的运行。

(12) 系统应具有与其他子系统集成和进行多级联网的能力。

4.3.2 视频监控系统功能、性能设计要求

1. 视频安防监控系统应对需要进行监控的建筑物内(外)的主要公共活动场所、通道、电梯(厅)、重要部位和区域等进行有效的视频探测与监视,图像显示、记录与回放。

2. 前端设备的最大视频(音频)探测范围应满足现场监视覆盖范围的要求,摄像机灵敏度应与环境照度相适应,监视和记录图像效果应满足有效识别目标的要求,安装效果宜与环境相协调。

3. 系统的信号传输应保证图像质量、数据的安全性和控制信号的准确性。

4. 系统控制功能应符合下列规定:

(1) 系统应能手动或自动操作,对摄像机、云台、镜头、防护罩等的各种功能进行遥控,控制效果平稳、可靠。

(2) 系统应能手动切换或编程自动切换,对视频输入信号在指定的监视器上进行固定或时序显示,切换图像显示重建时间应能在可接受的范围内。

(3) 矩阵切换和数字视频网络虚拟交换/切换模式的系统应具有系统信息存储功能,在供电中断或关机后,对所有编程信息和时间信息均应保持。

(4) 系统应具有与其他系统联动的接口。当其他系统向视频系统给出联动信号时,系统能按照预定工作模式,切换出相应部位的图像至指定监视器上,并能启动视频记录设备,其联动响应时间不大于 4 s。

(5) 辅助照明联动应与相应联动摄像机的图像显示协调同步。

(6) 同时具有音频监控能力的系统宜具有视频音频同步切换的能力。

(7) 需要多级或异地控制的系统应支持分控的功能。

(8) 前端设备对控制终端的控制响应和图像传输的实时性应满足安全管理要求。

5. 监视图像信息和声音信息应具有原始完整性。

6. 系统应保证对现场发生的图像、声音信息的及时响应,并满足管理要求。

7. 图像记录功能应符合下列规定:

(1) 记录图像的回放效果应满足资料的原始完整性,视频存储容量和记录/回放带宽与检索能力应满足管理要求。

(2) 系统应能记录下列图像信息:

① 发生事件的现场及其全过程的图像信息;

② 预定地点发生报警时的图像信息;

③ 用户需要掌握的其他现场动态图像信息。

(3) 系统记录的图像信息应包含图像编号/地址、记录时的时间和日期。

(4) 对于重要的固定区域的报警录像宜提供报警前的图像记录。

(5) 根据安全管理需要,系统应能记录现场声音信息。

8. 系统监视或回放的图像应清晰、稳定,显示方式应满足安全管理要求。显示画面上应有图像编号/地址、时间、日期等。文字显示应采用简体中文。电梯轿厢内的图像显示宜

包含电梯轿厢所在楼层信息和运行状态的信息。

9. 具有视频移动报警的系统，应能任意设置视频警戒区域和报警触发条件。

10. 在正常工作照明条件下系统图像质量的性能指标应符合以下规定：

(1) 模拟复合视频信号应符合以下规定：

视频信号输出幅度：1Vp-p，±3 dB VBS

实时显示黑白电视水平清晰度：≥400TVL

实时显示彩色电视水平清晰度：≥270TVL

回放图像中心水平清晰度：≥220TVL

黑白电视灰度等级：≥8

随机信噪比：≥36 dB

(2) 数字视频信号应符合以下规定：

单路画面像素数量：≥352×288(CIF)

单路显示基本帧率：≥25 fps

数字视频的最终显示清晰度应满足本条第1款的要求。

(3) 监视图像质量不应低于《民用闭路监视电视系统工程技术规范》(GB50198—1994)中表4.3.1-1规定的四级，回放图像质量不应低于表4.3.1-1 规定的三级；在显示屏上应能有效识别目标。

4.3.3 视频监控系统设备选型与设置

1. 摄像机的选型与设置应符合以下规定：

(1) 为确保系统总体功能和总体技术指标，摄像机选型要充分满足监视目标的环境照度、安装条件、传输、控制和安全管理需求等因素的要求。

(2) 监视目标的最低环境照度不应低于摄像机靶面最低照度的50倍。

(3) 监视目标的环境照度不高，而要求图像清晰度较高时，宜选用黑白摄像机；监视目标的环境照度不高，且需安装彩色摄像机时，需设置附加照明装置。附加照明装置的光源光线宜避免直射摄像机镜头，以免产生晕光，并力求环境照度分布均匀，附加照明装置可由监控中心控制。

(4) 在监视目标的环境中可见光照明不足或摄像机隐蔽安装监视时，宜选用红外灯作光源。

(5) 应根据现场环境照度变化情况，选择适合的宽动态范围的摄像机；监视目标的照度变化范围大或必须逆光摄像时，宜选用具有自动电子快门的摄像机。

(6) 摄像机镜头安装宜顺光源方向对准监视目标，并宜避免逆光安装；当必须逆光安装时，宜降低监视区域的光照对比度或选用具有帘栅作用等具有逆光补偿的摄像机。

(7) 摄像机的工作温度、湿度应适应现场气候条件的变化，必要时可采用适应环境条件的防护罩。

(8) 选择数字型摄像机应符合本规范(GB 50395 规范)第3.0.5条，第5.0.2条，第5.0.3条，第5.0.4条第2、8款，第5.0.5条，第5.0.6条，第5.0.10条的规定。

(9) 摄像机应有稳定牢固的支架：摄像机应设置在监视目标区域附近不易受外界损伤的位置，设置位置不应影响现场设备运行和人员正常活动，同时保证摄像机的视野范围满足监视的要求。设置的高度，室内距地面不宜低于 2.5 m；室外距地面不宜低于 3.5 m。室外如采用立杆安装，立杆的强度和稳定度应满足摄像机的使用要求。

(10) 电梯轿厢内的摄像机应设置在电梯轿厢门侧顶部左或右上角，并能有效监视乘员的体貌特征。

2. 镜头的选型与设置应符合以下规定(图 4－71)：

(1) 镜头像面尺寸应与摄像机靶面尺寸相适应，镜头的接口与摄像机的接口配套。

(2) 用于固定目标监视的摄像机，可选用固定焦距镜头，监视目标离摄像机距离较大时可选用长焦镜头；在需要改变监视目标的观察视角或视场范围较大时应选用变焦距镜头；监视目标离摄像机距离近且视角较大时可选用广角镜头。

(3) 镜头焦距的选择根据视场大小和镜头到监视目标的距离等来确定，可参照如下公式计算：

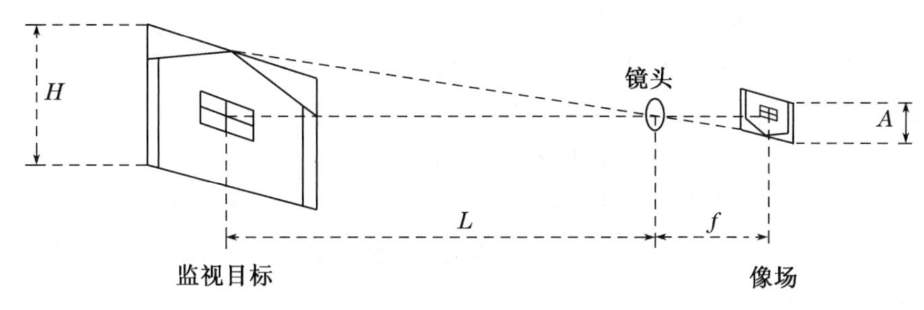

图 4－71　镜头与焦距

$$f = A \times L / H$$

式中：f——焦距(mm)；

A——像场高/宽(mm)；

L——镜头到监视目标的距离(mm)；

H——视场高/宽(mm)。

(4) 监视目标环境照度恒定或变化较小时宜选用手动可变光圈镜头。

(5) 监视目标环境照度变化范围高低相差达到 100 倍以上，或昼夜使用的摄像机应选用自动光圈或遥控电动光圈镜头。

(6) 变焦镜头应满足最大距离的特写与最大视场角观察需求，并宜选用具有自动光圈、自动聚焦功能的变焦镜头。变焦镜头的变焦和聚焦响应速度应与移动目标的活动速度和云台的移动速度相适应。

(7) 摄像机需要隐蔽安装时应采取隐蔽措施，镜头宜采用小孔镜头或棱镜镜头。

3. 云台/支架的选型与设置应符合以下规定：

(1) 根据使用要求选用云台/支架，并与现场环境相协调。

(2) 监视对象为固定目标时，摄像机宜配置手动云台即万向支架。

(3) 监视场景范围较大时，摄像机应配置电动遥控云台，所选云台的负荷能力应大于实际负荷的 1.2 倍；云台的工作温度、湿度范围应满足现场环境要求。

(4) 云台转动停止时应具有良好的自锁性能，水平和垂直转角回差不应大于 1°。

(5) 云台的运行速度(转动角速度)和转动的角度范围，应与跟踪的移动目标和搜索范围相适应。

(6) 室内型电动云台在承受最大负载时,机械噪声声强级不应大于 50 dB。

(7) 根据需要可配置快速云台或一体化遥控摄像机(含内置云台等)。

4. 防护罩的选型与设置应符合以下规定:

(1) 根据使用要求选用防护罩,并应与现场环境相协调。

(2) 防护罩尺寸规格应与摄像机、镜头等相配套。

5. 传输设备的选型与设置除应符合现行国家标准《安全防范工程技术规范》GB 50348 的相关规定外,还要符合下列规定:

(1) 传输设备应确保传输带宽、载噪比和传输时延满足系统整体指标的要求,接口应适应前后端设备的连接要求。

(2) 传输设备应有自身的安全防护措施,并宜具有防拆报警功能;对于需要保密传输的信号,设备应支持加/解密功能。

(3) 传输设备应设置于易于检修和保护的区域,并宜靠近前/后端的视频设备。

6. 视频切换控制设备的选型应符合以下规定:

(1) 视频切换控制设备的功能配置应满足使用和冗余要求。

(2) 视频输入接口的最低路数应留有一定的冗余量。

(3) 视频输出接口的最低路数应根据安全管理需求和显示、记录设备的配置数量确定。

(4) 视频切换控制设备应能手动或自动操作,对镜头、电动云台等的各种动作(如转向、变焦、聚焦、光圈等动作)进行遥控。

(5) 视频切换控制设备应能手动或自动编程切换,对所有输入视频信号在指定的监视器上进行固定或时序显示。

(6) 视频切换控制设备应具有配置信息存储功能,在供电中断或关机后,对所有编程设置、摄像机号、地址、时间等均可记忆,在开机或电源恢复供电后,系统应恢复正常工作。

(7) 视频切换控制设备应具有与外部其他系统联动的接口。当与报警控制设备联动时应能切换出相应部位摄像机的图像,并显示记录。

(8) 具有系统操作密码权限设置和中文菜单显示。

(9) 具有视频信号丢失报警功能。

(10) 当系统有分控要求时,应根据实际情况分配控制终端如控制键盘及视频输出接口等,并根据需要确定操作权限功能。

(11) 大型综合安防系统宜采用多媒体技术,做到文字、动态报警信息、图表、图像、系统操作在同一套计算机上完成。

7. 记录与回放设备的选型与设置应符合以下规定:

(1) 宜选用数字录像设备,并宜具备防篡改功能;其存储容量和回放的图像(和声音)质量应满足相关标准和管理使用要求。

(2) 在同一系统中,对于磁带录像机和记录介质的规格应一致。

(3) 录像设备应具有联动接口。

(4) 在录像的同时需要记录声音时,记录设备应能同步记录图像和声音,并可同步回放。

(5) 图像记录与查询检索设备宜设置在易于操作的位置。

8. 数字视频音频设备的选型与设置应符合以下规定:

(1) 视频探测、传输、显示和记录等数字视频设备应符合《视频安防监控系统工程设计规范》(GB 50395—2017)规范第3.0.5条,第5.0.2条,第5.0.3条,第5.0.4条第2、8款,第5.0.5条,第5.0.6条,第5.0.10条的规定。

(2) 宜具有联网和远程操作、调用的能力。

(3) 数字视频音频处理设备,其分析处理的结果应与原有视频音频信号对应特征保持一致。其误判率应在可接受的范围内。

9. 显示设备的选型与设置应符合以下规定:

(1) 选用满足现场条件和使用要求的显示设备。

(2) 显示设备的清晰度不应低于摄像机的清晰度,宜高出100TVL。

(3) 操作者与显示设备屏幕之间的距离宜为屏幕对角线的4～6倍,显示设备的屏幕尺寸宜为230 mm到635 mm。根据使用要求可选用大屏幕显示设备等。

(4) 显示设备的数量,由实际配置的摄像机数量和管理要求来确定。

(5) 在满足管理需要和保证图像质量的情况下,可进行多画面显示。多台显示设备同时显示时,宜安装在显示设备柜或电视墙内,以获取较好的观察效果。

(6) 显示设备的设置位置应使屏幕不受外界强光直射。当有不可避免的强光入射时,应采取相应避光措施。

(7) 显示设备的外部调节旋钮/按键应方便操作。

(8) 显示设备的设置应与监控中心的设计统一考虑,合理布局,方便操作,易于维修。

10. 控制台的选型与设置应符合以下规定:

(1) 根据现场条件和使用要求,选用适合形式的控制台。

(2) 控制台的设计应满足人机工程学要求;控制台的布局、尺寸、台面及座椅的高度应符合现行国家标准《电子设备控制台的布局、型式和基本尺寸》(GB/T 7269—2008)的规定。

4.3.4 视频监控传输带宽计算

1. 传输带宽相关名词

在视频监控系统中,视频图像的传输带宽计算很重要,下面首先简要介绍跟带宽相关的几个名词。

(1) 比特率

比特率是指每秒传送的比特(bit)数。单位为bps(BitPerSecond),比特率越高,传送的数据越大。比特率表示经过编码(即压缩)后的音、视频数据每秒钟需要的比特数,而比特就是二进制里面最小的单位,用0或1。比特率与音、视频压缩的关系,简单地说就是比特率越高,音、视频的质量就越好,但编码后的文件就越大;假如比特率越少则情况恰好相反。

(2) 码流

码流(DataRate)是指视频文件在单位时间内使用的数据流量,也叫码率,是视频编码中画面质量控制中最重要的部分。同样分辨率下,视频文件的码流越大,压缩比就越小,画面质量就越高。

(3) 上行带宽

上行带宽就是本地上传信息到网络上的带宽。上行速率是指用户电脑向网络发送信息时的数据传输速率,比如用FTP上传文件到网上往,影响上传速度的就是“上行速率”。监控点的带宽是要求上行的最小限度带宽(监控点将视频信息上传到监控中心)。

(4) 下行带宽

下行带宽就是从网络上下载信息的带宽。下行速率是指用户电脑从网络下载信息时的数据传输速率，比如从 FTP 服务器上文件下载到用户电脑，影响下传速度的就是“下行速率”。监控中心的带宽是要求下行的最小限度带宽(将监控点的视频信息下载到监控中心)。

2. 视频监控带宽计算案例分析

某视频监控共布设 40 个 IP 摄像机，分布在 5 个不同区域，每个区域摄像机数是 8 台，设监控中心一个。则该监控系统上行、下行带宽计算如下(按 H.264 编码)：

(1) 上行带宽计算

① CIF 视频格式

每路摄像头的比特率为 512 kbps，即每路摄像头所需的数据传输带宽为 512 kbps，8 路摄像机所需的数据传输带宽为：

512 kbps(视频格式的比特率)×8(摄像机的路数)=4 096 kbps=4 Mbps(上行带宽)

即采用 CIF 视频格式各区域监控所需的网络上行带宽至少为 4 Mbps。

② D1 视频格式

每路摄像头的比特率为 1.5 Mbps，即每路摄像头所需的数据传输带宽为 1.5 Mbps，8 路摄像机所需的数据传输带宽为：

1.5 Mbps(视频格式的比特率)×8(摄像机的路数)=12 Mbps(上行带宽)

即采用 D1 视频格式各区域监控所需的网络上行带宽至少为 12 Mbps；

③ 720P(100 万像素)的视频格式

每路摄像头的比特率为 2 Mbps，8 路摄像机所需的数据传输带宽为：

2 Mbps(视频格式的比特率)×8(摄像机的路数)=16 Mbps(上行带宽)

即：采用 720P 的视频格式各区域监控所需的网络上行带宽至少为 16 Mbps；

④ 1 080P(200 万像素)的视频格式

每路摄像头的比特率为 4 Mbps，8 路摄像机所需的数据传输带宽为：4 Mbps(视频格式的比特率)×8(摄像机的路数)=32 Mbps(上行带宽)；

即采用 1 080P 的视频格式各区域监控所需的网络上行带宽至少为 32 Mbps；

(2) 下行带宽计算

① CIF 视频格式的所需带宽

512 kbps(视频格式的比特率)×40(监控点的摄像机的总路数之和)=20 Mbps(下行带宽)

即：采用 CIF 视频格式监控中心所需的网络下行带宽至少 20 Mbps

② D1 视频格式的所需带宽：

1.5 Mbps(视频格式的比特率)×40(监控点的摄像机的总路数之和)=60 Mbps(下行带宽)

即采用 D1 视频格式监控中心所需的网络下行带宽至少 60 Mbps

③ 720P(100 万像素)的视频格式的所需带宽：

2 Mbps(视频格式的比特率)×40(监控点的摄像机的总路数之和)=80 Mbps(下行带宽)

即采用 720P 的视频格式监控中心所需的网络下行带宽至少 80 Mbps

④ 1 080P(200 万像素)的视频格式的所需带宽：

4 Mbps(视频格式的比特率)×40(监控点的摄像机的总路数之和)=160 Mbps(下行带宽)即：采用 1 080P 的视频格式监控中心所需的网络下行带宽至少 160 Mbps。

4.3.5　视频监控存储容量计算

以上述带宽计算案例为例，设视频图像保存 30 天，则该系统存储空间计算方法公式如下：

存储空间的大小(GB)＝码流(Mbps)÷8(硬盘容量以字节为单位，一字节＝8 位比特)×3 600(单位:秒;1 小时的秒数)×24(单位:小时;一天的时间长)×30(以 30 天为例天数)×40(监控点要保存摄像机录像的总数)÷1 024(MB 转换为 GB)

(注:存储单位换算 1 TB＝1 024 GB;1 GB＝1 024 MB;1 MB＝1 024 KB)

40 路存储 30 天的 CIF 视频格式录像信息的存储空间所需大小为：

$$0.5\div8\times3\,600\times24\times30\times40\div1\,024=6\,328.125\ \text{GB}\approx7\ \text{TB}$$

40 路存储 30 天的 D1 视频格式录像信息的存储空间所需大小为：

$$1.5\div8\times3\,600\times24\times30\times40\div1\,024=18\,984.375\ \text{GB}\approx19\ \text{TB}$$

40 路存储 30 天的 720P(100 万像素)视频格式录像信息的存储空间所需大小为：

$$2\div8\times3\,600\times24\times30\times40\div1\,024=25\,312.5\ \text{GB}\approx25\ \text{TB}$$

40 路存储 30 天的 1080P(200 万像素)视频格式录像信息的存储空间所需大小为：

$$4\div8\times3\,600\times24\times30\times40\div1\,024=50\,625\ \text{GB}\approx50\ \text{TB}$$

一般实际计算时，还应考虑磁盘格式化的损失在 10%左右。

此外，存储容量计算还应考虑视频图像编码，200 万高清如果采用 H.264 高清图像，则码流是 4 Mbps 码流。如果采用 H.265，则减少一半，为 2 Mbps 码流。

4.3.6　视频监控系统 IP 地址规划

对于大型视频监控项目来说，合理的 IP 地址分配十分重要。IP 地址设置不当会导致 IP 冲突、监控图像没有显示等问题。如果一个项目的监控点位超过 254 个，虽然不划分网段也能够分配 IP 地址，但一个功能强大的视频专网不仅要实现正常视频传输，更应注重网络的清晰性、可扩展性及可维护性。下面通过一个案例来介绍如何分配 IP 地址。

某住宅小区视频监控系统，分为四个区域，共 300 个点位，所有监控设备在内网中，主干通过光缆连接，有两个区域是各 70 个点位(1 区、2 区)，其他的两个区别是各 80 个点位(3 区、4 区)。系统结构如下图 4－72 所示。

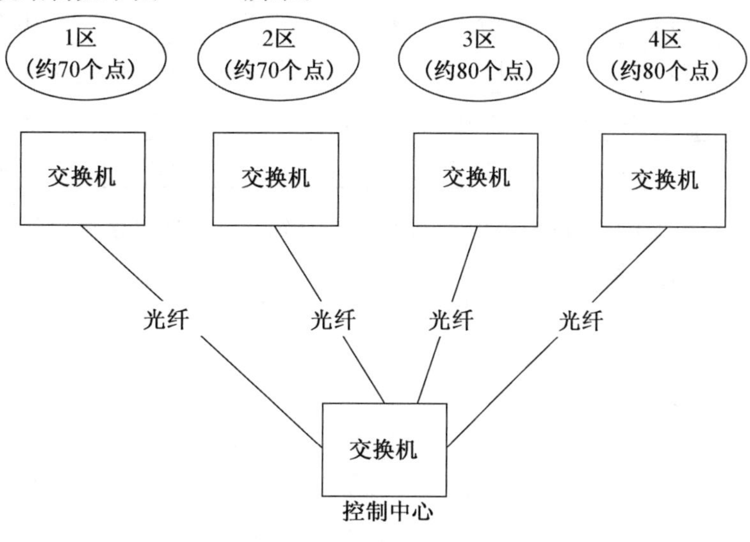

图 4－72　IP 地址分配

为实现这300个点位监控视频的正常传输，有两种方法：不划分vlan和使用vlan两种：

第一种：不划分vlan，即使用一个大网段，IP地址设置范围：192.168.0.1～192.168.1.254，

包括两个IP段：

第一个IP段：192.168.0.1～192.168.0.254，它的子网掩码是255.255.255.0。

第二个IP段：192.168.1.1～192.168.1.254，它的子网掩码是255.255.254.0。

则这两个IP段共同的子网掩码就是255.255.254.0。都容纳在一个大网段中，一共有508个地址可用。安排如下：

区域	IP地址范围	子网掩码
1区	192.168.0.1～192.168.0.70	255.255.254.0
2区	192.168.0.71～192.168.0.140	255.255.254.0
3区	192.168.0.141～192.168.0.220	255.255.254.0
4区	192.168.0.221～192.168.0.254 192.168.1.1～192.168.1.56	255.255.254.0

很多中小型监控的项目都是内网，对于内网的项目在很多情况下是不需要划分vlan的，可以节约资源，但为了防止网络风暴，可以使用端口隔离，来保证网络的安全。

第二种：划分vlan

对于大型视频监控系统来说，划分vlan是最佳方式。

针对上述案例，使用三层交换机，可以将监控点位划分成四个网段

第一个IP段：192.168.1.2～192.168.1.254

第二个IP段：192.168.2.1～192.168.2.254

第三个IP段：192.168.3.1～192.168.3.254

第四个IP段：192.168.4.1～192.168.4.254

具体划分如下表所示：

区域	IP地址范围(实际使用)	子网掩码	网关
1区	192.168.1.2～192.168.1.71	255.255.255.0	192.168.1.1
2区	192.168.2.1～192.168.2.70	255.255.255.0	192.168.1.1
3区	192.168.3.1～192.168.3.80	255.255.255.0	192.168.1.1
4区	192.168.4.1～192.168.4.80	255.255.255.0	192.168.1.1

每个网段都可以容纳250个点位以上，共可设置约1 000IP摄像机，后续若有增加摄像机点位增加，有足够的预留。

4.4 典型案例—住宅小区视频监控系统设计分析

4.4.1 项目需求分析

(1) 项目概况

同入侵报警部分典型案例,该住宅小区项目总建筑面积约为约 20 万平方米。其中地上建筑面积约 138 646.27 m^2,地下室建筑面积约 59 912.62 平方米。项目共由 6 层洋房 9 栋,7 层洋房 1 栋,8 层洋房 2 栋,17 层高层 1 栋,18 层高层 6 栋,共计住户 958 户。1 幢物业用房(19#楼),2 间开闭所,2 间配电房,1 处燃气调压箱,1 间消防泵房,1 间公厕。1 个地面出入口,3 个直接对外的地下车库出入口。地上停车位 124 辆,地下停车位 1 262 辆,共计 1 386 辆车位。监控中心位于 19#楼物管用房一层,建筑面积约 40 平方米。

(2) 项目需求分析

在小区的主次出入口、主要通道、地下车库出入口,地下车库内、自行车库出入口、电梯厅、公共设施处安装固定摄像机,所有摄像机采集的实时图像信号通过超五类电缆传送至前交换机再通过光纤传至监控中心,一路进入网络硬盘录像机进行资料存储(存储时间为 30 天),摄像机录像回放达到高清格式,通过监控平台管理软件连接后端电视墙屏。

项目要求的技术指标如下:

① 信噪比:大于 37 dB

② 图像等级:4 级以上(5 级图像损伤制)

③ 灰度等级:8 级以上

④ 录像格式:200 W 像素 1 080P 以上

4.4.2 系统组成与功能

(1) 系统的组成

系统由前端摄像机、控制设备、传输设备、显示设备和图像存储设备所组成。

① 前端设备

前端摄像机,高速球、枪机、半球等主要是对目标监视区域进行摄像,而采用彩色摄像机是为了体现监视目标的细节特征,提高图像质量。

② 系统的传输

前端摄像机采用超五类线接至前端监控交换机,距离不超过 90 米,交换机至中心机房采用光纤传输。

③ 控制设备

采用 32 路硬盘录像机和视频管理平台的组合,实现录像机和监视分离,既避免误操作会影响硬盘录像机的录像状态,又提高实时监视的有效性。

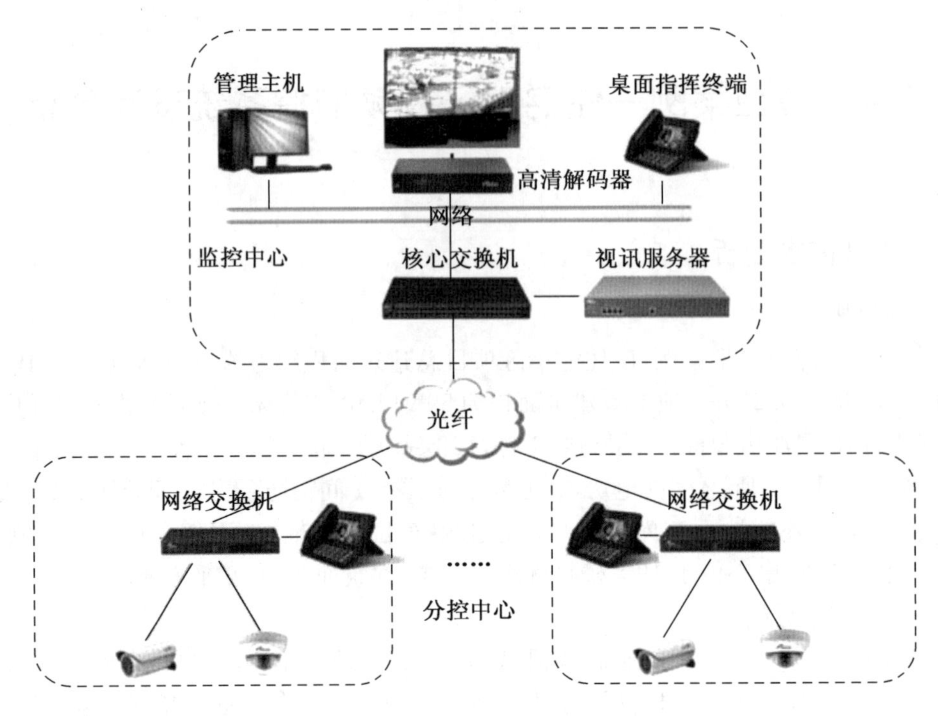

图 4-73 系统组成原理图

④ 显示设备

显示设备与摄像机数量之比不少于 1∶8。本次设计采用 12 台 46 寸拼接屏,系统画面显示应能任意编程,能手动或自动切换,在画面上应有摄像机的编号、地址、时间和日期显示。

⑤ 图像存储

采用 32 路高清硬盘录像机。

⑥ 图像存储的容量

网络硬盘录像机共配置 128 块 6T 硬盘。录像资料保存时间不少于 30 天。

⑦ UPS 供电

系统采用 UPS 集中供电,保证系统停电 2 小时正常运行。

(2) 基本工作原理

前端摄像机捕捉到的图像,经线路传输至按防控制中心的主控设备——硬盘录像机,硬盘录像机对图像信号进行存储,同时通过视频解码器再将图像信号发送至电视墙上显示。

通过硬盘录像机对所有记录图像进行回放,录像资料保存时间不少于 30 天,回放达到 1 080P 分辨率。

搭配人脸抓拍机或者高清 IPC,对图片中人脸进行智能建模和分析,实现多样化人脸应用,通过人脸名单库比对实现常规布控报警、陌生人报警、人脸签到与考勤等,通过以脸搜脸、按姓名检索等实现目标人员的快速查找。

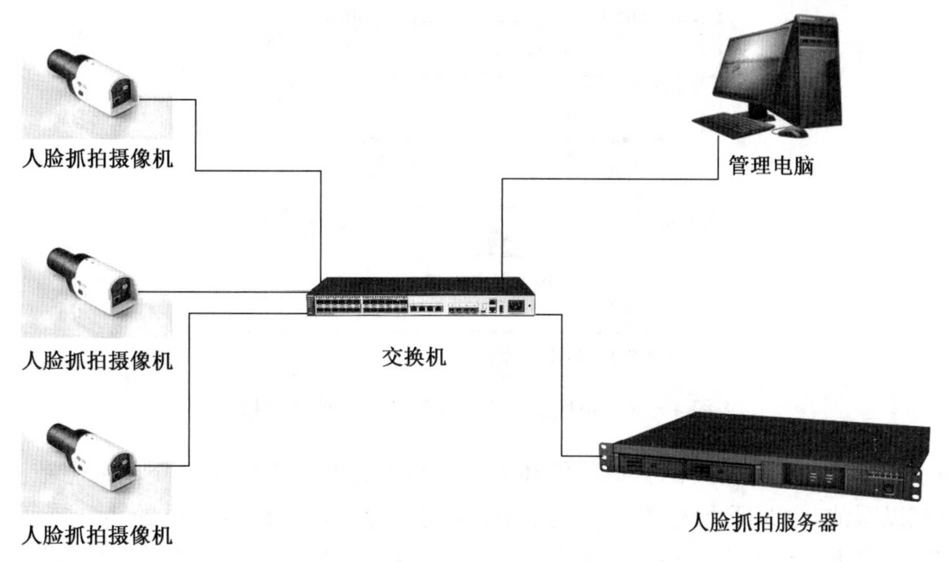

图 4－74　人脸识别拓扑图

4.4.3　网络规划

本项目监控系统为标准的 2 层组网架构，前端室外、地下室及单元楼内分别设置接入交换机，通过光纤接入机房核心交换机。

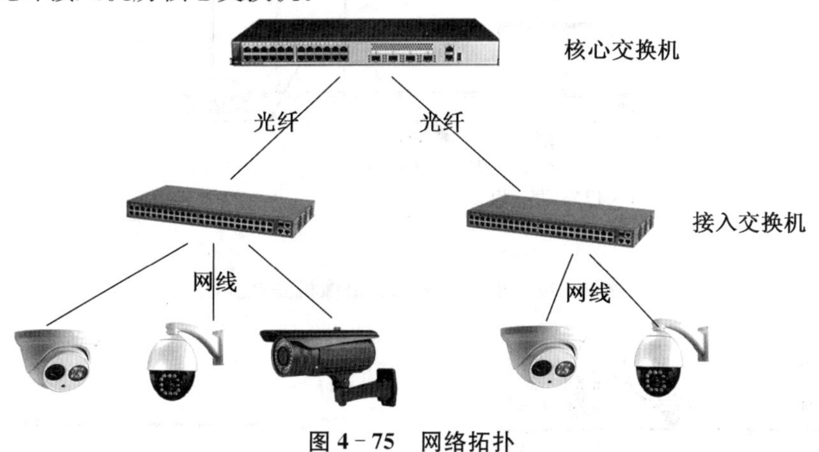

图 4－75　网络拓扑

4.4.4　视频监控系统点位设计

小区出入口安装一体化高清监控外延球机并留有与派出所联网的接口，选型根据公安要求一致，采用 6 米立杆安装，共计 2 台。

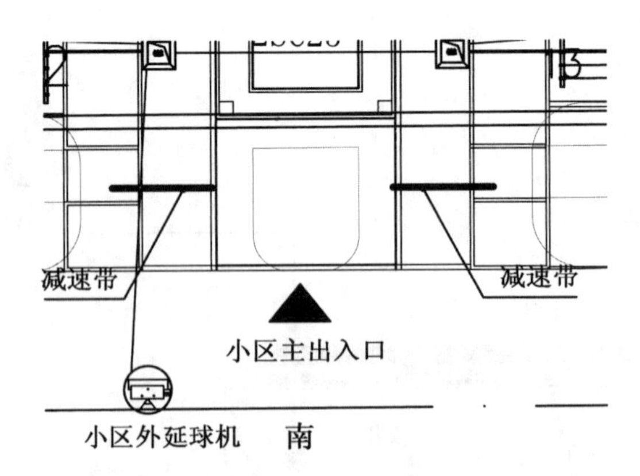

图 4-76　小区出入口安装高清监控外延球机

由于在夜晚，汽车灯打开后，道路的环境照度与车牌照度形成了一定的动态范围，普通摄像机难以看清，为保证小区出入口监控图像能清晰分辨显示出入人员的脸部特征及机动车车牌号。在大门出入口分别安装 4 台宽动态摄像机，2 台监视汽车，2 台监视行人，同时在人行通道处设置人脸识别摄像机，车行通道处设置卡口抓拍摄像机，卡口摄像机能够及时拍摄到车辆内部人员的细节信息。

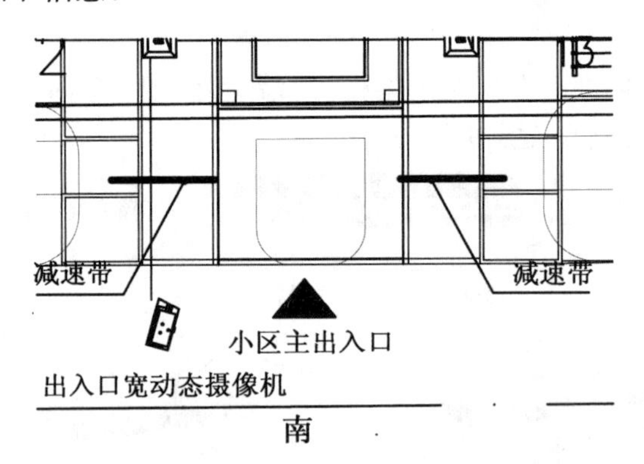

图 4-77　出入口宽动态摄像机安装实图

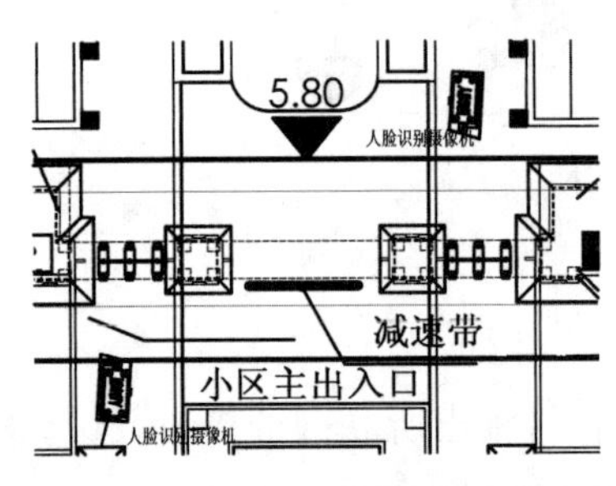

图 4-78　人脸识别摄像机安装点位

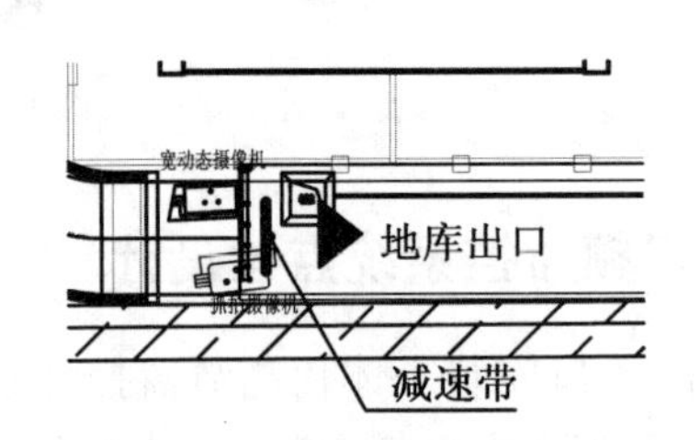

图 4-79　车库抓拍摄像机安装点位

小区地下车库出入口各安装 2 台宽动态摄像机，为保证监视图像能显示车牌的正面画面，摄像机的安装位置距离车库出入口不小于 6 米。小区出入口及地下车库出入口摄像机采用 200 万超宽动态高清 ICR 日夜型网络摄像机，外加防护罩安装，防护罩固定在金属立杆上端(监视行人的 3.5 米立杆，监视汽车的 1.5 米立杆)，立杆浇铸采用地脚螺栓的方法固定。摄像机使用 DC12 V 电源电压器供电，电源变压器联通安装保护盒安装在警卫岗亭内，连接监控系统集中 220 V 供电电源。摄像机防护罩与监控立杆之间使用一个金属万向节，便于监控方向角度的调整，电源及信号引线套金属软管连接。地面主出入口宽动态摄像机共计 4 台，地下车库出入口宽动态摄像机共计 8 台，共计 12 台，人行通道人脸识别摄像机共计 4 台，车行通道卡口抓拍摄像机共计 4 台。

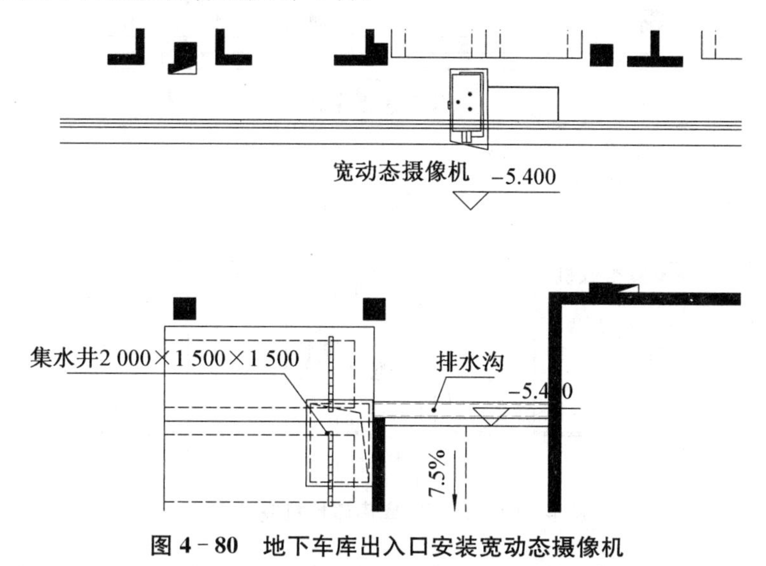

图 4－80　地下车库出入口安装宽动态摄像机

小区内部主要车行道路、停车位、绿化带、自行车库出入口、小区围墙周边及重要设备间选用室外枪机 95 台，红外距离为 50 米；此处摄像机选用室外 200 万红外网络枪式摄像机，固定在 3.5 米高的金属立杆上端，立杆浇铸地脚螺栓的方法固定，避开障碍物。摄像机使用 220 V/DC12 电源直流供电，连接监控系统集中 220 V 供电电源。摄像机与监控立杆之间使用一个金属万向节，便于监控方向角度的调整，电源及信号引线套金属软管连接。

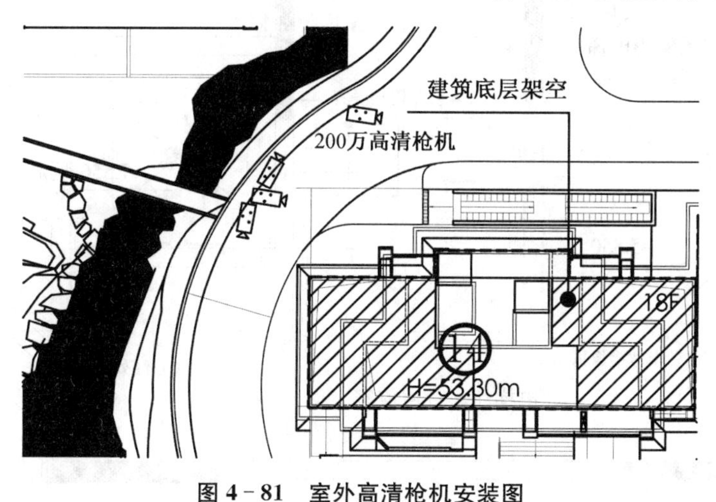

图 4－81　室外高清枪机安装图

地下车库选用枪型摄像机，共计 135 台，此处摄像机选用 200 万红外网络枪式摄像机，采用监控专用支架侧装于立柱或墙壁上，安装高度不低于 2.5 米。

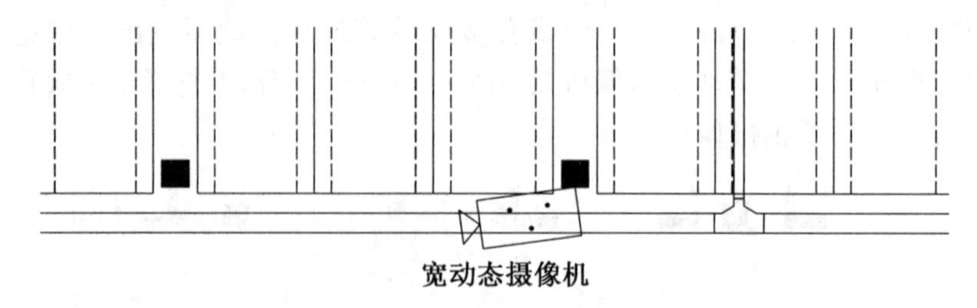

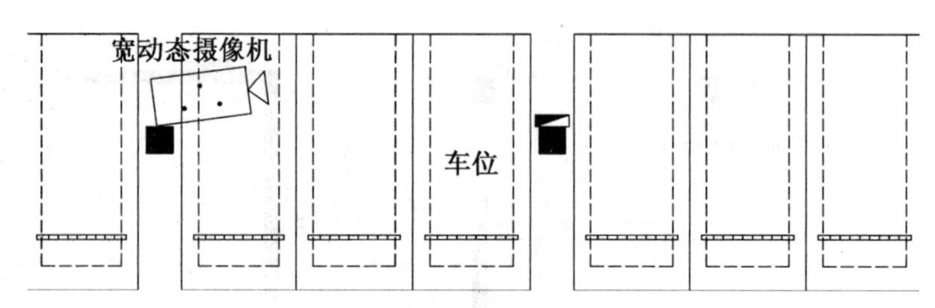

图 4-82　地下车库高清枪机安装点位

高层单元一层、地下一层、地下二层电梯前厅及机房安装 200 万像素红外半球摄像机 201 台，摄像机使用 220 V/DC12 电源直流供电，连接单元内 220 V 供电电源。

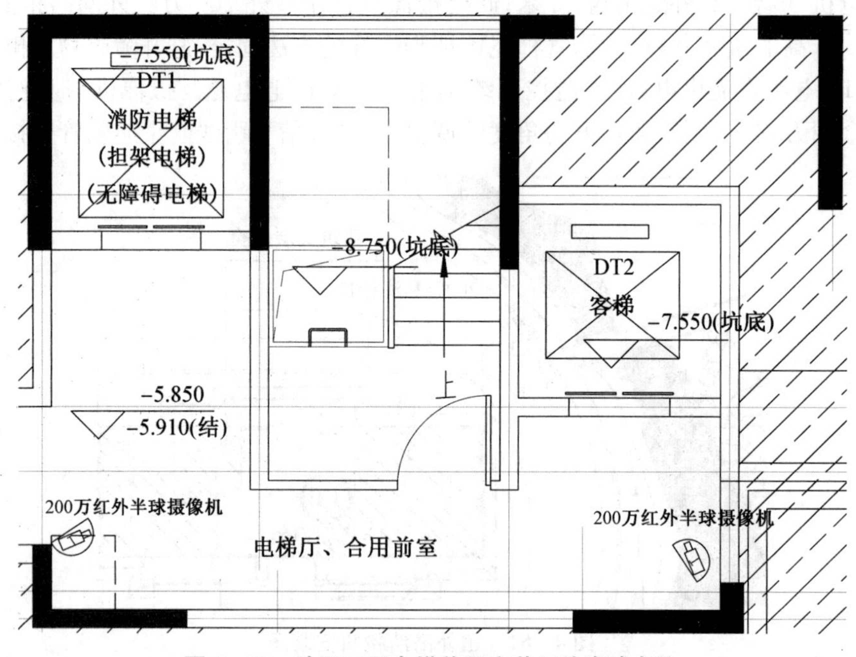

图 4-83　地下二层电梯前厅安装红外半球点位

高层电梯轿厢内采用电梯专用网络摄像机共计 62 台，并且电梯摄像机配置楼层显示器，在显示电梯轿厢监控视频图像的同时能在电视监视屏上指示电梯所在楼层数、运行方向、停止和电梯名称等信息。电梯摄像机采用无线网桥传输。

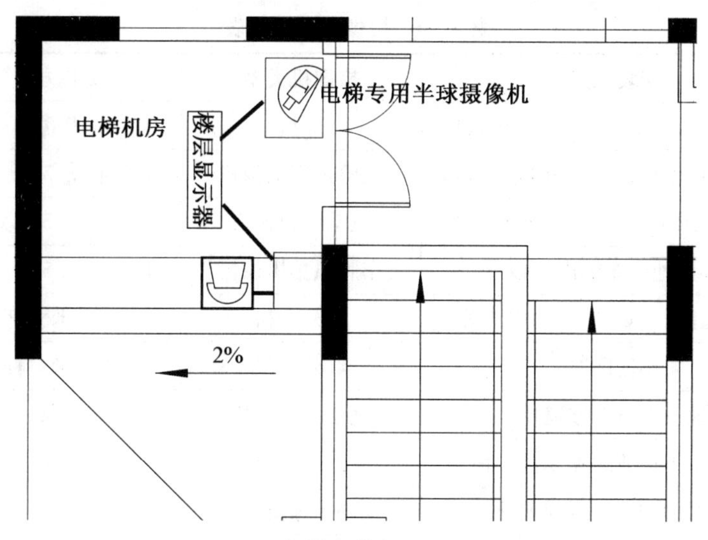

图 4-84　电梯安装专用摄像机点位

所有固定摄像机的安装指向与监控目标形成的垂直夹角宜≤30°，与监控目标形成的水平夹角宜≤45°。室外摄像机采取有效的防雷击保护措施，配置防雷器，立杆打入三根埋深 1.5 米接地极。

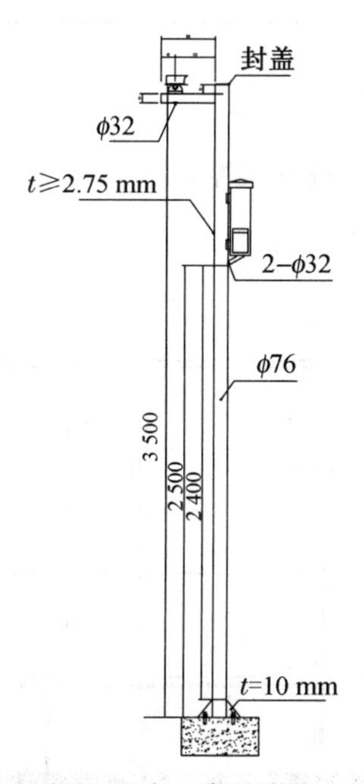

图 4-85　立杆安装图

为提高夜间监控图像的质量，在监视区域需设置灯光(由业主方做室外照明时一起考虑)，一方面在小区出入口设置了用于看清车辆牌照的聚光灯(避免光线散射到驾驶员，影响车辆正常行驶)，另一方面通过协调开发商，提高出入口区域的环境照度，以看清夜间人的出入。光线的设置方向应顺着摄像机捕捉图像的方向，避免逆光。光线的强度应满足摄像机对光照度的要求。

表 4-4 摄像机点位简表

编号	安装地点	摄像机类型	安装方式	数量(台)
1	小区南主出入口、小区东次出入口	球机	6 米立杆	2
2	小区南主出入口、小区东次出入口	人脸识别摄像机	1.5 米/3.5 米立杆	4
3	小区出入口通道/地库车行出入口	宽动态摄像机	1.5 米/3.5 米立杆	8
4	小区地库车辆出入口	车牌抓拍摄像机	1.5 米/3.5 米立杆	4
5	小区道路、景观带、活动中心等	红外枪机	3.5 米立杆	75
6	小区围墙	红外枪机	3.5 米立杆	20
7	地下室汽车坡道口	宽动态摄像机	支架	4
8	地下室主干道兼顾停车位的情况	红外枪机	支架	135
9	高层一期单元电梯前厅	红外半球摄像机	吸顶	198
10	高层一期单元电梯	电梯专用红外半球摄像机	吸顶	62
11	20#物管用房出入口	红外半球摄像机	吸顶	2
12	监控机房内	红外半球摄像机	吸顶	1
			总计	514

4.4.5 系统设备选型与配置

系统采用基于 TCP/IP 的网络视频监控系统。

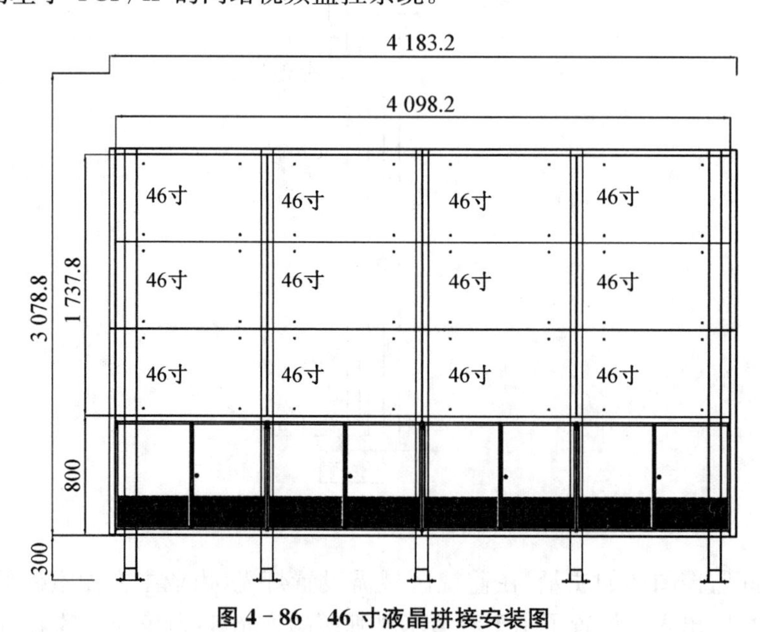

图 4-86 46 寸液晶拼接安装图

监控中心配置监控安防综合管理平台服务器一台,600 路监控软件用于系统的操作,图像显示采用 12 台 46 寸液晶拼接屏,通过一台 12 路解码机箱切换上墙,一台网络键盘进行图像的快捷操作。硬盘录像机选用 16 台 32 路高清硬盘录像机,配置 128 块 6 T 监控级硬盘,实现实时录像,图像存储时间不少于 30 天。

每台人脸识别摄像机配 AC24/3 W 开关电源一台,二合一防雷器 1 台,各 4 台,监控中心配置 1 台人脸识别服务器,配置 2 块 3 T 企业级硬盘,识别图片不少于 1 个月。信号通过光纤收发器传送到接入层交换机,共配置 4 对 8 台千兆单模光纤收发器,配置 8 口千兆交换机一台,定制 1.5 米摄像机立柱 4 根,监控立杆基础(400 * 400 * 600)4 套。

卡口抓拍摄像机应自带补光灯,每台卡口抓拍摄像机配开关电源一台,二合一防雷器 1 台,各 4 台,监控中心配置 1 台车牌抓拍服务器,配置 2 块 3 T 企业级硬盘,识别图片不少于 1 个月。信号通过光纤收发器传送到接入层交换机,共配置 4 对 8 台千兆单模光纤收发器,配置 8 口千兆交换机一台,定制 1.5 米摄像机立柱 4 根,监控立杆基础(400 * 400 * 600)4 套。

室外部分,外延球机采用 200 万像素高清网络高速球,球机专用吊装支架 2 台,配 24 V 电源 2 个,千兆单模光纤收发器 2 对共 4 台。8 口千兆接入交换机 1 台。宽动态摄像机采用 200 万超宽动态高清 ICR 日夜型网络摄像机,共 11 台。每台配高清镜头、室外防护罩和重型鸭嘴支架各 1 台。道路、景观和活动室等配置 200 万星光级红外网络枪式摄像机,共 95 台,配置枪机支架 95 台。配 12 V/2A 摄像机电源 106 台(宽动态+红外枪机),二合一防雷器 108 台(所有室外部分)。

地下室部分,枪机采用 200 万红外网络枪式摄像机,共 135 台;3 台宽动态摄像机采用 200 万超宽动态高清 ICR 日夜型网络摄像机,各配置高清镜头、室内防护罩、重型鸭嘴支架各 1 台,壁装支架 138 台(红外枪机+宽动态),12 V/2 A 电源 138 个。

室内监控部分,电梯门厅位置采用 200 万红外网络红外半球摄像机,共 201 台,电梯内采用 200 万像素电梯专用网络半球摄像机,共 62 台,每台电梯配无线网桥和楼层显示器各 1 台,各共 62 台。

传输部分,配置前端接入交换机共 72 台,其中,室外交换机配置 8 口千兆工业级交换机 7 台,16 口千兆工业级交换机 10 台。工业级交换机支持冗余电源设计,可插拔端子,支持宽电压输入,交直流通用,同时提供电源防反接保护及过压、欠压保护,能极大提升产品工作的稳定性,符合工业级标准化设计要求,达到 IP40 防护等级,具有超强的防水防尘防腐蚀性能力,−30 ℃~75 ℃工作温度,在极端气象条件下也能安全运行。室内交换机配置 8 口千兆交换机 35 台,24 口千兆交换机 20 台。

前端接入交换机通过光模块连接核心交换机,光模块采用千兆 SFP 单模(10 Km,1 310 nm,LC,DDM),共 72×2=144 只。

系统采用 UPS 集中供电,保证系统停电 2 小时内正常运行。详细设备清单请参见教材配套的在线课程。

4.5 技能训练与操作

4.5.1 实训系统简介

视频监控实训室主要包括学生操作区、视频设备机柜区及大屏展示区 3 个部分。学生区共有 16 组实训单元，每个实训单元分成前端采集和后台存储两个模块。每个实训单元前端摄像机部分有模拟摄像机 3 台、模拟球机 1 台、网络枪机 1 台、网络球机 1 台，HDCVI 摄像机 1 台；后台存储部分配有数字硬盘录像机、网络硬盘录像机、交换机、PC 机、解码器等设备。视频机柜区配有网络存储、磁盘阵列、解码器等设备。大屏展示区配有 LCD 拼接屏及 CRT 电视墙，配有数字矩阵及模拟矩阵等显示控制设备。

图 4-87　实训系统实物图

实训功能：可完成各类视频设备、连接线及接头的认识及对比、镜头的安装及调试；数字硬盘录像机的接线、设置及操作；摄像机的接线、设置及操作；高速球的接线和操作；拾音器、探测器、声光报警器的安装及调试；监控系统与报警系统的联动控制；模拟视频系统的搭建；网络视频系统的搭建、网络视频监控平台软件的使用等实验。

4.5.2 数字视频监控系统技能训练与操作

扫一扫查看技能训练与操作

4.5.3　网络视频监控系统技能训练与操作

扫一扫查看技能训练与操作

4.6　延伸阅读

（1）人脸面部识别技术

（2）视频结构化分析技术

延伸阅读

项目五　门禁控制系统

5.1　门禁控制系统概述

5.1.1　门禁系统定义

门禁,又称出入管理控制系统。是一种管理人员进出的数字化管理系统。常见的门禁系统有:密码门禁系统,非接触卡(感应式 IC、ID 卡)门禁系统,指纹、虹膜、掌型、生物识别门禁系统等的总称。

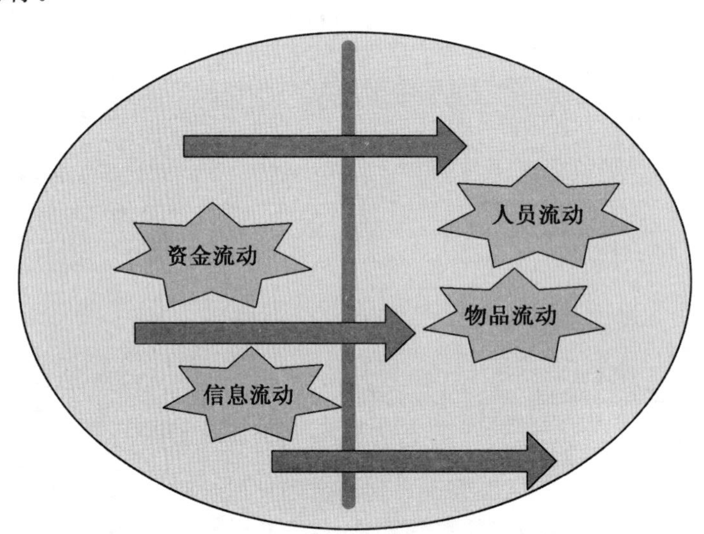

图 5-1　出入口控制系统图

通俗理解:采用现代电子与信息技术,在出入口对人或物这两类目标的进、出,进行放行、拒绝、记录和报警等操作的控制系统。

定义:利用自定义符识别或/和模式识别技术对出入口目标进行识别并控制出入口执行机构启闭的电子系统或网络。——《安全防范工程技术规范》(GB 50348—2018)

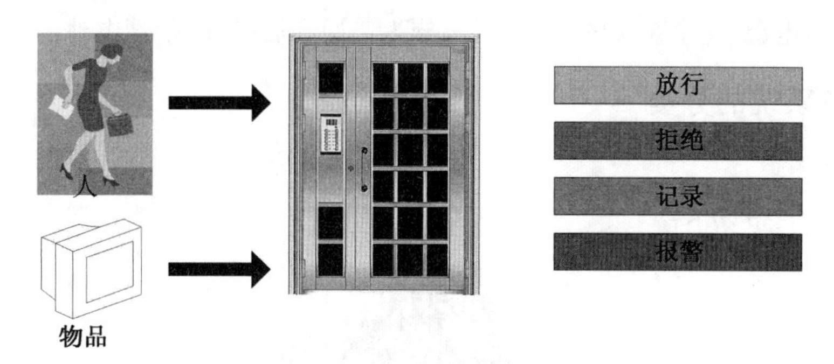

图 5－2　出入口控制系统功能图

主动防护

电视监控系统和防盗报警系统，并不能主动阻挡非法入侵，其作用主要是在遭受非法入侵后，及时发现并由人工来处理，是被动报警。而出入口控制系统可以将没有被授权的人阻挡在区域外，主动保护区域安全。是一种主动防护系统。

5.1.2　门禁系统基本组成

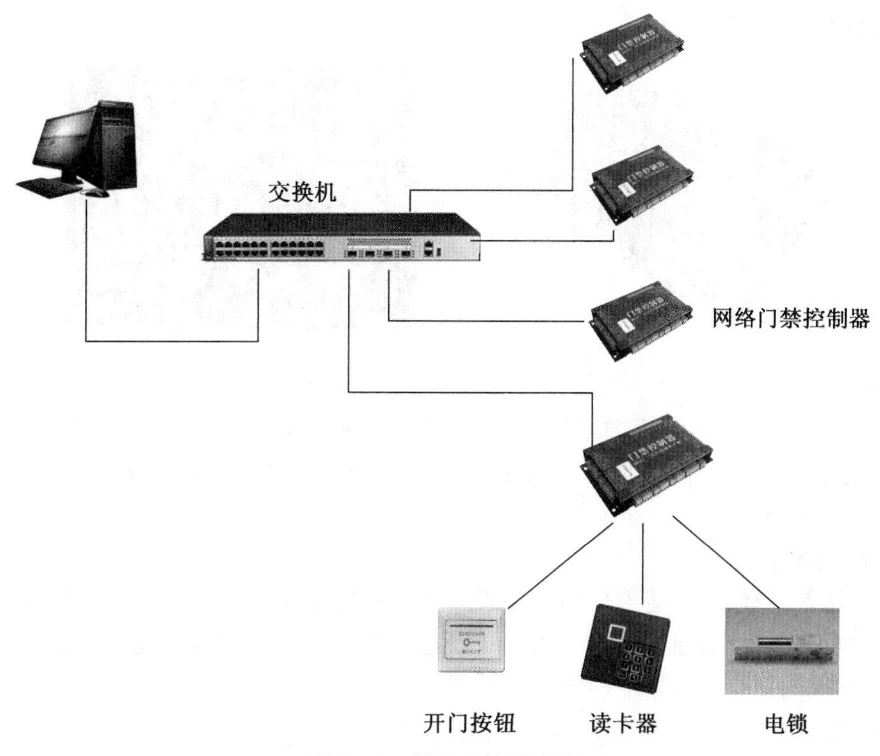

图 5－3　门禁系统组成图

门禁系统的组成部分：1. 门禁控制器，门禁系统的核心部分，相当于计算机的 CPU，它负责整个系统输入、输出信息的处理和储存，控制等等。2. 读卡器（识别仪），读取卡片中数据（生物特征信息）的设备。3. 电控锁，门禁系统中锁门的执行部件。4. 卡片，开门的钥匙。可以在卡片上打印持卡人的个人照片，开门卡、胸卡合二为一。5. 其他设备，(1) 出门按钮：按一下打开门的设备，适用于对出门无限制的情况。(2) 门磁：用于检测门的安全/开关状态等。(3) 电源:整个系统的供电设备,分为普通和后备式(带蓄电池的)两种。

5.1.2 门禁系统的分类

1. 按设计原理

(1) 控制器自带读卡器

图 5-4 门禁一体机

这种设计的缺陷是控制器须安装在门外,因此部分控制线必须露在门外,内行人无须卡片或密码可以轻松开门。

(2) 控制器与读卡器分体

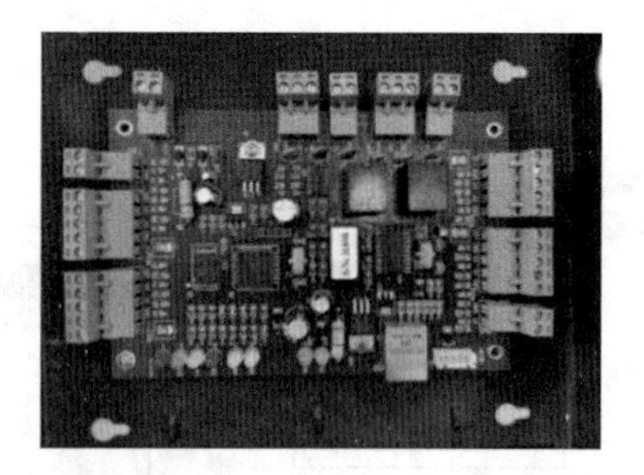

图 5-5 门禁控制器(单体)

这类系统控制器安装在室内,只有读卡器输入线露在室外,其他所有控制线均在室内,而读卡器传递的是数字信号,因此,若无有效卡片或密码任何人都无法进门。

2. 按与微机通信方式

(1) 单机控制型

这类产品是最常见的,适用与小系统或安装位置集中的单位。通常采用 RS485 通信方式。它的优点是投资小,通信线路专用。缺点是一旦安装好就不能方便地更换管理中心的位置,不易实现网络控制和异地控制。

(2) 网络型

这类产品的技术含量高,通常采用 TCP/IP 协议作为系统的通信方式。这类系统的优点是控制器与管理中心是通过局域网传递数据的,管理中心位置可以随时变更,不需重新布线,很容易实现网络控制或异地控制。

适用于大系统或安装位置分散的单位使用。这类系统的缺点是系统的通信部分的稳定需要依赖于局域网的稳定。

3. 按识别方式

(1) 密码识别

密码识别:通过检验输入密码是否正确来识别进出权限。

密码键盘

这类产品又分两类:一类是普通型,一类是乱序键盘型。

普通型:

图 5-6　普通键盘

图 5-7　乱序键盘

优点:操作方便,无须携带卡片;成本低。

缺点:同时只能容纳三组密码,容易泄露,安全性很差;无进出记录;只能单向控制。

乱序键盘型(键盘上的数字不固定,不定期自动变化):

优点:操作方便,无须携带卡片,安全系数稍高

缺点:密码容易泄露,安全性还是不高;无进出记录;只能单向控制。成本高。

(2) 卡片识别

图 5-8　通过卡片识别

卡片识别:通过读卡或读卡加密码方式来识别进出权限,按卡片种类又分为:

磁卡

优点:成本较低;一人一卡,安全一般,可联微机,有开门记录

缺点:卡片,设备有磨损,寿命较短;卡片容易复制;不易双向控制。卡片信息容易因外界磁场丢失,使卡片无效。

射频卡

优点:卡片与设备无接触,开门方便安全;寿命长,理论数据至少十年;安全性高,可联微机,有开门记录;可以实现双向控制。卡片很难被复制。

缺点:成本较高

(3) 生物识别

生物识别:通过检验人员生物特征等方式来识别进出。有指纹型,掌形型,虹膜型,面部识别型,还有手指静脉识别型等。

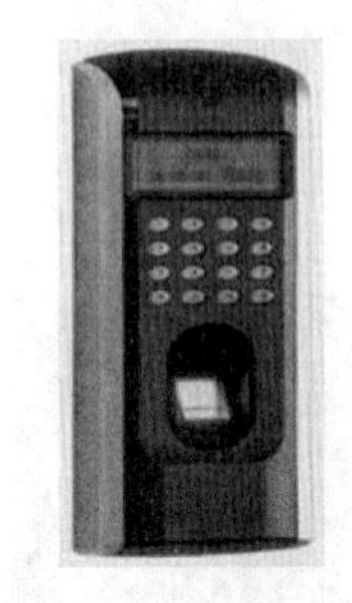

图 5-9　指纹型

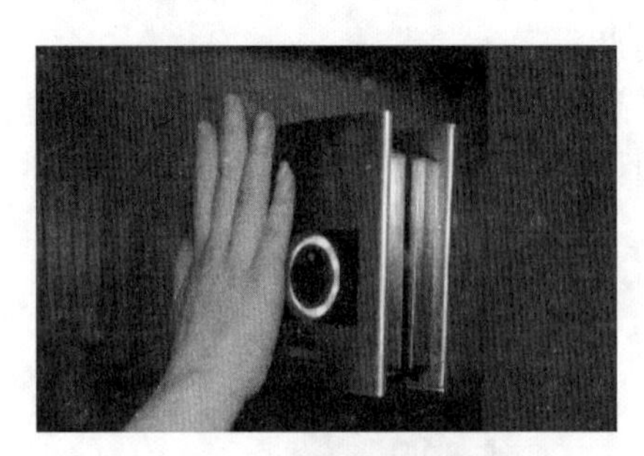

图 5-10　掌纹型

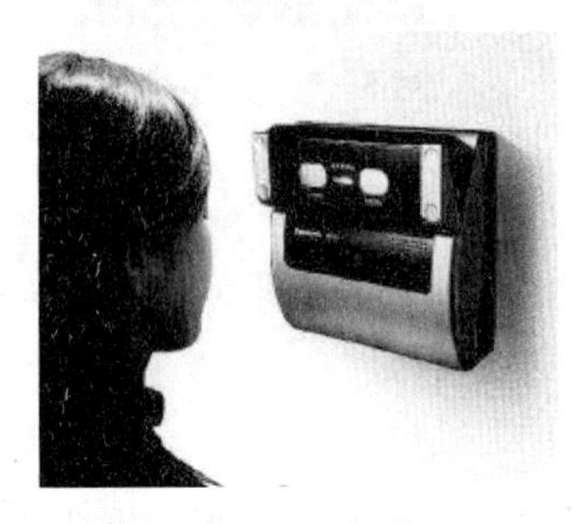

图 5-11　虹膜型

图 5-12　面部识别型

优点:从识别角度来说安全性极好;无须携带卡片

缺点:成本很高。对环境要求高,对使用者要求高(比如指纹要求清晰可读),使用不方便(比如面部识别型的,安装高度位置难以确定,因为使用者的身高各不相同)。

5.2　门禁控制系统主要设备

5.2.1　输入装置和身份识别单元

身份识别单元部分是门禁系统的重要组成部分,起到对通行人员的身份进行识别和确认的作用,实现身份识别的方式和种类很多,主要有卡证类身份识别方式、密码类识别方式、生物识别类身份识别方式以及复合类身份识别方式。

一般来说,应该首先需要对所有需要安装的门禁点进行安全等级评估,以确定恰当的安全性,安全性分为几个等级,如:一般、特殊、重要、要害等级别。对于每一种安全级别我们可以设计一种身份识别的方式。

例如：

一般场所可以使用进门读卡器、出门按钮方式；

特殊场所可以使用进出门均需要刷卡的方式；

重要场所可以采用进门刷卡加乱序键盘、出门单刷卡的方式；

要害场所可以采用进门刷卡加指纹加乱序键盘、出门单刷卡的方式。

这样可以使整个门禁系统更具有合理性和规划性，同时也充分保障了较高的安全性和性价比。

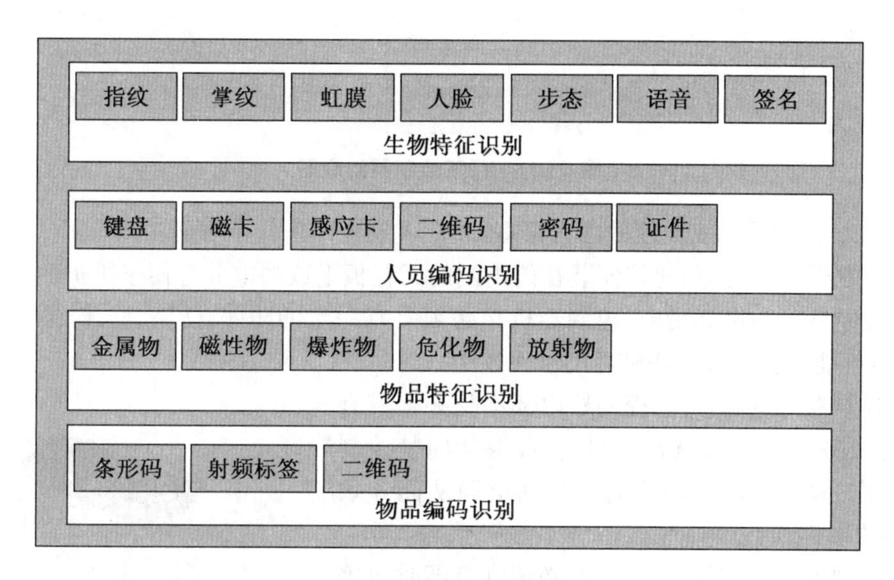

图 5-13　身份识别模块

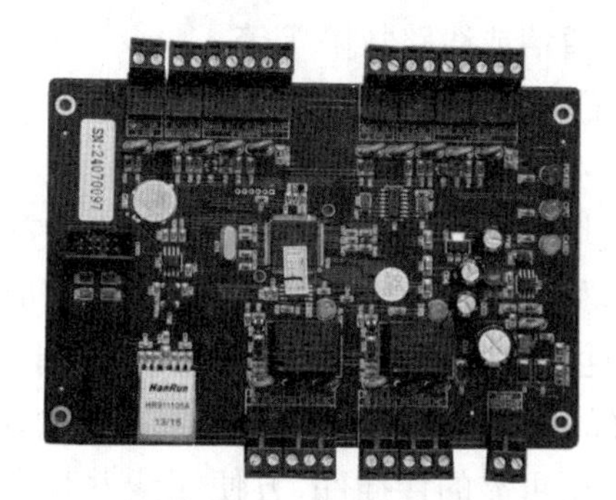

图 5-14　门禁控制器

5.2.2　门禁控制器

处理与控制设备部分通常是指门禁系统的控制器，门禁控制器是门禁系统的中枢，里面存储了大量人员的卡号、密码等信息。另外，门禁控制器还负担运行和处理的任务，对各种各样的出入请求做出判断和响应，其中有运算单元、存储单元、输入单元、输出单元、通信单元等组成。

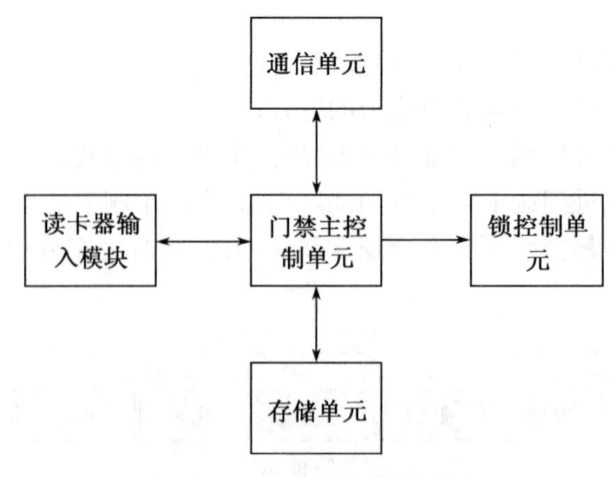

图 5-15 门禁控制器组成图

影响门禁控制器的安全性的因素很多,通常表现在以下几个方面:

(1) 控制器安装位置:建议安装在门内侧的天花板上或弱电井等便于维护的地点;

(2) 控制器的防破坏措施:控制器机箱必须具有一定的防砸、防撬、防爆、防火、防腐蚀的能力,尽可能阻止各种非法破坏的事件发生;

(3) 控制器的电源供应:控制器内部本身必须带有UPS系统,在外部的电源无法提供时,能够让门禁控制器持续工作一段时间,以防止有人切断电源从而导致门禁瘫痪的事件;

图 5-16 门禁控制器专用 UPS 电源

(4) 控制器的报警能力:控制器必须具有即时报警能力,如电源、UPS 等各种设备的故障提示,对机箱被异常开启提出警告信息,以及通信或线路故障等等;

(5) 开关量信号的处理:门禁控制器最好不要使用开关量信号,因为开关量信号只有短路和开路两种状态,所以很容易遭到利用和破坏,会大大降低门禁系统整体的安全性。能够将开关量信号加以转换传输才能提高安全性,如转换成 TTL 电平信号或数字量信号等等。

影响门禁控制器的稳定性和可靠性的因素也非常多,通常有以下几个方面:

(1) 设计结构:设计良好的门禁系统应尽量避免使用插槽式的扩展板,以防止长时间使用而氧化引起的接触不良;使用可靠的接插件,方便接线并且牢固可靠;元器件的分布和线路走向合理,减少干扰,机箱布局合理,增强散热效果。门禁控制器是一个特殊的控制设备,必须强调稳定性和可靠性,够用且稳定的门禁控制器才是好的控制器;

(2) 电源部分:电源提供给元器件稳定、干净的工作电压,是稳定性的必要前提,但市电经常不稳定,可能存在电压过低、过高、波动、浪涌等现象,这就需要电源具有良好的滤波和稳压的能力。此外电源还需要有很强的抗干扰能力。控制器内部不间断电源必须放置在控制器机箱的内部,保证不能轻易被切断或破坏;

(3) 控制器的程序设计:门禁控制器在执行一些高级功能或与其他弱电子系统实现联动时,依赖计算机及软件实现,一旦计算机发生故障时会导致整个系统失灵。所以设计良好的门禁系统逻辑判断和各种高级功能的应用,必须依赖硬件系统来完成,只有这样,门禁系

统才是最可靠的,并且也有最快的系统响应速度,而且不会随着系统的不断扩大而降低整个门禁系统的响应速度和性能;

(4) 继电器的容量:门禁控制器的输出是由继电器控制的。控制器工作时,继电器要频繁的开合,每次开合时都有一个瞬时电流通过。如果继电器容量太小,瞬时电流有可能超过继电器的容量,很快会损坏继电器。一般继电器容量应大于电锁峰值电流 3 倍以上。另外继电器的输出端通常是接电锁等大电流的电感性设备,瞬间的通断会产生反馈电流的冲击,所以输出端宜有压敏电阻或者反向二极管等元器件予以保护;

(5) 控制器的保护:门禁控制器的元器件工作电压一般为 5 伏,如果电压超过 5 伏就会损坏元器件,而使控制器不能工作。这就要求控制器的所有输入、输出口都有动态电压保护,以免外界可能的大电压加载到控制器上而损坏元器件。另外控制器在读卡器输入电路还需要具有防错接和防浪涌的保护措施,良好的保护可以使得即使电源接在读卡器数据端都不会烧坏电路,通过防浪涌动态电压保护可以避免因为读卡器质量问题影响到控制器的正常运行。

门禁控制器有单门、双门和四门之分,区别就是:单门门禁控制器只能控制一个门,双门门禁控制器可以控制两个门;四门门禁控制器可以控制四个门;根据工程实际需要选择门禁控制器。

5.2.3　执行机构

电锁与执行单元部分包括各种电子锁具、挡车器等控制设备,这些设备应具有动作灵敏、执行可靠、良好的防潮、防腐性能,并具有足够的机械强度和防破坏的能力。电子锁具的型号和种类非常之多,按工作原理的差异,具体可以分为电插锁、磁力锁、阴极锁、阳极锁和剪力锁等等,可以满足各种木门、玻璃门、金属门的安装需要。每种电子锁具都有自己的特点,在安全性、方便性和可靠性上也各有差异,需要根据具体的实际情况来选择合适的电子锁具。

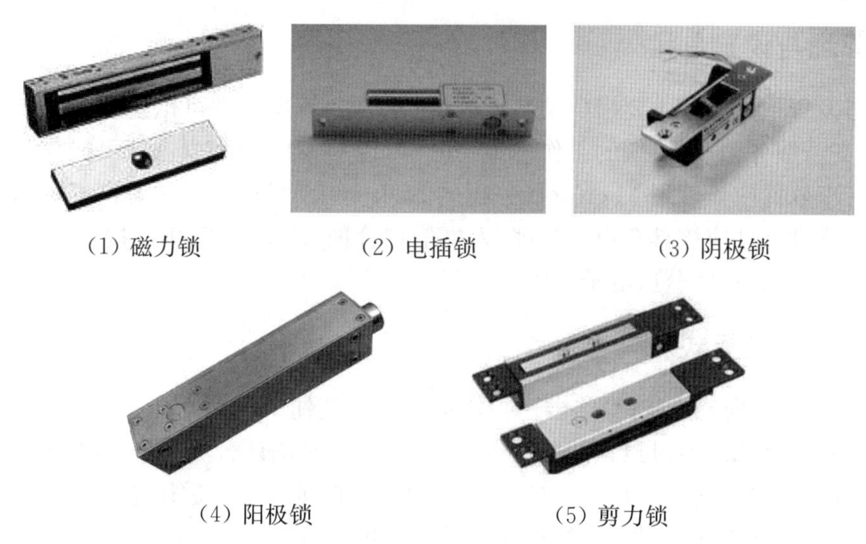

(1) 磁力锁　(2) 电插锁　(3) 阴极锁

(4) 阳极锁　(5) 剪力锁

图 5-17　各种类型门锁

磁力锁通电吸合,断电开锁,属于常闭型,一般用于 90°开的木门,玻璃门,铁门。电插锁通电上锁,断电开锁,属于常闭型,一般用于 180°开的木门,玻璃门,铁门。断电上锁,通电开锁,属于常开型,使用场景较电插锁的小,一般用于木门,铁门。

5.2.4 传感与报警单元

传感与报警单元部分包括各种传感器、探测器和按钮等设备，应具有一定的防机械性创伤措施。门禁系统中最常用的就是门磁和出门按钮，这些设备全部都是采用开关量的方式输出信号，设计良好的门禁系统可以将门磁报警信号与出门按钮信号进行加密或转换，如转换成 TTL 电平信号或数字量信号。同时，门禁系统还可以监测出以下报警状态：报警、短路、安全、开路、请求退出、噪声、干扰、屏蔽、设备断路、防拆等状态，可防止人为对开关量报警信号的屏蔽和破坏，以提高门禁系统的安全性。另外门禁系统还应该对报警线路具有实时的检测能力(无论系统在撤、布防的状态下)。

图 5-18 门禁出门按钮

5.2.5 线路及通信单元

门禁控制器应能可以支持多种联网的通信方式，如 Wiegand、RS232、485 或 TCP/IP 等。为了门禁系统整体安全性的考虑，通信必须能够以加密的方式传输，加密位数一般不少于 64 位。

Wiegand(韦根)协议和 RS485/RS232 协议都是在门禁系统广泛应用的数据通信协议。Wiegand 协议具有简单、通用的优点，但 Wiegand 协议通信的距离较短，一般短于 30 m。相比而言，RS485 协议具有传输距离长的优点。由于 RS485 传输的信号为差分信号，大大提高了抗干扰的能力，使 RS485 传输的距离大大提高，由于没有一个让各厂家广泛接收的基于 RS485 的通信协议，所以 RS485 读卡器应用的广泛度远远不及 Wiegand 读卡器。RS485 支持二次系统开发，二维码加密等。

5.2.6 管理与设置单元

管理与设置单元部分主要指门禁系统的管理软件，管理软件可以运行在主流的操作系统环境中，支持服务器/客户端的工作模式，并且可以对不同的用户进行可操作功能的授权和管理。管理软件应该使用 Microsoft 公司的 SQL 等大型数据库，具有良好的可开发性和集成能力。管理软件应该具有设备管理、人事信息管理、证章打印、用户授权、操作员权限管理、报警信息管理、事件浏览、电子地图等功能。

5.2.7 身份识别模式

(1) 模式一：单向感应式(读卡器＋控制器＋出门按钮＋电锁)

使用者在门外出示经过授权的感应卡，经读卡器识别确认合法身份后，控制器驱动打开电锁放行，并记录进门时间。按开门按钮，打开电锁，直接外出。适用于安全级别一般的环境，可以有效地防止外来人员的非法进入。是最常用的管理模式。

(2) 模式二：双向感应式(读卡器＋控制器＋读卡器＋电锁)

使用者在门外出示经过授权的感应卡，经读卡器识别确认身份后，控制器驱动打开电锁放行，并记录进门时间。使用者离开所控房间时，在门内同样要出示经过授权的感应卡，经读卡器识别确认身份后，控制器驱动打开电锁放行，并记录出门时间。

适用于安全级别较高的环境，不但可以有效地防止外来人员的非法进入，而且可以查询最后一个离开的人和时间，便于特定时期（例如发生失窃或其他事件）落实责任提供证据。

（3）模式三：卡＋密码式：

人员刷完卡后，必须输入正确的密码，才能开门。密码是个性化的密码，即一人一密码。这样做的优点在于，用于安全性更高的场合，即使该卡片给人拣到也无法进入，还需要输入正确的密码。并且可以方便地进行模式的设置，比如对于同一个放行区域，可设定通过权限等级，权限低的必须卡＋密码才允许进入，高权限的可以刷卡，无需密码就可以进入，最高权限的人输入通行密码即可执行。

5.3　门禁控制系统设计分析

根据《安全防范工程技术标准》（GB 50348—2018）和《出入口控制系统工程设计规范》（GB 50396—2007），门禁控制系统设计应符合如下要求相关要求。

5.3.1　门禁控制系统设计的一般原则

1. 出入口控制系统应根据不同的通行对象进出各受控区的安全管理要求，在出入口处对其所持有的凭证进行识别查验，对其进出实施授权、实时控制与管理，满足实际应用需求。

2. 出入口控制系统的设计内容应包括：与各出入口防护能力相适应的系统和设备的安全等级、受控区的划分、目标的识别方式、出入控制方式、出入授权、出入口状态监测、登录信息安全、自我保护措施、现场指示/通告、信息记录、人员应急疏散、独立运行、一卡通用等，并应符合下列规定：

（1）应根据对保护对象的防护能力差异化的要求，选择相应的系统和设备的安全等级。设备/部件的安全等级应与出入口控制点的防护能力相适应。共享设备/部件的安全等级应不低于与之相关联设备/部件的最高安全等级。出入口控制系统/设备分为四个安全等级，Ⅰ级为最低等级，4 级为最高等级。安全等级对应到每个出入口控制点。

（2）应根据安全管理要求及各受控区的出人权限要求，确定各个受控区，明确同权限受控区和高权限受控区.并以此作为系统设备的选型和安装位置设置的重要依据。

（3）出入口控制系统应采用编码识读和（或）特征识读方式，对目标进行识别。编码识别应有防泄露、抗扫描、防复制的能力。特征识别应在确保满足一定的拒认率的管理要求基础上降低误识率，满足安全等级的相应要求。系统应根据每个出入口控制点所对应的安全等级要求，选择适合的设备.并应符合下列规定：

① 安全等级为 3、4 级时，目标识别不应采用只识读 PIN 的识别方式，应采用下列单一识别方式或复合识别方式：

——编码载体信息凭证识别方式；

——模式特征信息凭证识别方式；

——编码载体信息凭证、PIN 组合的复合识别方式；

——模式特征信息凭证、PIN 组合的复合识别方式；

——编码载体信息凭证、模式特征信息凭证、PIN 组合的复合识别方式。

② 只采用 PIN 识别的系统，其可分配的 PIN 总数和用户的最大数量之间的最小比率应至少为 1 000 比 1。

③ 采用编码载体信息凭证的系统，其载体凭证的密钥量应满足相应安全等级的要求。

④ 采用模式特征信息凭证识别的系统，其识读设备的误识。

率应满足相应安全等级的要求。

（4）出入口控制系统应根据安全管理需要及设定的安全等级，可选择使用包括但不限于下列一种出入控制方式或多种出入控制方式的组合，并应符合下列规定：

① 各安全等级的出入口控制点，都应支持对进入受控区的单向识读出入控制功能；

② 安全等级为 2、3、4 级的出入口控制点，应支持对进入及离开受控区的双向识读出入控制功能；

③ 安全等级为 3、4 级的出入口控制点，应支持对出入目标的防重入功能；

④ 安全等级为 3、4 级的出入口控制点，应支持复合识别控制功能；

⑤ 安全等级为 4 级的出入口控制点，应支持多重识别控制功能；

⑥ 安全等级为 4 级的出入口控制点，应支持异地核准控制功能；

⑦ 安全等级为 4 级的出入口控制点，应支持防胁迫控制功能；

⑧ 如可根据管理需要. 合理选择具有防尾随功能的系统设备。

（5）出入口控制系统应根据安全管理要求，对不同目标出入各受控区的时间、出入控制方式等权限进行配置。

（6）出入口控制系统对出入口状态监测的功能. 应符合下列规定：

① 安全等级为 2、3、4 级的系统，应具有监测出入口的启/闭状态的功能；

② 安全等级为 3、4 级的系统，应具有监测出入口控制点执行装置的启/闭状态的功能。

（7）当系统管理员/操作员只用 PIN 登录时，其信息位数的最小值和信息特征应满足各安全等级的相关要求。

（8）出入口控制系统应根据安全等级的要求，采用相应自我保护措施和配置。位于对应受控区、同权限受控区或高权限量控区域以外的部件应具有防篡改/防撬/防拆保护措施。

（9）出入口控制系统应能对目标的识读结果提供现场指示。当系统出现违规识读、出入口被非授权开启、故障、胁迫等状态和非法操作时，系统应能根据不同需要在现场和（或）监控中心发出可视和（或）可听的通告或警示。并应满足各安全等级规定的相关要求。

（10）系统的信息处理装置应能对系统中的有关信息自动记录、存储，并有防篡改和防销毁等措施。出入口控制系统的事件记录存储要求，应满足各安全等级规定的相关要求。

（11）系统不应禁止由其他紧急系统（如火灾等）授权自由出入的功能。系统必须满足紧急逃生时人员疏散的相关要求。当通向疏散通道方向为防护面时，系统必须与火灾报警系统及其他紧急疏散系统联动，当发生火警或需紧急疏散时，人员应能不用进行凭证识读操作即可安全通过。

（12）安全防范系统的其他子系统和安全防范管理平台的故障均应不影响出入口控制系统的运行；出入口控制系统的故障应不影响安全防范系统其他子系统的运行。

（13）当系统与其他业务系统共用的凭证或其介质构成“一卡通”的应用模式时，出入口控制系统应独立设置与管理。

5.3.2　门禁控制系统功能、性能设计

1. 一般规定

(1) 系统的防护能力由所用设备的防护面外壳的防护能力、防破坏能力、防技术开启能力以及系统的控制能力、保密性等因素决定。系统设备的防护能力由低到高分为A、B、C三个等级,分级方法宜符合GB 50396—2007中附录B的规定。

(2) 系统响应时间应符合下列规定:

① 系统的下列主要操作响应时间应不大于2 s。

第一,在单级网络的情况下,现场报警信息传输到出入口管理中心的响应时间。

第二,除工作在异地核准控制模式外,从识读部分获取一个钥匙的完整信息始至执行部分开始启闭出入口动作的时间。

第三,在单级网络的情况下,操作(管理)员从出入口管理中心发出启闭指令始至执行部分开始启闭出入口动作的时间。

第四,在单级网络的情况下,从执行异地核准控制后到执行部分开始启闭出入口动作的时间。

② 现场事件信息经非公共网络传输到出入口管理中心的响应时间应不大于5 s。

(3) 系统计时、校时应符合下列规定:

① 非网络型系统的计时精度应小于5 s/d;网络型系统的中央管理主机的计时精度应小于5 s/d,其他的与事件记录、显示及识别信息有关的各计时部件的计时精度应小于10 s/d。

② 系统与事件记录、显示及识别信息有关的计时部件应有校时功能;在网络型系统中,运行于中央管理主机的系统管理软件每天宜设置向其他的与事件记录、显示及识别信息有关的各计时部件校时功能。

(4) 系统报警功能分为现场报警、向操作(值班)员报警、异地传输报警等。报警信号应为声光提示。

(5) 在发生以下情况时,系统应报警:

① 当连续若干次(最多不超过5次,具体次数应在产品说明书中规定)在目标信息识读设备或管理与控制部分上实施错误操作时;

② 当未使用授权的钥匙而强行通过出入口时;

③ 当未经正常操作而使出入口开启时;

④ 当强行拆除和/或打开B、C级的识读现场装置时;

⑤ 当B、C级的主电源被切断或短路时;

⑥ 当C级的网络型系统的网络传输发生故障时。

(6) 系统应具有应急开启功能,可采用下列方法:

① 使用制造厂特制工具采取特别方法局部破坏系统部件后,使出入口应急开启,且可迅即修复或更换被破坏部分。

② 采取冗余设计,增加开启出入口通路(但不得降低系统的各项技术要求)以实现应急开启。

(7) 软件及信息保存应符合下列规定:

① 除网络型系统的中央管理机外,需要的所有软件均应保存到固态存储器中。

② 具有文字界面的系统管理软件,其用于操作、提示、事件显示等的文字应采用简体中文。

③ 当供电不正常、断电时,系统的密钥(钥匙)信息及各记录信息不得丢失。

④ 当系统与考勤、计费及目标引导(车库)等一卡通联合设置时,软件必须确保出入口控制系统的安全管理要求。

(8) 系统应能独立运行,并应能与电子巡查、入侵报警、视频安防监控等系统联动,宜与安全防范系统的监控中心联网。

2. 各部分功能、性能设计

(1) 识读部分应符合下列规定:

① 识读部分应能通过识读现场装置获取操作及钥匙信息并对目标进行识别,应能将信息传递给管理与控制部分处理,宜能接受管理与控制部分的指令。

② "误识率""识读响应时间"等指标,应满足管理要求。

③ 对识读装置的各种操作和接受管理/控制部分的指令等,识读装置应有相应的声和/或光提示。

④ 识读装置应操作简便,识读信息可靠。

(2) 管理/控制部分应符合下列规定:

① 系统应具有对钥匙的授权功能,使不同级别的目标对各个出入口有不同的出入权限。

② 应能对系统操作(管理)员的授权、登录、交接进行管理,并设定操作权限,使不同级别的操作(管理)员对系统有不同的操作能力。

③ 事件记录:

第一,系统能将出入事件、操作事件、报警事件等记录存储于系统的相关载体中,并能形成报表以备查看。

第二,事件记录应包括时间、目标、位置、行为。其中时间信息应包含:年、月、日、时、分、秒,年应采用千年记法。

第三,现场控制设备中的每个出入口记录总数:A级不小于32条,B、C级不小于1 000条。

第四,中央管理主机的事件存储载体,应至少能存储不少于180 d的事件记录,存储的记录应保持最新的记录值。

第五,经授权的操作(管理)员可对授权范围内的事件记录、存储于系统相关载体中的事件信息,进行检索、显示和/或打印,并可生成报表。

④ 与视频安防监控系统联动的出入口控制系统,应在事件查询的同时,能回放与该出入口相关联的视频图像。

(3) 执行部分功能设计应符合下列规定:

① 闭锁部件或阻挡部件在出入口关闭状态和拒绝放行时,其闭锁力、阻挡范围等性能指标应满足使用、管理要求。

② 出入准许指示装置可采用声、光、文字、图形、物体位移等多种指示。其准许和拒绝两种状态应易于区分。

③ 出入口开启时出入目标通过的时限应满足使用、管理要求。

5.3.3 门禁控制系统设备选型与设置

一、设备选型与设置的一般要求

1. 设备选型应符合以下要求:

(1) 防护对象的风险等级、防护级别、现场的实际情况、通行流量等要求。

(2) 安全管理要求和设备的防护能力要求。

(3) 对管理/控制部分的控制能力、保密性的要求。

(4) 信号传输条件的限制对传输方式的要求。

(5) 出入目标的数量及出入口数量对系统容量的要求。

(6) 与其他子系统集成的要求。

2. 设备的设置应符合下列规定:

(1) 识读装置的设置应便于目标的识读操作。

(2) 采用非编码信号控制和/或驱动执行部分的管理与控制设备,必须设置于该出入口的对应受控区、同级别受控区或高级别受控区内。

3. 设备选型宜符合 GB50396—2007 中附录 B、附录 C、附录 D 的要求。

二、设备选型与设置的详细说明

1. 分体式门禁/一体化门禁选型

早期门禁系统以一体机为主,即读卡器与主控制板一体化设计。随着技术发展,门禁控制器与读卡器分离设计,逐步取代一体式门禁,成为市场主流。

一体化门禁价格较低,施工简单,技术成熟,适用于预算不高、布线简单且功能要求简单的门禁项目,比如中小规模住宅小区。但是,一体式门禁的主控制器直接安装于门外,一旦遭到技术性破坏,电控门锁将可能被非法打开,失去门禁功能。此外由于一体门禁使用上体积受限,不能保证具备全面的输入输出接口和功能扩展模块,因此系统的功能和扩展能力受到限制,不利于项目门禁系统的升级。

分体式门禁优点体现在两方面:一是安全性较高,读卡器安装在门外,控制器安装于室内,因此即使读卡器遭到破坏也不会使门锁打开;二是较好的兼容性和扩展能力,只要控制器与读卡器兼容国际标准的数据传输协议,不同厂商生产的控制器与读卡器也能配合使用,使用户对门禁系统拥有更多的选择。

2. 单门/多门控制器选型

分体式门禁控制器所管理门数以单门、双门、四门为主,也有八门、三十二门控制器,多门控制器的选择应视项目具体情况而定。考虑的因素包括:控制器安装位置、门与门之间的距离、门点数量等。

(1) 大多数门禁系统读卡器与控制器之间的通信采用 Wiegand 协议,理论上最大传输距离可达 150 米,但实际工程应用中一般控制在 60 米以内。因此,如果两个门之间的距离超过 100 米,则应考虑使用单门控制器,而不是一台双门控制器管理两个门。

(2) 如果门禁控制器集中安装在弱电井或机房内,各门点前端设备线路都接入到弱电井或机房内,这种情况下,可选择多门控制器,比如 4 门控制器。需要指出的是,多门控制器在使用时,如果设备故障,会同时影响多个门。项目要求使用多门控制器,2 门或 4 门控制器是比较好的选择,除非有特殊需求,否则尽量避免选择超过 8 门的门禁控制器。

3. 门禁读卡器选型

门禁读卡器可分为 Mifare-1 卡读卡器、EM 卡读卡器、LEGIC 卡读卡器等,一些专业厂商有自定格式的读卡器,比如 HID 读卡器、TI 读卡器、MOTOROLA 读卡器等。

除支持的卡类不同外,门禁读卡器选型时应注意数据输出格式,常见的格式有 Wiegand26、Wiegand34、RS485、ABA 等。如果门禁项目中控制器和读卡器选用的是同一个厂商的品牌，厂商会保证提供的整套门禁设备的兼容性；如果门禁系统中控制器和读卡器来自不同厂家，就要考虑读卡器与控制器数据接口的兼容性问题。

4. 门禁电锁选型

常用的门禁电控锁有电插锁、磁力锁、阴极锁等，这些锁适合在大部分的门上使用，还有一些特殊的电控锁，如玻璃门夹锁、机电一体锁等，适合较特殊的门使用。门禁系统电锁选型主要取决于门类型。

（1）电插锁选型

电插锁一般用于玻璃门，一把电插锁通常控制一樘门，双樘玻璃门配置两把电插锁。一般可选用断电开门的电插锁，在门禁系统发生故障时可断开电源开门，同时满足消防的要求。

电插锁分为两芯线和多芯线，两芯线的电插锁依靠电流直接驱动线圈产生电磁效应，靠电磁力吸引弹簧片来控制铁芯开关，长时间使用容易发热，电流的波动也易引起电锁故障；多芯电插锁有微控制器控制，具有锁状态、门状态检测等功能，性能及可靠性更好。

（2）磁力锁选型

磁力锁一般可用于防火门、木门。磁力锁稳定性较好，但安全性不如电插锁，不能承受很大外力。一般吸力达 2 000 N～4 000 N 的可适用于大多数应用环境。某些门禁安全性要求较高，而又不适合安装其他类型电锁的场所可选用 5 000 N 以上高吸持力的磁力锁。

磁力锁可分为单门磁力锁和双门磁力锁，两扇门的门点只需安装一把双门磁力锁即可。需要注意的是，安装磁力锁后门只能是单开（内开或者外开），且磁力锁很难做到隐藏安装，可能会影响门的美观性。

（3）阴极锁选型

阴极锁一般用于单樘木门，安装在门侧与球型锁、把手锁等机械锁配合使用，通过门禁刷卡或使用机械锁钥匙都可以开门，一般可用于安全性要求不高的房间门。选择阴极锁时要注意锁体采用的标准，目前国内门锁主要有美标和欧标两种，只有阴极锁与机械锁采用的是相同的标准，才能保证锁口的尺寸与机械锁锁舌吻合，达到最佳锁合状态。

5. 门禁 UPS 电源选型

（1）UPS 的类型选择

在线式 UPS 无论是在市电正常时，还是在市电中断由机内蓄电池向逆变器供电期间，它对负载的供电均是由 UPS 的逆变器提供。电路简单，成本低。可靠性高。效率高，效率可达 95%以上，过载能力强。因此为保证系统工作的稳定性，连续性，用户在选择 UPS 时应选择在线式 UPS。

（2）UPS 额定输出功率的选择

用户应根据所用设备的负荷量统计值来选择所需的 UPS 输出功率（KVA 值）。根据相关资料，用户的负载量占 UPS 的输出功率的 60%～70%为宜。可通过使用下述公式 1 计算门禁系统的实际总功率，然后通过公式 2 计算 UPS 的输出功率值。

公式 1：门禁总功率＝单台门禁控制器额定功率×门禁控制器总数量＋单台门禁读卡器额定功率×门禁读卡器总数量＋其他门禁辅控器额定功率×其他门禁辅控器总数量；

公式 2：UPS 输出功率＝门禁总功率/60%。

UPS 容量的计算

在计算 UPS 容量时，需确定在停电时系统需要 UPS 供电的时间，以 12 小时为例，进行计算。

采用下述公式3，算出门禁系统的总工作电流，然后用公式4算出UPS容量。

公式3：系统总工作电流＝门禁总功率/220（国内标准是220 V供电）

公式4：UPS容量（安时）＝系统工作电流×12（小时）×1.5　（余量）

5.3.4　门禁控制系统传输方式选择、线缆选型与布线

1. 传输方式除应符合现行国家标准《安全防范工程技术规范》GB 50348的有关规定外，还应考虑出入口控制点位分布、传输距离、环境条件、系统性能要求及信息容量等因素。目前，较为常用传输方式有：基于RS485传输和TCP/IP两种方式。

（1）RS485通信型门禁系统

RS485是美国电子工业协会（EIA）所制定的异步传输数据接口标准。RS－485通信线使用双绞二线制，半双工工作方式，可实现多点双向通信。使用双绞线的传输距离与数据传输速率成反比，其最大传输距离约为1 200米，最大传输速率为10 Mbps。

因RS－485通信总线具有布线方便，传输距离远，可多点传输，组网和设备成本低等优点，使其成为传统门禁系统首选的通信接口，虽然RS485接口标准用于工业环境通信也存在可靠性差、数据传输速度低等多方面的不足，但基于上述各种优点，短期内RS485通信接口的门禁系统仍然不会被采用其他通信方式的门禁系统取代。以下对RS485通信接口特性进行简要说明，选购RS485门禁系统时可作为参考。

RS485总线上可连接终端的数量跟设备采用的RS485通信芯片型号有关，各厂家的门禁系统有所不同，一般支持32、64或128台终端，如果项目中的门禁控制器超出单条总线允许的数量，施工时需要增加总线。RS485通信接口的门禁系统使用电脑串口联机通信，必须采用通信转换器实现RS485接口与电脑RS232串口的连接，在大型门禁系统的RS485网络中，可能还会用到多串口卡、信号放大器、RS485集线器等设备。

RS485网络结构虽然简单，但对施工的规范性要求较高，不规范的安装布线将会严重影响通信质量，在RS485网络的门禁系统工程中，大多数通信故障是由于前期不规范的施工引起的。RS485总线一定要采用“手拉手”结构连接终端设备，不可使用环形或星形网络，并且总线到门禁终端的分支线长度要尽量短，一般不能超出5米，网络线缆一定要使用屏蔽双绞线，采用屏蔽双绞线能有效降低来自通信线周围产生的共模干扰。

（2）TCP/IP网络门禁系统

TCP/IP协议支持基于不同操作系统的网络间的互联，是真正的开放式网络通信协议。基于TCP/IP的以太网具有传输速度快、稳定性好、兼容性强等优势，在工业控制领域得到了广泛的应用，极大地促进了工业、科技的发展。现今门禁系统也正向网络化、智能化的实时控制方向发展，而这个发展方向正是TCP/IP以太网的技术优势，门禁系统采用TCP/IP网络传输协议能保证系统高速、稳定的运行。

相对于RS485网络，TCP/IP网络中每个端口只连接一台门禁设备，单个设备故障不会影响整个系统网络，且利于故障排查和隔离。TCP/IP网络门禁系统支持所有以太网组网方式，结构简单，理论上没有终端数量的限制，系统扩充方便，新增门点只需就近接入网络端口即可，特别适合后期可能存在系统扩充要求的大型项目使用。

通常情况下，在应用于商业性场所的门禁项目中，适合选用TCP/IP网络型的门禁系统。比如写字楼、商务中心、企业单位办公室等场所，一般这些场所已具备现成的网络环境，无须为门禁系统单独搭建网络，减少了施工工程量，并可以节约网络设备成本。另外在监狱

等一些对安全性要求较高的门禁项目中，采用 TCP/IP 网络能保证数据高速传输，满足后台实时性监控要求。

在一些住宅小区等场所，一般门点附近没有事先为门禁系统设计网络接入点，如果使用 TCP/IP 网络的门禁则需要单独搭建网络环境，而按照工业使用标准搭建以太网络的成本相对偏高，因此一般小区项目应考虑采用传统 RS485 网络的门禁系统。但如果管理者期望门禁系统具备更高速的通信速率、更稳定的通信质量和更强大的扩展能力，TCP/IP 网络门禁系统仍然是正确的选择，TCP/IP 网络多方面存在的性能优势弥补了成本劣势。

2. 线缆的选型除应符合现行国家标准《安全防范工程技术规范》(GB 50348—2018)的有关规定外，还应符合下列规定：

(1) 识读设备与控制器之间的通信用信号线宜采用多芯屏蔽双绞线。

(2) 门磁开关及出门按钮与控制器之间的通信用信号线，线芯最小截面积不宜小于 0.50 mm^2。

(3) 控制器与执行设备之间的绝缘导线，线芯最小截面积不宜小于 0.75 mm^2。

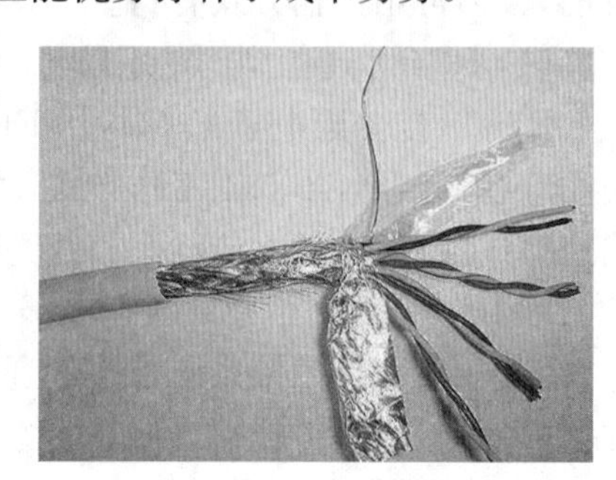

图 5-19　多芯屏蔽双绞线

(4) 控制器与管理主机之间的通信用信号线宜采用双绞铜芯绝缘导线，其线径根据传输距离而定，线芯最小截面积不宜小于 0.50 mm^2。

(5) 布线设计应符合现行国家标准《安全防范工程技术规范》(GB 50348—2018)的有关规定。

(6) 执行部分的输入电缆在该出入口的对应受控区、同级别受控区或高级别受控区外的部分，应封闭保护，其保护结构的抗拉伸、抗弯折强度应不低于镀锌钢管。

5.4　典型案例—体育馆门禁控制系统设计分析

5.4.1　项目概况

该体育馆位于×市中心区域，地上总建筑面积约 8 000 平方米、地下建筑面积约 4 000 平方米。该场馆可承接中小型比赛和活动，中心场地主要用于篮球、排球、羽毛球教学与比赛，室内最多人数不超过 3 500 人；两侧裙房主要为办公室、会议室及健身、瑜伽、健美操、跆拳道、武术、乒乓球等功能室；地下建筑为人防和机动车库。

本场馆的门禁控制系统对出入者分为两种：一种是对准行者允许通过，另外一种是对禁行者设防禁行。对于上述两种情况，出入口控制系统对出入人员的身份进行识别，发现禁止通行者立即报警，防止其不正常的强行闯入与闯出。

门禁管理系统需采用"集中管理，分散控制"的人性化工作模式，采用管理、控制及执行三个层面的拓扑结构，保证大规模系统的通信提高响应速度和产品的稳定性。本系统的实施将有效保障场馆内的人、财、物的安全以及内部工作人员免受不必要的打扰，为该项目建立一个安全、高效、舒适、方便的环境。

5.4.2　系统组成

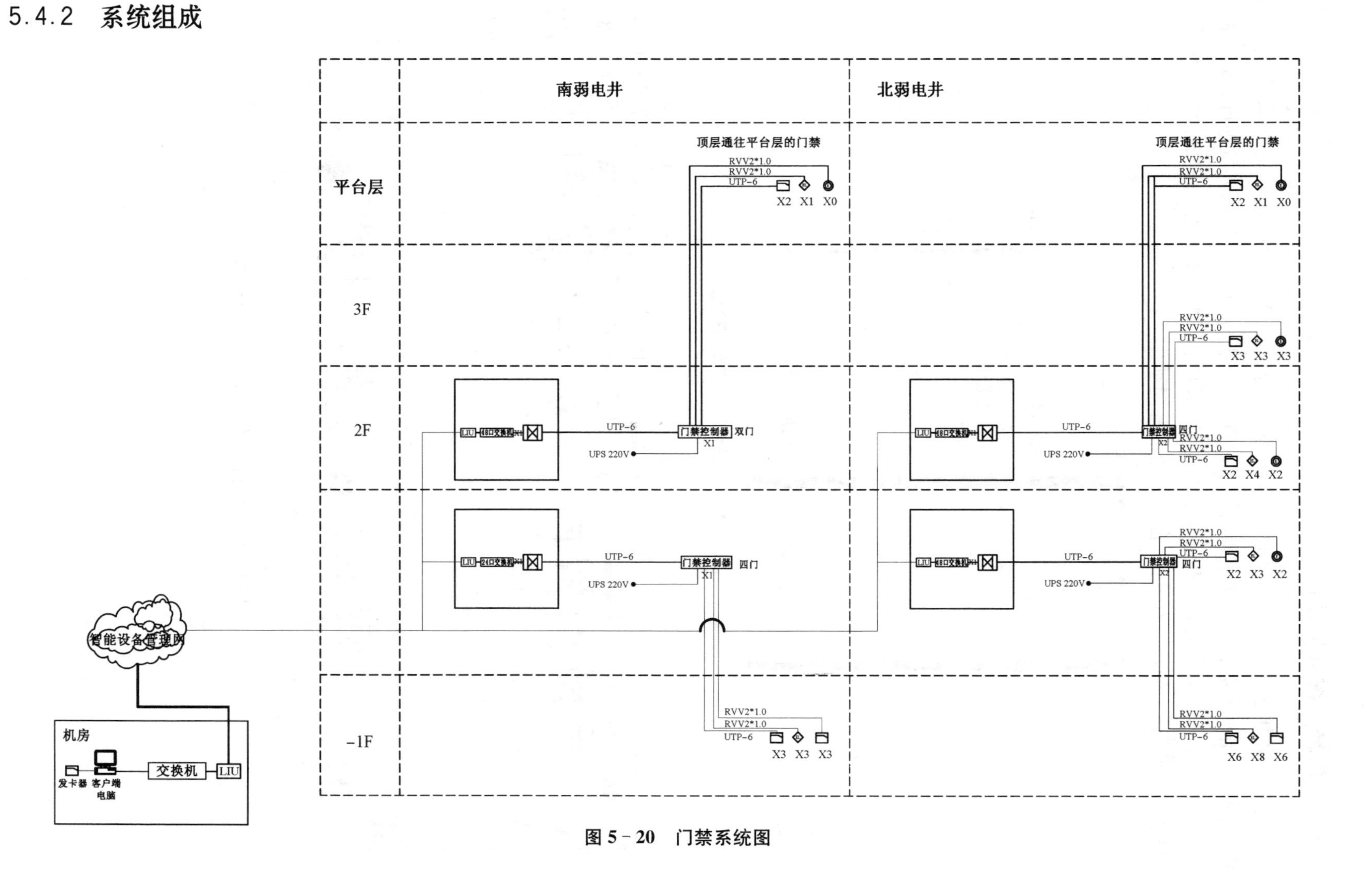

图 5-20　门禁系统图

5.4.3 门禁系统点位设计

通过对非接触式 IC 卡的开门权限设置，在体育馆各设备用房、顶层通道、健身房、瑜伽室、武术室、跆拳道室及健美操室等功能室设置门禁点。对所有进出的人员进行有效控制和监管。持卡人只需将卡在各门控点的读感器读感范围内刷卡，瞬间便可完成读感工作，门控点控制器判断该卡的合法有效性，合法卡做出开门动作。

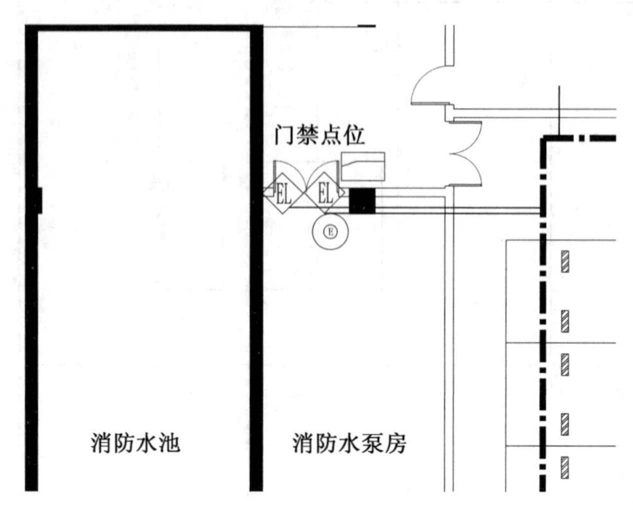

图 5 - 21　消防水泵房门禁点位图

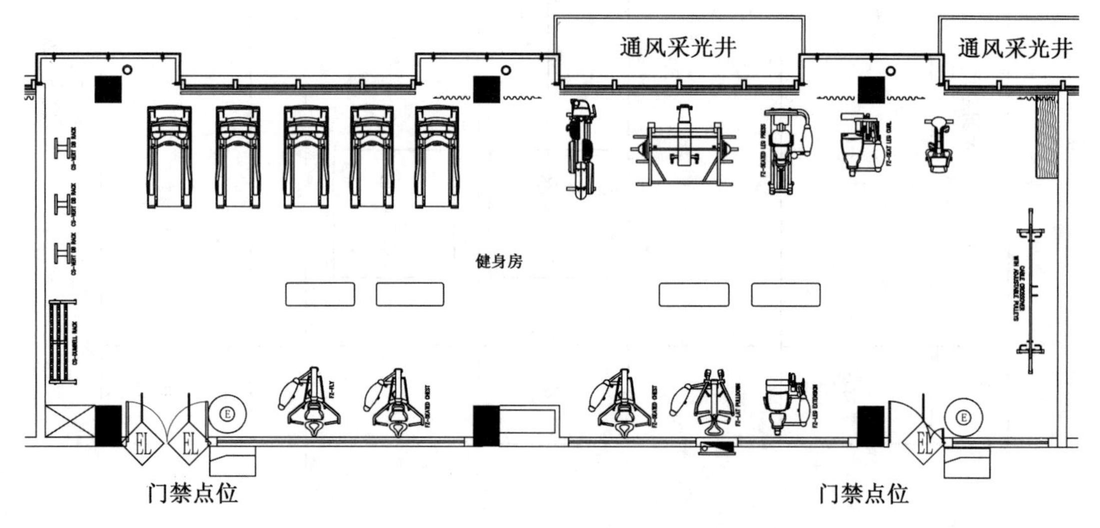

图 5 - 22　体育馆一楼健身房门禁点位图

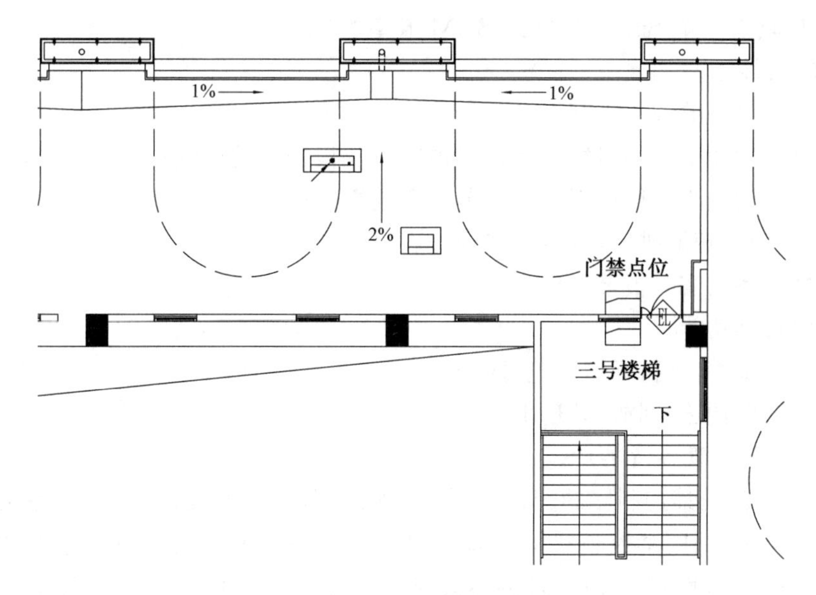

图 5－23　体育馆顶层健身房门禁点位图

5.4.3　设备选型与配置

1. 设备选型

根据项目需求，本体育馆门禁控制系统基本功能是对场馆各区域内各重要的通行门，以及主要的通道口进行出入监视和控制。门禁管制方式具有多种，可灵活根据业主的功能需求及现场实际情况进行量身定做。门禁点的设置均根据项目需求及受控区域的安全级别和重要性来设定，设定的管制模式也不尽相同，如单向刷卡、双向刷卡、密码加刷卡、生物识别开门等多种类别可选，不同的管制模式可相互混用，不影响系统本身的运行效益。

本方案中，诸多房间设置了门禁点，除顶层通道采用双向刷卡外，其他均采用单向刷卡方式。每个门禁点安装进门读卡器、磁力锁及出门开门按钮，同时使用专业的门禁控制器对其进行管控。

门禁系统通过网络的连接能支持无数个门禁点和考勤点，并能与其他第三方系统实现集成和联动，完全满足本项目的需要。

本系统采用 TCP/IP 方式组建网络。场馆设置发卡中心，具有整个场馆所有门禁点位的发卡权限。

（1）读卡器采用 13.56 MHz 频率，物理按键方式，可识别 Mifare 卡，通信方式为 RS485＋Wiegand。

（2）门禁控制器采用 2 门/4 门门禁控制器，上行支持 TCP/IP、RS485；读卡器接口：RS485 和 Wiegand 双通信接口；存储容量：10 万张卡和 30 万记录存储；工作电压：自带机箱和供电电源（AC220V 输入），工作电压 DC 12 V，功耗≤4 W（不带负载）。

（3）电磁锁最大拉力 280 kg＊2 静态直线拉力；适用于木门、金属门、防火门；输入电压：DC12 V 或 DC24 V；支持门磁输出；

（4）出门按钮塑料出门按钮；50 万次机械使用寿命。

（5）发卡器支持发卡类型：Mifare 卡号、Mifare 卡内容、CPU 卡号、CPU 卡内容；

USB2.0 接口；具有 3 个 Sim 卡尺寸的 SAM 卡座。

(6) 门禁软件

实现对门禁设备的统一管理；

支持在电子地图中添加门禁点并查看报警以及报警联动视频；

支持以人员为中心进行权限、指纹、卡片等的管理；

支持部门排班、智能排班，可生成多种报表；

支持门禁设备的实时报警管理；

支持报警订阅功能；

联动监控点报警，支持弹窗预览、抓拍；

实现监控图像预览、回放，处理报警等。

2. 设备配置(出设备清单)

对于 2 门/4 门门禁控制器的配置依据体育场馆南北距离较长，所以设备接在南、北两个弱电井内，2 门/4 门门禁控制器怎么选用，理论上 Wiegand 信号最大传输距离 150 米，但实际工程应用中传输距离受到多种因素影响，建议读卡器到控制器的距离控制在 60 米以内。

结合体育馆实际看下怎么配置

设备清单如表 5-1 所示。

表 5-1　设备清单

序号	设备名称	数量	单位
1	门禁读卡器	20	台
2	电磁锁	23	台
3	出门按钮	16	台
4	2 门控制器	1	台
5	4 门控制器	5	台
6	发卡器	1	台
7	IC 卡	100	张
8	软件	1	套

5.4.5 门禁系统传输设计

读卡器与控制器之间电缆采用六类非屏蔽网络线缆；

门锁电源线采用 RVV2×1.0 线缆。出门开关采用 RVV2×1.0 线缆。

控制器电源由机房 UPS 供给引至弱电井内，分回路沿墙敷设到楼层门禁电源控制箱，再由楼层电源控制箱连到门禁控制器。如果是整栋(层)楼安装门禁，门禁的电源应该和门禁控制器一起安装在弱电井内。如果只是一个房间安装门禁，门禁的电源可以安装在室内天花上。

读卡器在安装时应距地 1 400 mm，距门边框 30～50 mm。本方案采用门禁系统运用网络传输信号，读卡器与控制器之间距离最大可达 1.0 公里，门禁控制器安装在配线间内。

5.4.6 联动设计

系统应在重要的门(如设备用房)实现监控与门禁的联动,能在异常情况下及时捕捉现场图像。

系统可实现对非法使用和入侵的报警功能,并在接到报警确认信号后,封锁相关区域的通道门等。

系统能实现与火灾自动报警系统和摄像监视系统联动功能,火灾确认信号送至通道监控系统,并自动释放相关区域的所有电磁门锁,以便人员紧急疏散。

5.5 技能训练与操作

5.5.1 门禁控制实训系统简介

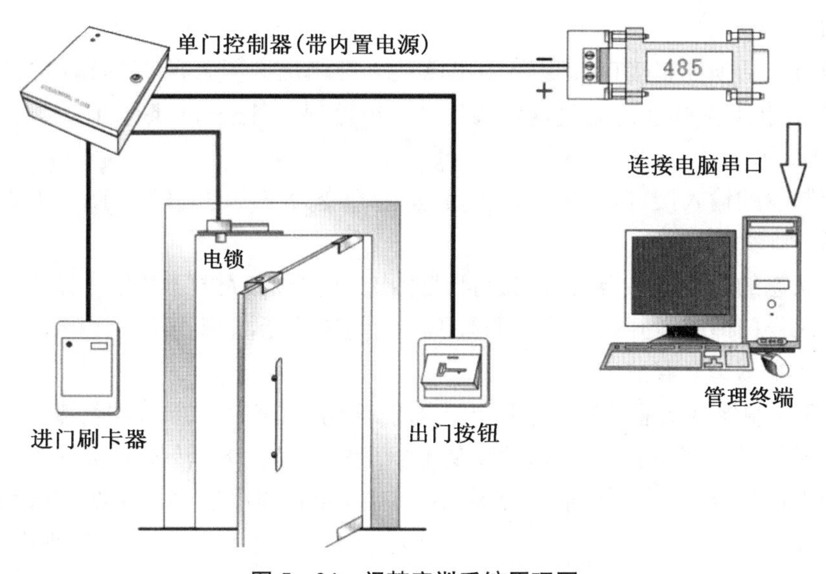

图 5-24 门禁实训系统原理图

教学实训系统采用 485 总线联网型门禁系统,基本配置包括:门禁控制器、12 V 电源、出门按钮、电控锁、读卡器、485 通信转换器(如上图所示)。

1. 门禁控制器

485 门禁控制器使用标准的工业串口通信,通信距离可达 1 200 米,每个总线可以接 255 台设备,使用 485 集线器可以扩展多条总线。支持多达 6 个输出和 10 个输入。型号有单门、双门、4 门等。

控制器提供复位功能,复位操作如下:

(1) 断开电源

(2) 拔下复位挑线(红色 JP8)

(3) 通电,等 2 秒(TCP/IP 控制器为 35 秒)

(4) 控制器鸣叫 2 声

(5) 断电

(6) 插上跳线

(7) 通电复位完成

说明:硬件复位后,所有的参数变为默认值(TCP/IP 控制器包括 IP 地址),删除全部记录。如果复位后控制器鸣叫不断,表示复位不成功。

2. 读卡器

采用 WG 读卡器作为读卡输入设备,通信协议是 WG26/34 等。分别是 Reader A 和 Reader B、Reader C、Reader D。单门对应 AB,分别表示进门、出门;2 门的有 4 个:AB 代表门 1 的进出读卡器,CD 代表门 2 的进出读卡器。4 门控制器 ABCD 读卡器对应 1～4 门。读卡器接线的时候使用 5 条线。其中声光控制线在读卡器上面有 2 条线,在这里合并接在一起。也可以不接,不接的时候在刷卡将不能通过声光判别是否有效刷卡。这里的颜色不一定是实际情况,部分型号和厂家的读卡器有不同的颜色表示,请按实际标识对应接线。WG 读卡器到控制器距离理论值不能超过 100 米,实际应用控制在 80 米以内。

3. 输出接口

输出接口包括锁控制接口和报警输出以及火警输出 3 类。所有的输出接口都是干接点,也就是只提供开关功能。通过这些接口来对被控制设备进行通断动作。

4. 开门按钮

接入控制器的输入接口,接线不分正负,从断开变为连接的时候表示按钮按下。

5. 门磁

检测门状态的输入点。当门磁闭合且锁输出为闭合的时候门闭合,门磁断开或者锁输出为开门的时候门即表示开。安装后如果不使用门磁功能,请短接门磁输入。

6. 485 控制器通信接口

485 系列控制器默认通信接口使用 485 通信,通信距离 1 200 米,波特率 9 600。多台控制器通信的时候,使用总线结构。通信线从电脑上的 232 - 485 转换器接到第一台控制器,再从第一台控制器接到第 2 台,第 2 台接到第 3 台,如此顺序连接。接线方法为正接正、负接负。

5.5.2 基于 485 联网门禁控制系统技能训练与操作

门禁控制系统部分实训内容安排如下:

实验一:门禁控制系统设备接线

1. 安装控制器主机,接通电源,短接出门按钮,观察继电器动作和继电器开锁指示灯状态变化。

2. 通过 485 转接口连接门禁控制主机和管理计算机,安装门禁控制软件,打开软件界面,添加控制器设备,输入序列号。打开调试界面观察 485 通信是否正常。

3. 安装 WG 读卡器

4. 安装电锁,接上锁的连接线

5. 安装按钮、门磁等。

实验二:门禁控制系统设备调试

1. 观察刷卡操作是否有正确的记录、锁是否正常开启。
2. 是否可以通过门禁控制软件开关门。
3. 增加用户、发卡、授权操作,下载卡到控制器,刷卡观察记录是否正常。
4. 直接按出门按钮,是否可以开锁。

项目六　楼宇对讲系统

6.1　楼宇对讲控制系统概述

6.1.1　楼宇对讲系统定义

楼宇对讲系统是指安装在住宅小区、单元楼、写字楼等建筑物或建筑群，用图像和声音来识别来访人，控制门锁及遇到紧急情况向管理中心发送求助、求援信号，管理中心亦可向住户发布信息的设备集成。

图 6-1　楼宇对讲系统场景

楼宇对讲系统是采用单片机技术、双工对讲技术、CCD 摄像及视频显像技术而设计的一种访客识别电控信息管理的智能系统。楼门平时总处于闭锁状态，避免非本楼人员未经允许进入楼内。本楼内的住户可以用钥匙或密码开门自由出入。当有客人来访时，需在楼门外的对讲主机键盘上按出被访住户的房间号，呼叫被访住户的对讲分机，接通后与被访住户的主人进行双向通话或可视通话。通过对话或图像确认来访者的身份后，住户主人允许来访者进入，就用对讲分机上的开锁键打开大楼门口上的电控锁，来访客人便可以进入楼内。来访客人进入后，楼门自动闭锁。

住宅小区的物业管理部门通过小区对讲管理主机，可以对小区内各住宅楼宇对讲系统的工作情况进行监视。如有住宅楼入口门被非法打开或对讲系统出现故障，小区对讲管理主机会发出报警信号和显示出报警的内容及地点。

6.1.2　楼宇对讲系统基本组成

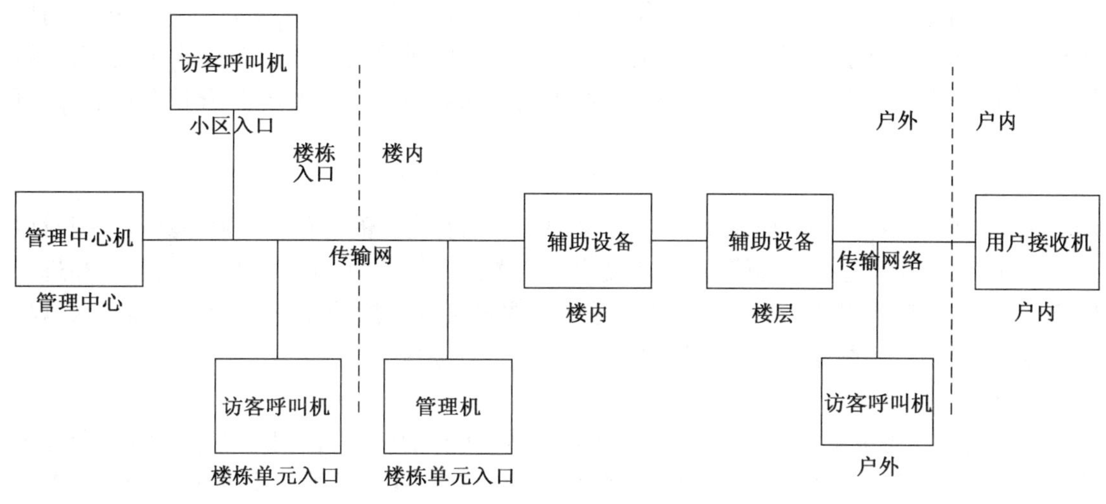

图 6－2　楼宇对讲系统结构图

1. 系统组成

(1) 如上图所示，系统由用户接收机、访客呼叫机、管理机、辅助设备和传输网络组成，系统应用构成如上图所示，在该系统中：

① 系统组成设备可以根据系统规模和实际需求进行增减；

② 系统至少应包含一台访客呼叫机和一台用户接收机；

③ 管理机和辅助设备为可选设备，根据系统需求加以选配。

(2) 用户接收机设置在建筑户内，可接听访客呼叫机和管理机呼叫，实现访客识别以及控制开锁等功能。

(3) 访客呼叫机设置在建筑物(群)入口，实现选呼用户接收机、管理机功能，并提供开锁信号，实现出入口电控门体的开锁控制。

(4) 管理机设置在管理中心或楼栋入口，实现对用户接收机、访客呼叫机以及辅助设备的统一管理、远程控制、设备状态检测等功能。

(5) 传输网络是系统音视频、报警和控制等信息的传输通道。

2. 系统类型

(1) 根据是否具有视频显示功能，系统分为非可视系统和可视系统。

(2) 根据系统规模，系统分为单地址系统、多地址系统和组合系统。

(3) 根据系统通信方式，系统分为模拟楼寓对讲系统(以下简称模拟系统)、全数字楼寓对讲系统(以下简称全数字系统)和混合楼寓对讲系统(以下简称混合系统)。

6.1.3　楼宇对讲系统分类

1. 单户型

具备可视对讲或非可视对讲、刷卡或密码开锁、主动监控，等功能，室内机分嵌入式和扁平壁挂式两种。

2. 单元型

单元型可视系统或非可视对讲系统主机分直按式和拨号式两种。直按式容量较小，适用于多层住宅楼，特点是一按就应，操作简便。拨号式容量较大，可接 9 999 户，适用于高层住宅楼，特点是界面豪华，操作方式同拨电话一样。这两种系统均采用总线式布线，内置解码，室内机一般与单户型的室内机兼容，均可实现可视对讲或非可视对讲、开锁等功能，并可挂接管理中心。

3. 联网型

采用区域集中化管理，功能复杂，各厂家的产品均有自己的特色。一般除具备可视对讲或非可视对讲、开锁等基本功能外，还能接收和传送住户的各种技防探测器报警信息和进行紧急求助，能主动呼叫辖区任一住户或群呼所有住户实行广播功能，有的还与三表(水、煤、电)抄送、IC 卡门禁系统和其他系统构成小区物业管理系统。

4. 网络型(TCP/IP 型)

数字化可视对讲系统，完全采用 TCP/IP 技术，所有的室内机、门口机、围墙机、管理机等终端设备都采用 TCP/IP 技术，结合当前最新的数字音视频压缩技术、DSP 技术、流媒体及 IPV6 网络传输技术来实现。其主要的优势表现在以下几个方面：

(1) 布线简单。相对于总线制传输的模拟可视对讲系统，数字可视对讲系统在布线和安装调试方面要方便得多。由于数字可视对讲系统采用 TCP/IP 方式传输声音、数据及视频图像等信号，因此，一根网线就可以解决所有问题，大大简化了布线工程，使楼宇对讲系统的安装和调试都变得简单，施工周期也大大缩短。

(2) 联网功能强大。当所有信号数字化之后，就很容易满足联网需求。数字可视对讲系统的室内机好比一台小型的电脑，既有高性能的 CPU，又有 DSP 数字处理芯片，强大的数据处理能力使联网功能变得强大，为与其他安防子系统集成提供了方便。

(3) 可扩充性好，功能强大。IP 联网具有很强的扩展性，它不仅可实现可视对讲，而且还能实现多媒体信息发送、广播、安防报警、智能家居、IP 可视电话、VOD 点播、视频监控以及增值业务等功能。如果接入 internet 网，在网上就可对任何一台终端(可视对讲机)进行配置、监控、远程升级，远程抄表等功能。既能满足传统可视对讲应用，又能提供安防报警、智能家居控制等多种功能，成为“数字家庭”的核心枢纽。

(4) 传输距离长。现在小区开发规模越来越大，通过视频中断等解决方法，能够将传输距离延伸到几公里，但实现的成本太高。而基于 TCP/IP 方式的可视对讲系统没有距离限制，可实现低成本远距离传输。

(5) 成本低。作为技术领先的数字对讲系统，从安装调试、布线来看，采用 TCP/IP 传输方式，施工周期缩短，节省了人员开支，线材和人工费用减少，而且能带来增值业务，容易维护，所以，采用 TCP/IP 型可视对讲系统成本较低。

6.1.4 楼宇对讲的功能和特点

可视对讲系统对于家居门户管理的最大特点是安全、便捷。可实现住户与楼门的(可视)对讲、室内多路报警联网控制、户与户之间的双向对讲以及联网门禁等功能。

1. 功能和特点

来访者通过小区单元门口主机拨叫被访者的室内分机。

住户可通过室内分机看到来访者的影像。

门口机配有红外灯，保证即使在夜间影像也一样清晰。

门口机能自动逆光补偿，保证来访者即使身处明亮背景摄下的图像也一样清晰。

振铃音由单片机产生，悦耳动听。

实时短路自动保护。

守候时主机进入低功耗状态。

停电后可延迟供电48小时。

来访者可以通过门口主机同管理中心通话。

户户对讲，小区内的住户可以通过中心及门口主机，以实户与户之间的通话（户户对讲型）。

门口机可与管理机通话，各门口机可以呼叫管理机并通话，管理机可开锁。

紧急广播，在紧急情况下，小区管理中心可以通过中心管理机向小区内各个住户紧急报警通话。

2. 主要功能介绍

（1）对讲可视功能

来访客人可在单元门口主机上拨号呼叫住户分机，住户室内分机振铃，屏幕上同时显示来访者的图像。住户提起话机即可与来访者通话，以此来辨别来访者的身份。

（2）自动关门功能

住户与来访客人通话后，住户允许来访者进入时，可按分机上的开锁键给单元门开锁，来访者进入大门后，防盗门在闭门器的拉动下自动关门。

（3）密码开锁功能

住户回家时，可用钥匙开锁，也可在门口主机输入开锁密码开锁。

（4）紧急救护功能

如果住户有人生病需紧急求护，可按分机上的紧急按钮向管理中心报警求助，紧急按钮也可安装在老人床边或卧室内，方便紧急情况时报警求助，管理中心接到求救信息后，可立即与医疗救护单位联系，及时救护病人。住户与管理中心双向通话功能。

住户在需要物业中心帮助时，如设备维修等情况可以按求助按钮向管理中心求助；管理中心有情况需通知住户，如催交水电费、物业维修费或发布通告时，也可拨号呼叫住户，从而实现住户与中心的双向对讲功能。

（5）多路报警

每户室内分机可接门磁、红外探头、烟感探头、煤气探测器、玻璃破碎探测器等多种探头，我司做的都是分机与配件之间无线连接。

住户布防后，当有人非法闯入时，门磁场就会自动报警到管理中心机，当煤气泄漏达到一定浓度时，煤气探测器也会自动报警到管理中心，管理中心机可显示报警住户的单元号、房间号，并可区分出不同的报警类型，以便及时有效采取相应的处警措施。

6.2　楼宇对讲控制系统主要设备

1. 单元门口主机

图 6－3　单元门口主机

单元门口主机是楼宇(可视)对讲管理系统中必备的成员之一,也是不可缺少的设备。来访者可通过单元门口主机呼叫住户与并其方便的对话,住户在户内控制单元门的启闭;单元门口主机可以随时接收住户报警信号传给片区管理机或总管理机,通知小区保卫人员。系统不仅增强了小区住宅安全保卫工作,也大大方便了住户,减少许多不必要的上下楼的麻烦。主机一般安装在各单元住宅门口的防盗门上或附近的墙上。放置方式有大堂立式和外挂式两种。

2. 室内分机

安装在各住户的通话对讲及控制开锁的装置。

(1) 按照分机功能分类:

1) 非可视分机:主要功能为接收呼叫、通话、开锁、呼叫管理中心。

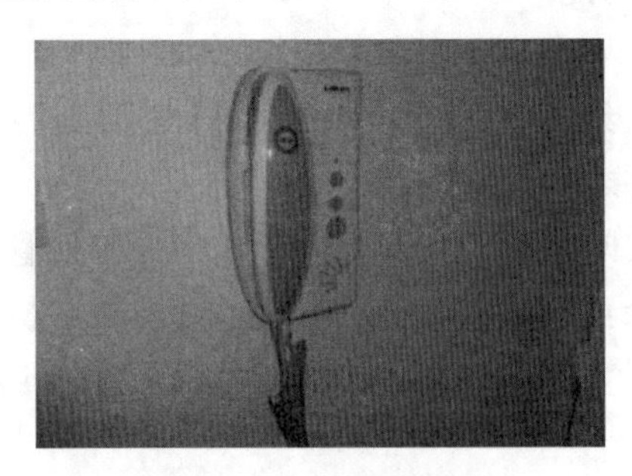

图 6－4　非可视分机

2）可视分机：主要功能为接收呼叫、通话、开锁、呼叫管理中心、接收主机图像

图 6-5　可视分机

3）多功能分机：以上两种为基本型的对讲分机及可视分机，目前市场产品中分机的功能进行增强，主要的增值功能包括：

图 6-6　多功能可视主机

① 室内报警：分机内有可控制室内报警探头的模块，可进行针对室内探头的设防、撤防等操作并向管理中心报警；

② 图像存储：可视分机内部有图像存储模块，可对主机的视频信号进行手动及自动的存储及回放；

③ 信息发布：分机可以接收小区物业管理中心所发布的信息，此类型的显示一般有两种显示方式：一种为通过可视分机的显示屏进行显示；另一种为分机上装备有 LED 液晶显示屏，信息可以在分机的 LED 显示屏上进行显示。

（2）根据分机安装方式分类：分机可分成壁挂式分机及嵌入式分机两种

① 壁挂式分机：分机安装方式为明装，主要通过分机底座上的螺钉固定位或者固定安装背板与墙面进行固定后进行分机安装。壁挂式分机安装方便，但是分机本身突出墙面比较多，视觉效果不好。由于本身容积的限制，内部不能够加载很多功能模块（有些加载的功能模块是经过简化的模块）；

② 嵌入式分机：分机安装方式为暗装，首先将分机的预埋底盒埋墙安装，再将分机固定在预埋底盒上。嵌入式分机安装后与墙面基本高度一致，对于室内整体视觉效果非常好。

另外由于嵌入式安装分机有比较大的空间，可以加载比较多的扩展功能；其缺点为需要暗埋底盒，施工难度比较大，并且在安装后不容易进行移动；

3. 管理中心机

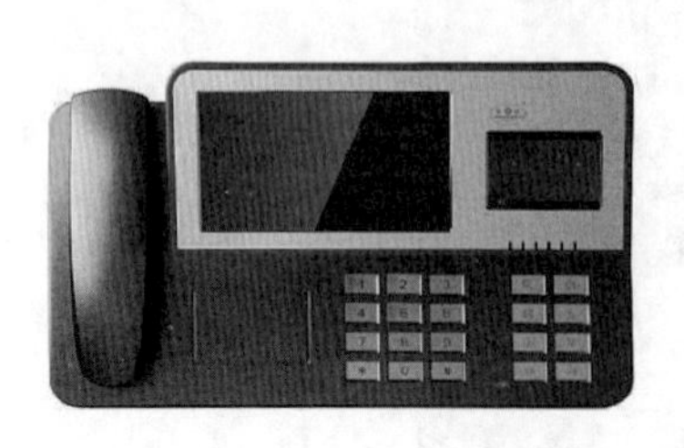

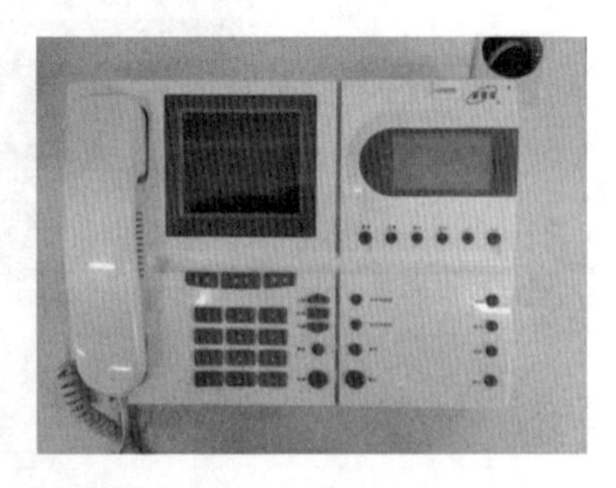

图 6-7 管理中心机

管理中心机是安装在小区管理中心的通话对讲设备，控制各单元防盗门电控锁的开启。管理员机的基本功能为：接收小区内住户呼叫信号并进行通话、可以呼叫小区内任意住户并进行通话、接收各单元主机的呼叫信号并进行通话及开锁（可视管理员机可显示各单元主机视频信号）、监视监听各单元主机情况。

4. 电控锁

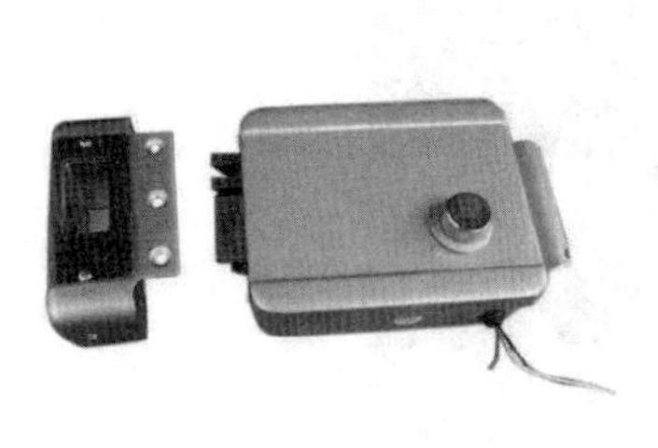

图 6-8 电控锁

它的内部结构主要由电磁机构组成。用户只要按下分机上的电锁键就能使电磁线圈通电，从而使电磁机构带动连杆动作，就能控制大门的打开。

5. 闭门器

闭门器它是一种特殊的自动闭门连杆机构。它具有调节器，可以调节加速度和作用力度，使用方便、灵活。

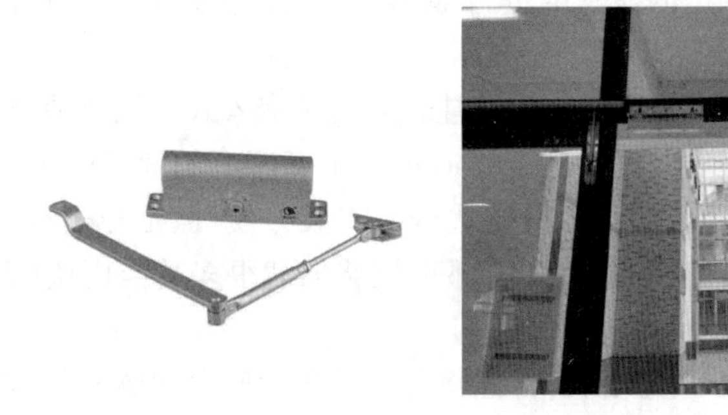

图 6-9 闭门器

6. 层间分配器

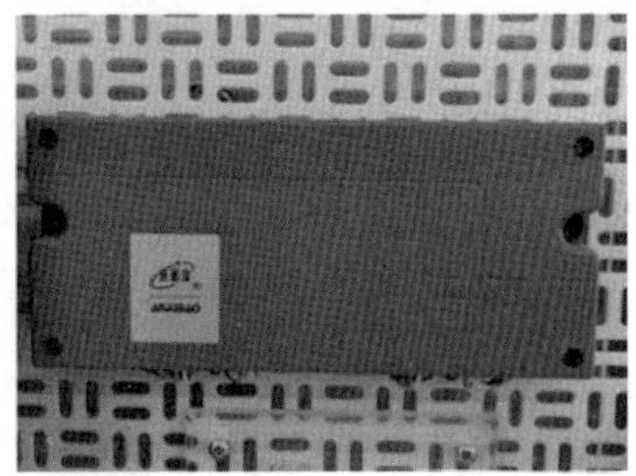

图 6－10　层间分配器

根据功能的不同，层间分配器有时也称为楼层保护器、信号隔离器、楼层解码器、楼层分线器、配线盒等，主要作用如下：

（1）线路保护。

（2）通信信号隔离。

（3）提供室内分机使用的电源。

（4）即使是某住户的分机发生故障，也不影响其他用户的正常使用，也不影响系统的正常工作。

楼层平台一般安装在楼宇主干线与楼层住户之间，具有线路保护、视频分配、信号解码的作用，即使某住户的分机发生故障也不会影响其他用户使用，不影响整套系统的正常运行。但是，楼层保护器与楼层解码器是有差别的，楼层解码器除具有楼层保护器的所有功能外，还能为系统的用户终端（用户分机）设备解码，这样整套系统的用户终端设备的成本可以降低。

目前，绝大部分生产商的用户分机不含解码功能，以降低产品价格。所以，楼层解码器是对讲系统中不可省略的设备。单纯的楼宇保护器一般不具有解码功能。

楼层平台一般分为楼层解码器、楼层保护器、视频分配放大器等。但是，基于数字传输的楼宇对讲系统没有视频分配放大器。

7. 通信设备

联网型楼宇对讲系统通信设备

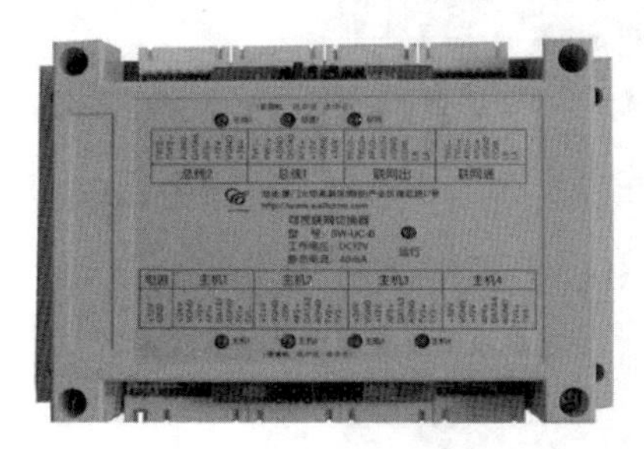

图 6－11　联网切换器

楼宇对讲联网切换器采用双绞线平衡技术，总线与差分传输，通信稳定可靠；外围通信采用网线，自动完成关联设备的音、视频切换，是单元门口机、分机、管理机及小区门口机等设备通信的连接设备。联网器的主要功能是切换联网系统与单元系统的音、视频信号，转发系统的其他信息（如报警信息、故障信息、管理处发布的管理信息等），隔离保护单元系统与联网系统。目前，很多厂商已将联网器集成在门口主机内，提升产品的附加值。

8. 电源

楼宇对讲系统电源为室内分机、单元门口主机、围墙机、管理中心机等进行供电。

图 6－12　设备电源

9. 区门口机(围墙机)

围墙机普遍称为区口机，是楼宇可视对讲系统的一个设备。是在小区大门口安装的，一般都有门禁刷卡功能，可以呼叫小区内所有住户和管理中心，业主进入小区时既可以刷卡开门也可以呼叫自己房间，让户内分机远程开门。一般安装在小区人通行的大门外，有的开发商为了方便业主，安装在门口岗亭内，由保安代为拨号呼叫住户，保安也可以直接呼叫管理中心。围墙机和门口主机差不多，只是放在围墙使用而。

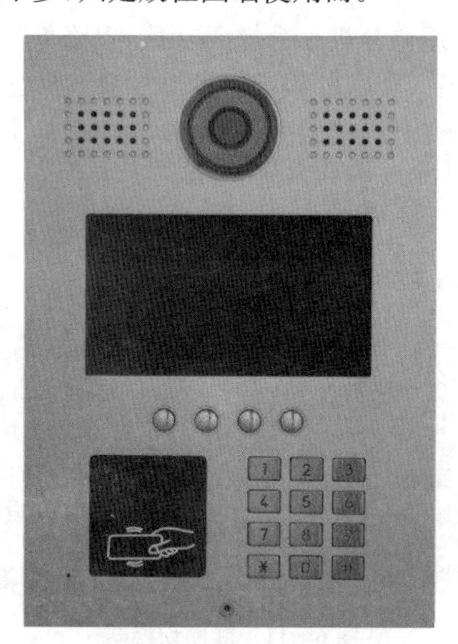

图 6－13　区门口机

10. 中继器

主要功能是放大音、视频信号，将衰减的信号增强，如图 5.1.19 所示。中继器用于长距离的小区联网系统主干线中。当楼宇对讲系统联网距离超过 800 米时，应当考虑使用中继器。

11. UPS 电源

UPS 电源也称系统电源、电源或电源箱，UPS 电源的主要的功能是给楼宇对讲系统提供电源。一般的楼宇对讲系统采用集中供电模式，多台室内分机公用一台电源。常见的电源规格为直流 12V 和 18V。

能够 24 小时连续正常工作是安全技术防范产品的重要条件。绝大多数的安全技术防范产品均采用集中供电并安装备用电源的方式，来解决突然遇到停电等突发事件时，安全技术防范产品仍然能够正常使用。绝大多数的楼宇对讲产品生产商也统一使用外置电源加配备用电池的方式（UPS 电源）对系统进行集中供电，以保证系统的正常运行。

6.3　楼宇对讲控制系统设计分析

根据《安全防范工程技术标准》（GB 50348—2018）和《楼寓对讲系统》（GB/T 31070）系列规范，楼寓对讲系统设计应符合如下要求相关要求。

6.3.1　楼宇对讲系统设计的一般原则

1. 楼寓对讲系统的重要功能就是通过关闭的受控门，将用户和访客进行隔离，通过用户对访客的甄别，由用户选择是否开启受控门。因此，确保受控门的正常关闭非常重要。当受控门开启时间超过预设时长时，意味着系统处于不安全状态；当访客呼叫机防拆开关被触发时，意味着可能有人破坏访客呼叫机、尝试非法开启受控门。以上情况均应在现场发出告警提示。

2. 管理机应具有如下功能：

（1）配置管理机的系统应具有以下功能：

① 设备管理功能：应能对所安装的系统设备进行添加、配置、删除等管理操作；

② 权限管理功能：应能根据设置权限对管理人员的操作权限加以控制与管理。

（2）配置管理机的系统可根据需求选择以下功能：

① 信息发布功能：发布信息至访客呼叫机或用户接收机；

② 数据备份及恢复功能：备份和恢复存储的设备参数、运行日志等数据；

③ 通行事件管理功能：记录访客呼叫的时间、日期和开锁等事件信息。

3. 在现行公共安全行业标准《楼寓对讲系统安全技术要求》GA 1210—2014 的附录 A 中.对报警控制及管理功能提出了规范。

4. 无线扩展终端是指联入系统的手机、平板电脑等无线设备。

5. 用户寓所的入户门是指分隔住户私有空间与公共空间的门。产品供应商或系统集成商应采取安全管控措施，包括访问控制、控制指令保护、数据存储保护等安全措施，并提供相关产品检测报告，以确保不因这些措施失效而导致入户门被非法开启。

6.3.2 楼宇对讲系统功能设计

1. 基本功能

(1) 系统基本功能应满足 GB/T 31070.1—2014 或 GB/T 31070.2 的相关要求。

(2) 具有报警控制及管理功能的系统，报警控制和管理功能应满足 GA1210—2014 的相关要求。

2. 开锁功能

(1) 根据安全管理的实际需要，访客呼叫机开启电锁方式可选择密码、非解除卡、生物识别等。

(2) 在保障用户通过用户接收机对访客信息加以识别，并控制访客呼叫机开启电锁的情况下，应根据安全管理的实际需要，确定是否允许物业管理人员通过管理机控制开启电锁。

3. 告警功能

(1) 系统受控门体开启时间超过预设时长时，应有现场告警提示信息。

(2) 访客呼叫机防拆开关被触发时，应有现场告警提示信息。

(3) 具有高安全需求的系统，门体开启超时或访客呼叫机防拆开关被触发时，应向管理中心发送告警信息。

4. 管理功能

(1) 配置管理机的系统应具有以下功能：

① 设备管理功能：能对所安装的系统设备进行添加、配置、删除等管理操作；

② 权限管理功能：能根据设置权限对管理人员的操作权限加以控制与管理。

(2) 配置管理机的系统可根据需求选择以下功能：

① 信息发布功能：发布信息至访客呼叫机或用户接收机；

② 数据备份及恢复功能：备份和恢复存储的设备参数、运行日志等数据；

③ 通行事件管理功能：记录访客呼叫的时间、日期和开锁等事件信息。

5. 系统集成与联动

(1) 根据安全管理需要选择与火灾报警、入侵报警、视频监控、出入口等系统集成或联动。

(2) 根据用户需求选择与电梯控制系统的联动。

(3) 根据用户需求配置智能家居设备的控制管理功能。

6. 无线扩展功能

(1) 根据用户需求，用户接收机可外接无线扩展终端。

(2) 考虑系统使用安全，无线扩展终端不应具有以下功能：

① 报警控制管理功能；

② 控制开启入户门锁功能。

(3) 根据用户需求，无线扩展终端可选择以下功能：

① 实现与用户接收机、访客呼叫机等设备的对讲；

② 显示访客呼叫机摄取的图像；

③ 控制与管理智能家居设备；

④ 接收报警信息。

6.3.3 楼宇对讲系统性能设计

1. 应根据用户需求,选择满足性能要求的系统及设备。

2. 在正常照明环境条件下,具有可视功能的系统,视频质量应满足以下要求:

(1) 黑白图像分辨力:不小于200TVL;

(2) 彩色图像分辨力:显示屏小于4.0 in时,分辨力不小于100TVL;显示屏不小于4.0 in时,分辨力不小于180TVL;

(3) 黑白灰度等级不低于8级。

3. 全数字系统的视频质量除应满足4.4.2要求外,还应满足以下要求:

(1) 动态视频图像无明显噪点、模糊、马赛克、卡顿等降质现象;

(2) 无明显唇音不同步现象。

6.3.4 楼宇对讲系统设备选型

1. 系统选型

(1) 根据用户需求,选择可视系统或非可视系统。

(2) 根据系统的规模,选择单地址系统、多地址系统或组合系统。

注:单地址系统适用于别墅等独栋的住宅,多地址系统适用于不联网的单元楼,组合系统适用于多楼栋的小区。

(3) 根据系统应用构成及通信方式需求,选择模拟系统、全数字系统或混合系统。

注:上述三种系统分别具有以下特点:

① 模拟系统通常成本较低,通信距离较短,功能较少、抗干扰能力和可扩展性较差,传输距离较远时,音视频质量下降较明显;

② 全数字系统具有布线灵活方便、传输距离长、支持多通道通话、可扩展性强等特点,易与其他系统集成或联网;

③ 混合系统采用模拟和数字混合通信的方式,将音视频模拟信号转换为数字信号进行传输,可实现在低成本模拟系统上延长传输距离、扩展系统的目的。

(4) 系统选型还应考虑以下可维护性因素:

① 操作便利性;

② 辅助设备的通用性和互换性;

③ 系统升级的方便性;

④ 设备自检和故障监测功能;

⑤ 通信线路和通信节点的故障监测功能;

⑥ 制造商提供的售后服务保障;

2. 设备选型

(1) 用户接收机选型应考虑以下因素:

① 用户接收机类型:选择非可视或可视用户接收机;

② 通话方式:选择免提和/或听筒方式,免提可分为单向通话(包括自动和手动方式)和双向通话;

③ 显示方式:选择黑白或彩色显示方式及显示屏尺寸;

④ 操作方式:选择采用按键和/或触摸屏操作方式;

⑤ 附加功能:选择音视频/图像记录与回放等功能;

⑥ 辅助接口:选择配置报警接口、智能家居通信等接口。

(2) 访客呼叫机选型应考虑以下因素:

① 访客呼叫机类型:选择非可视或可视访客呼叫机;

② 视频类型:选择采用黑白或彩色视频,并考虑摄像机的补光灯配置与视场角要求;

③ 操作显示:选择无显示、数码显示或液晶显示;

④ 操作方式:选择采用按键操作或触摸屏操作方式;

⑤ 呼叫方式:选择采用单键呼叫、房号呼叫、住户姓名呼叫等方式;

⑥ 开锁方式:选择采用密码、非接触卡、生物识别等开锁方式;

⑦ 告警功能:门体开启超时情况下本地告警,选择是否将告警信息发送到管理机;

⑧ 防拆功能:防拆开关被触发时本地告警,选择是否将告警信息发送到管理机;

⑨ 外壳防护等级:根据现场安装环境,选择适当外壳防护等级;

⑩ 防破坏能力:根据现场安装环境及用户安全需求,选择具有防破坏能力的产品。

(3) 管理机选型应考虑以下因素:

① 通话方式:选择采用免提、听筒或者同时具备免提和听筒通话方式;

② 视频显示:选择视频显示功能及显示屏尺寸和/或视频图像发送功能;

③ 操作方式:选择采用按键操作或触摸屏操作方式;

④ 回拨功能:选择是否具有呼叫记录存储及回拨功能;

⑤ 接管接听功能:选择是否具有在设定时段接管用户接收机接听访客呼叫的功能;

⑥ 呼叫转移功能:选择是否具有将呼叫信号转移至系统其他管理机的功能;

⑦ 信息发布功能:选择是否具有发送图文信息到用户接收机和/或访客呼叫机的功能;

⑧ 安防管理功能:选择是否具有接收及显示用户接收机上传报警信息的功能;

⑨ 信息记录功能:选择是否具有访客呼叫的时间、日期和通行事件信息记录功能;

⑩ 数据备份及恢复功能:选择是否具有数据备份及恢复功能。

(4) 辅助设备选型:根据厂商提供的产品技术说明书,选择系统配套的辅助设备(如联网控制器、楼层分配隔离器、交换机等)及其数量。

(5) 设备环境适应性等级的选择应考虑以下因素:

① 根据设备现场安装环境,对照 GB/T 31070.1—2014 中的环境适应性 I、II、III 等级,合理选择满足环境要求的设备;

② 应用于极寒、高原低气压等特殊环境的设备,满足其特殊要求。

(6) 设备外壳防护等级的选择应考虑以下因素:

① 安装在建筑物内或其周边有屋檐遮挡的访客呼叫机,满足 GB/T4208—2017 中的 IP33 防护等级要求;

② 安装在建筑物外且无屋檐遮挡的访客呼叫机,满足 GB/T4208—2017 中的 IP44 防护等级要求,并采取相应的遮挡措施;

③ 安装在建筑物外且处于粉尘污染环境中的访客呼叫机,满足 GB/T4208—2017 中的 IP54 防护等级要求,并采取相应的遮挡措施;

(7) 设备防破坏能力的选择应考虑以下因素:

① 根据现场安装环境及用户安全需求，选择具有防破坏能力的产品；

② 具有防破坏能力的设备，综合考虑对撞击、火烧、腐蚀、人为拆卸等破坏行为的防护能力，满足 GB/T31070.1—2014 的相关要求。

6.3.5　楼宇对讲系统传输方式、线缆选型与布线设计

1. 传输方式

系统传输方式的选择应满足以下要求：

(1) 根据系统规模、系统功能、现场环境的要求选择传输方式，一般采用有线传输为主、无线传输为辅的传输方式；

(2) 系统选用的传输方式能保证信号传输的稳定、准确、安全、可靠，且便于布线、施工、检测和维修；

(3) 有线传输包括专线传输、公共数据网传输、电缆光缆传输等多种方式，系统传输主干采用有线传输方式、无线传输适用于用户接收机的无线扩展终端应用；

(4) 有线传输网络布线综合考虑出入口控制点位分布、传输距离、环境条件、系统性能等因素，选择普通线缆、全五类线、光纤主干及五类线到户组合布线、光纤到户等方式。

楼宇对讲系统传输的信号分为三类：控制信号、音频信号和视频信号，应根据实际情况选择不同的传输方式，不同规格的线缆。

(1) 控制信号：控制信号传输通常采用 RS485 通信，线材使用屏蔽双绞线，有较强的抗干扰能力，理论最大传送距离可以达到 1 200 米。采用信号中继器可以使信号传送得更远，需要注意的是，如果双绞线的屏蔽层不能够做到可靠接地，容易窜入干扰信号，造成信号异常。

(2) 视频信号：使用 75 欧姆同轴电缆进行传输。不同规格的视频电缆传输距离不同，线径越粗，实际可传输距离越长。按照实际工程应用经验，SYV75－3 同轴电缆最佳传输距离一般在 100 米左右，SYV75－5 同轴电缆最佳传输距离 300 米左右；SYV75－7 同轴电缆最佳传输距离在 500～800 米左右。如果传输距离不够，则需增加视频信号放大器，有效增强视频信号的强度以增加传输距离。

(3) 音频信号：可采用 RVV 屏蔽线或与控制信号传输合并采用五类双绞线进行传输的，当信号线的线径越粗，传送音频信号的能力越强，传输距离越远。

2. 线缆选型

线缆的选择除应满足 GB50348—2018 的相关要求外，还应满足以下要求：

(1) 线缆类型根据系统类型、系统架构、布线路径以及制造商的接线规范加以选择；

(2) 线缆的选择考虑导体压降和信号衰减，并满足环境、安全性和安防规范的要求；

(3) 线缆的选择在满足电气性能的基础上，考虑其经济性及负载容量的冗余度；

(4) 线缆选择时考虑系统扩展性。

此外，使用多芯线时，针对接线端口，宜采用不同颜色的芯线以避免接线错误。

3. 布线设计

布线设计除应满足 GB50348—2018 的相关要求外，还应满足以下要求：

(1) 布线路径的选择做到简短、便捷、隐蔽、安全、可靠，避免与其他系统交叉及共用管槽；

(2) 布线路径设计尽量避开干扰源(如电梯动力系统等)，当系统处于强干扰环境时，采

取相应的屏蔽或隔离措施；

(3) 线缆穿过建筑结构时能提供足够的火灾阻断措施；

(4) 线缆穿过公共区域时，采取防护措施以免受到干涉或破坏；

(5) 线缆有受到物理损坏或蓄意干扰的风险时，予以适当防护；存在物理损坏的风险时对线缆进行机械性防护，如布设管道、采用接线箱或导管；如果管道等是导电材质，采取电气接地措施；

(6) 低电压线缆和弱电信号线缆的辐射避免靠近主电源或可能引起电气干扰的线缆。

6.4 典型案例 1—TCP/IP 型对讲系统设计分析

6.4.1 项目概况

某住宅小区占地面积 20 万平方米，建筑类型以多层、高层为主。共 20 栋楼(其中第 20 栋是综合楼，承担物管、社区养老等综合功能)，48 个单元，962 户，主出入口一处。监控中心一个，位于 19＃楼地上一层。

楼宇可视对讲系统采用先进的管理方式。当访客到达小区门口，可通过围墙机呼叫住户；当访客到达高层单元门口时，通过门口的对讲机呼叫室内机，住户通过室内机，确认后开门放行。别墅区访客可通过别墅门口机呼叫住户，住户通过室内分机可视对讲。通过管理，提高小区的安全性。

被接待的访客至单元门口时可通过单元门口机呼叫业主，业主确认后可开启单元防盗门，访客才能进入住宅楼内。

住宅小区安装楼宇对讲系统，由技防辅助人防，可有效地防范非常事件发生。一个可靠的、实用的楼宇对讲系统能提高住宅小区技防装备水平与管理档次。楼宇对讲系统是本小区安防系统中重要的一环。

机房配置 UPS，包含楼宇对讲系统备用电源，满足停电后系统至少可持续正常工作 8 小时的要求。

6.4.2 对讲系统设备选型与配置

1. 设备选型

采用 TCP/IP 架构，水平和主干均采用数字传输方式，对讲管理主机设置在小区 19＃楼一层机房，室内分机采用多功能主机，配 7 英寸彩色屏。

各楼楼地面一层、地下二层的入口大堂设置独立的可视对讲单元门口机，就地管理，可通过控制网、以 TCP/IP 协议传输音视频信号、控制信号上传至监控中心。小区出入口的围墙机、楼栋出入口的单元梯口机与监控中心管理中心机的传输方式为网络型(有线或无线网络)，楼栋出入口的单元梯口机在断网状态下应具备正常门禁功能。

可视对讲单元门口机集成门禁系统应具 IC 卡开门功能。电控防盗门开启状态的持续时间≥120 s 时，应有报警功能。全数字可视对讲系统(物联网)室内机(信息终端)人机界面一级菜单应显示可视对讲模块，应具备自动恢复，自动重启功能，音视频通话应具备加密功能。为避免音（视）频信号堵塞，每台监控室管理中心机的住户数不宜≥500户，管理机应有访客信息（访客呼叫、住户应答等）记录、查询功能和异常信息（系统停电、门锁故障时间等）的声光显示功能；信息内容应包括各类事件日期、时间、楼栋门牌号等。可视对讲系统的单元梯口机宜具有访客图像及抓拍图片的记录、回放功能，图像记录存储设备的容量宜≥4 G，梯口机应具有防拆报警功能。系统其他要求应符合《楼寓对讲系统及电控防盗门通用技术条件》（GA/T72—2005）和《联网型可视对讲系统技术条件》（GA/T678）及地方相关要求规定。

小区主出入口及次出入口各安装彩色可视围墙机或副管理机，室外围墙机与门口机应具有防水功能，加装防水罩。

每个单元其他出入口各设置一台对讲单元门口机（嵌入安装 Mifare 1 S50 非接触式 IC 卡出入口控制读卡器），住宅户内设置1台7英寸全数字式彩色可视对讲室内分机。

在小区出入口设有围墙机、管理机和电脑，中心管理机可以呼叫小区内的住户并可以接听所有门口主机和围墙机的呼叫，住户通过住户分机可以实现来访者、住户、管理员三方之间的互相呼叫和对讲，通话时除通话双方外其他人听不到通话内容，并能看到访者的图像，当来访者与住户对讲时住户可以遥控开锁；可实现电梯一键召唤功能即业主刷卡后只能到达自己所住楼层，未经其他授权，无权乘梯去往其他楼层，保证业主楼层的安全性和私密性。针对单层户卡业主，进入电梯，刷卡后直接点亮自己所在的那一侧楼层按钮，无需手动按键。

2. 设备配置

表6-1　小区项目楼栋单元概况

安装点	层数	单元数	每单元每层户数	总户数
1、4#	6	3	2	36×2=72
2#	6	2	2	24
3#	6	2	2	24
5、8#	8	2	2	32×2=64
6#	7	4	2	56
7#	7	4	2	56
9#～10#	6	2	2	24×2=48
11#～12#	6	4	2	48×2=96
13#	17	2	2	68-2=66 (2单元一层不住)
14#	18	2	2	72-2=70 (1单元一层不住)
15、19#	18	2	2	(72-4)×2=136 (一层不住)
16、18#	18	2	2	(72-4)×2=136 (一层不住)
17#	29	2	2	116-2=114 (一层只住一户)
合计		48		962户

管理中心：设管理主机1台，1台管理电脑，配管理软件一套，配发卡器一台。

住户：小区一共有住户962户，每户安装1台彩色可视分机，一共962台，配分机电源276台。

单元：小区20栋楼，总计48个单元，在每个单元的地面一层和地下二层各配置一台单元门口主机，总计安装单元门口主机96台，配单元门口主机专用电源96台，配双门磁力锁96个，开门按钮96个。

小区出入口：在小区两个出入口出各设置一台围墙机，配围墙机专用UPS电源2台。室外围墙机接室外防水箱内的接入交换机，2台围墙机配置2台8口交换机，通过2对光纤收发器连接到监控中心核心交换机。

通信设备：

多层(1#～12#)总计34个单元，每个单元配24口千兆交换机(接入交换机)一台，通过室外单模8芯光纤引至监控中心。

高层(13#～19#)总计14个单元，配置30台24口千兆交换机(接入交换机)，其中，13～16#、18#、19#楼各4台，17#6台。每栋高层接入交换机接入汇聚层交换机后，通过室外单模8芯光纤引至监控中心。汇聚层交换机配置7台。

前端接入交换机通过光模块连接核心交换机，光模块采用千兆SFP单模(10 Km，1 310 nm，LC，DDM)，共48×2=96个(多层+高层一共48台24口千兆交换机(首层))。

根据上述配置规则，形成如下设备配置清单表(见表6-2所示)。

表6-2 主要设备清单表

序号	产品名称	单位	数量
一	对讲系统管理中心		
1	小区管理中心机	台	1
2	管理软件	套	1
3	对讲管理电脑	台	1
4	发卡器	台	1
二	前端设备		
2.1	户内部分		
1	网络分机(室内分机)	台	962
2	网络主机(门口机)	台	96
3	分机专用电源	台	276
4	单元门专用电源	台	96
5	双门磁力锁	把	96
6	开门按钮	个	96
2.5	围墙部分		
1	围墙机	台	2
2	围墙机电源	台	2

（续表）

序号	产品名称	单位	数量
四	局域网部分		
4.1	核心交换机		
1	核心交换机	台	1
		台	2
		台	2
		台	1
		台	1
2	标准机柜	台	1
4.2	前端接入层交换机		
1	24口千兆交换机(首层)	台	48
2	24口千兆交换机(标准层)	台	16
3	8口交换机(围墙机)	台	2
4	光模块	台	96
5	光纤收发器	台	4
6	单元内壁挂机柜	只	48
7	单元楼层设备箱	只	16
8	对讲电源箱	套	212

6.5　典型案例2—联网型对讲系统设计分析

6.5.1　项目概况

某安置小区一期项目住宅共13栋楼，总户数(456户)，具体楼栋单元分布见表1所示，一期项目设出入口一处。

按照安全防范系统的设计规范，对本小区的楼宇对讲系统的需求分析如下：

(1) 室内机采用彩色液晶可视对讲分机；

(2) 在小区管理中心设管理中心主机；

(3) 采用总线式联网，通过通信总线连接单元口机、住户可视室内机及管理中心主机；

(4) 能实现小区单元口与住户、管理中心与住户间可视对讲，语音清晰；

(5) 住户可通过室内机遥控,钥匙、密码或感应卡开启单元楼栋大门。

表 6-3　项目楼栋单元概况

安装点	层数(实住)	单元数	每单元每层户数	总户数
1#	5	3	2	30
2#	6	2	2	24
3#	6	3	2	36
4#	7	2	2	28
5#	5	2	2	20
6#	6	2	2	20
7#～12#、14#	7	3	2	294
合计		35		456

6.5.2　对讲系统设备选型与配置

1. 设备选型

系统采用联网型楼宇对讲系统。

各楼楼每个单元入口处大堂设置独立的可视对讲单元门口机,就地管理,可通过SYV75-5同轴电缆传输音视频信号、RVVP电缆控制信号上传至监控中心。单元门口机在断网状态下应具备正常门禁功能。

住宅户内设置7英寸全数字式彩色可视对讲室内分机。住户通过住户分机可以实现来访者、住户、管理员三方之间的互相呼叫和对讲,通话时除通话双方外其他人听不到通话内容,并能看到访者的图像,当来访者与住户对讲时住户可以遥控开锁;可视对讲分机通过设置在弱电井内的层间分配器进行连接,层间分配器应具有线路隔离保护、视频分配功能,即使室内分机发生故障也不会影响其他用户使用,也不影响系统正常使用。可选择2、4、8路层间分配器。同一单元内,层间分配器可通过级联进行扩展。

每个单元安装一台联网切换器,联网切换器自动完成关联设备的音、视频切换,是单元门口主机、室内分机、中心管理机及区门口机等设备通信的连接设备。

主机电源可供单元门口主机及分机使用,电压输出直流,停电后系统静态时可供电数小时工作能力。电源带后备电池,并具有短路保护、停电自动切换功能。采用开关电源供电,因此电压适应范围宽、波动小,稳定性较高。

闭门设备包括:电控锁、闭门器,其中闭门器可采用无定位型,可在任意角度自动闭合,适用于左右平开门。闭门力度连续可调节,闭门速度可调而且稳定性好。

2. 设备配置

管理中心:设管理主机1台,1台管理电脑,配管理软件一套,配发卡器一台。

住户:小区一共有住户456户,每户安装1台7寸彩色可视分机,一共456台。分机电源(带备用电池)可按6户配置一台,按单元分开计算,(具体根据厂家提供的设备而定),一共配置93台。

单元:小区一共 14 栋楼(除去 13# 楼综合用房外),总计 35 个单元,每个单元配置一台单元门口主机,总计安装单元门口主机 35 台,配单元门口主机专用电源 35 台,配双门磁力锁 35 个,开门按钮 35 个。

通信设备:

(1) 层间分配器,按单元分别计算,举例:1# 一单元一共 10 户,如果有 8 端口和 4 端口可供选择,可选用 1 台 8 端口和 1 台四端口层间分配器,3 个单元则倍乘即可,如果只选择 4 端口层间分配器,则需要 3 台。

(2) 联网切换器每个单元配置 1 台,一共 35 台。

详细配置清单如下表所示。

表 6-4　设备清单

产品名称	数量(单位:台/套)	备注
室内分机	456	456 户
层间分配器(4 口)	12	同时使用 4、8 两种层间器
层间分配器(8 口)	58	
联网切换器	35	按单元
单元门口机	35	同联网切换器
管理中心机	1	设管理中心
管理电脑及软件	1	
主机电源	35	
分机电源	93	
双门磁力锁	35	
开门按钮	35	

6.6 技能训练与操作

6.6.1 联网型对讲实训系统简介

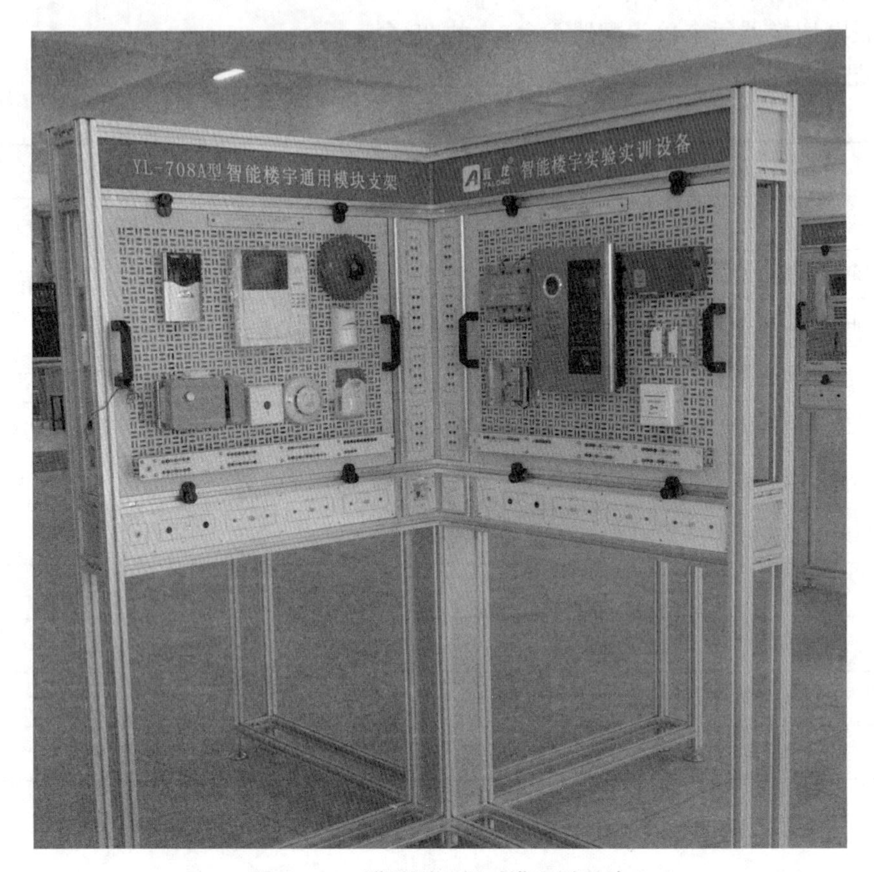

图 6-14 联网型可视对讲实训系统

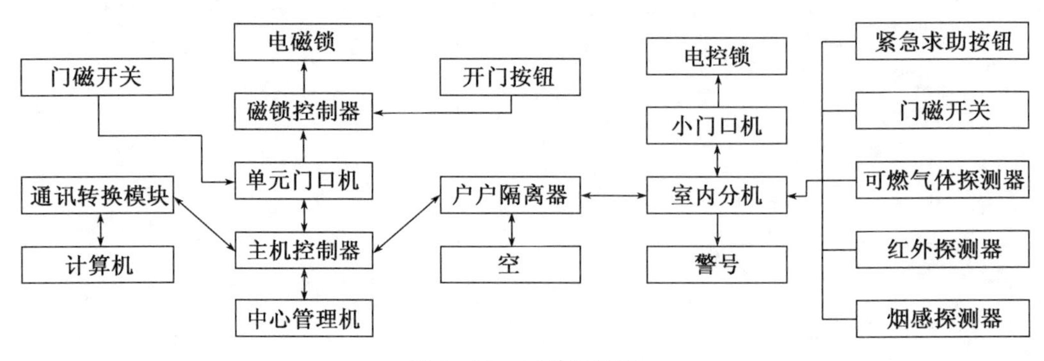

图 6-15 系统结构图

6.6.2　楼宇对讲设备接线实训

(1) 接线实验一:基于对讲室内多功能主机组建家庭防盗报警系统

(2) 接线实验二:小门口机连接多功能对讲室内主机,组建家庭对讲系统

(3) 接线实验三:室内主机、层间分配器、联网切换器和单元门口机互联,组建单元对讲系统

(4) 接线实验四:区门口机、管理中心机、联网切换器互联,组建区门口对讲系统

(5) 接线实验五:联网切换器级联,组建完整的小区楼宇对讲系统

6.6.3　楼宇对讲设备编程实训

1. 编程实验一:室内分机编程

表 6-5　分机命令码表

键盘命令码	简要功能描述	备注
#+0+工程密码+XXXX	设置分机地址码	
#+1+XX(10～40)	设置报警延时	
#+2+旧密码+新密码	修改分机密码	
#+3+8550+XXXX　XXXX	防区设置命令	
#+4+XXX　XXX	选择布防功能	
#+5+XX(00、01、02、03)	监视模式设置	
#+6+密码	任意撤防命令	
#+7+密码	消警命令	
#+8	免打扰设置	
#+9+XXX(030～100)	设置布防延时时间	
#+*+1	管理机呼叫铃声设置	
#+*+2	门口机呼叫铃声设置	
#+*+3	大门口机呼叫铃声设置	
#+*+4	小门口机呼叫铃声设置	
#+*+5	和弦铃声大小设置	
#+*+6+8550+X(1/0)	布撤防传递模式设置	
#+*+7+X	胁迫码设置	

实验内容:

(1) 分机地址码编程

(2) 分机密码编程

(3) 家庭防盗报警系统防区设置与布防功能设置

2. 编程实验二:单元门口主机编程

(1) 单元门口主机地址码设置编程

(2) 非接触门禁卡的注册、删除、增加卡操作

3. 编程实验三:管理中心机编程

(1) 管理中心机地址码编程:管理机分主管理机和副管理机,两者的区别是主管理机能接收住户分机和门口主机的呼叫及各报警信息(住户和边界),而副管理机则不能接收呼叫,仅能接收报警信息。

(2) 模式选择编程:是管理机按制门口主机的呼叫方式,有白天和夜间两种模式。在白天模式下,门口主机可以直接呼叫住户分机,不受管理机管理;在夜间模式下,门口主机呼叫住户分机后自动转到管理机,管理处确认后(在通话中按"显示"键,显示所呼叫分机地址码),若需转呼,再按"转呼"键转呼到住户分机。

6.7 延伸阅读——云对讲系统

延伸阅读

项目七　停车场管理系统

7.1　停车场管理系统概述

7.1.1　停车场管理系统定义

停车场智能管理系统是现代化停车场车辆收费及设备自动化管理的统称，是将停车场完全置于计算机管理下的高科技机电一体化系统工程。

图 7-1　停车场管理系统示意图

7.1.2 停车场管理系统组成

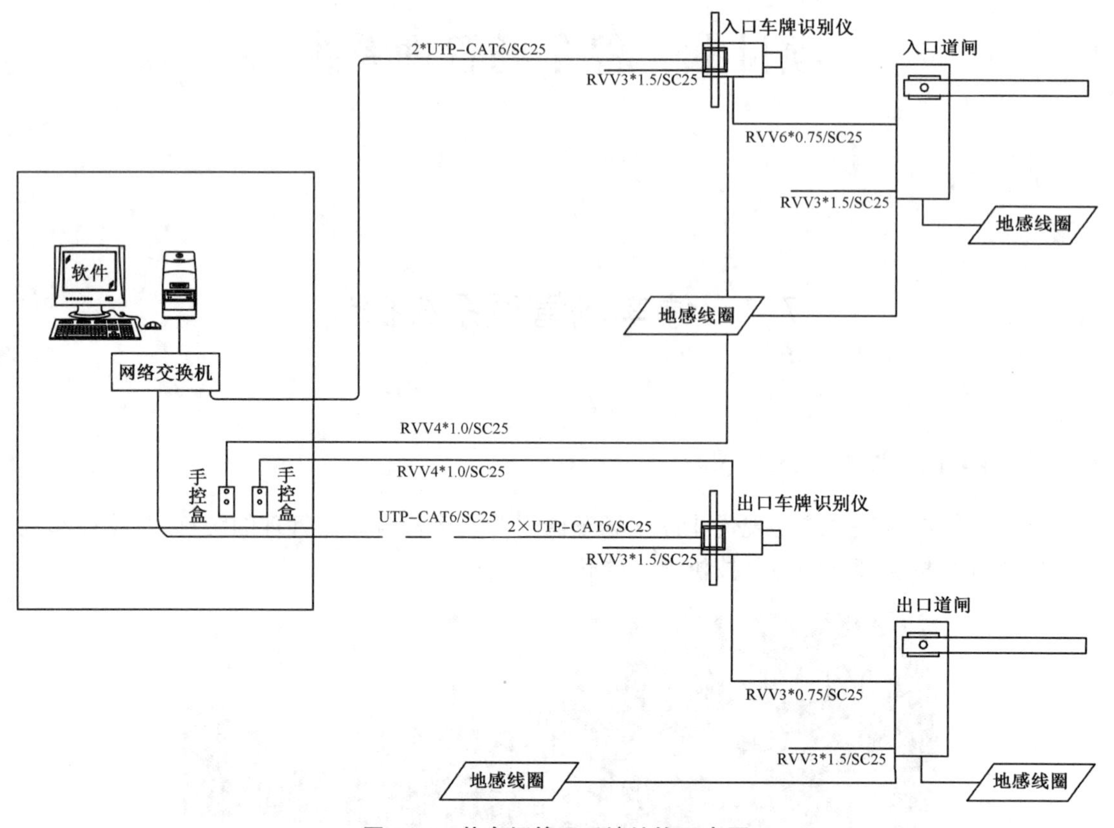

图 7－2　停车场管理系统结构示意图

车牌识别系统主要由“出入口车牌识别一体机”“信息显示屏”“出入口快速道闸”和“系统管理软件”四部分组成。

车辆达到停车场入口摄像机识别区域(地感触发)，自动识别车辆车牌号码，并对车辆类型做出判断。

内部车：自动开闸放行/手工开闸放行可选，车辆入场信息及图片保存数据库。

临时车：自动开闸放行/手工开闸放行可选，计时并保存入口抓拍图片到数据库。

无法确认车辆：可手动放行，可手工输入车牌号码，手工修改车牌号码，记录数据库。

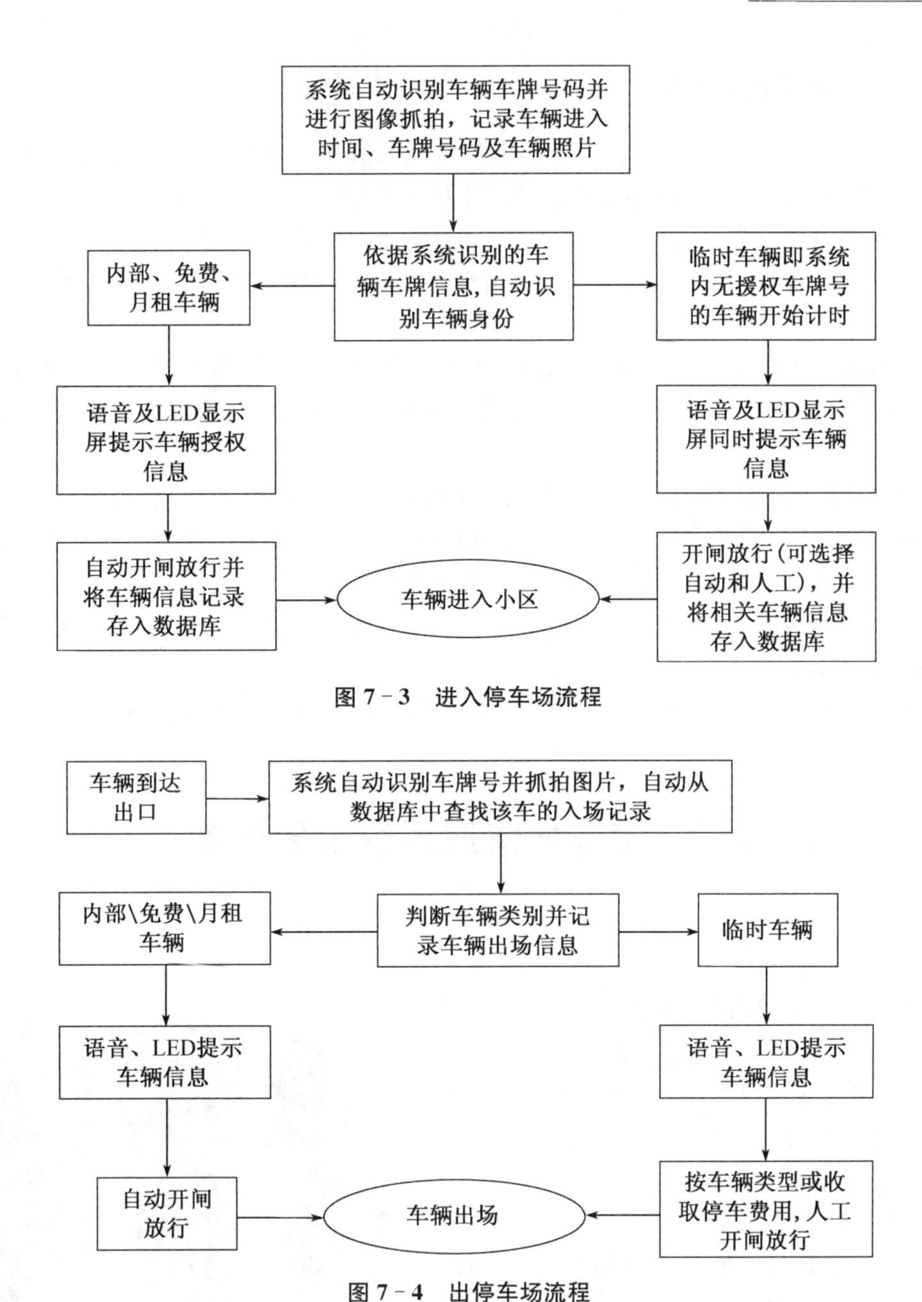

图 7-3　进入停车场流程

图 7-4　出停车场流程

车辆达到小区出口摄像机识别区域(地感触发)，自动识别车辆车牌号码，并对车辆类型做出判断。

内部车：自动开闸放行/手工开闸放行可选，车辆出场、出入场图像对比信息及图片保存数据库。

临时车：自动开闸放行/手工开闸放行可选，将出场信息、出入口对比信息及收费信息保存到数据库。如收费，按临时车收费标准收费，一般选择手工放行。

无法确认车辆：可手动放行，手工输入车牌号码，记录数据库，并产生正确的费用。

7.1.3 停车场管理系统特点

1. 采用全自动化管理模式，出入口设备均可无人值守，车辆自助读卡进出场，先进合理的管理、控制结构和工作流程，使系统设备可以稳定有序的工作，人工成本较低。

2. 设备关键位置都设有安全保障措施，以确保停车场管理系统工作运行安全。

3. 模块化设计，利用标准电子部件，很容易进行系统的升级与扩充，从而减少维护费用。

4. 为管理者提供实用详尽的监控管理功能，使管理人员不用掌握管理系统硬件的具体操作，只需简单地设置或查询相关车辆数据即可，如发行、修改卡，数据统计查询，打印报表等工作。

5. 模块化的配置结构可适应各种现场安装环境，如：双车道、单车道、出入口分离、出入口一体等，先进的工作流程使系统各部分能够独立运行，可根据现场环境的可布线灵活程度，决定联网或脱机的工作方式，管理系统的功能不受影响。

6. 采用高速摄像监控、实时记录车型和车牌、进行车辆出入对比，有效地防止盗车行为，保障了停车场管理人员和车主的利益。

7. 管理中心、收费处使用的软件具有兼容性强、界面友好、易于操作等特点。

7.2 停车场管理系统主要设备

1. 入口发/读卡箱

发票箱和地感线圈配合工作，车辆压在地感线圈上时，按票箱的红色按钮，票箱可吐出一张感应卡。如没有车辆，按发卡按钮不吐卡。如票箱无卡管理员应及时将临时卡补充到票箱中。同时，票箱面板无卡报警信号灯亮。

图 7－5　入口发/读卡箱

（2）出口验卡机

出口验卡机和环形地感线圈配合起来工作，当出场车辆压在地感线圈上时，车辆感应器被触发，同时启动天线工作。月卡车在天线 10CM 范围以内，出示卡片，天线即可读取卡片资料，并将资料送给感应处理模块，再传给电脑处理。否则，不读卡。

（3）票箱控制板

由控制管理单片机、内存模块、时钟模块、收、发卡器驱动模块、IC/ID 卡读写模块接口、光隔离串行通信接口、电闸驱动接口、汉字显示驱动接口、车位引导屏显示驱动接口、车辆传感器及地感线圈接口、电源模块及备用电池等组成。主要功能如下：

1）时钟模块

2）发卡模块

3）收卡模块

4）读卡处理

5）串行通信接口

6）电闸驱动接口

7）显示驱动接口

8）车位显示接口

（4）自动收、发卡机

自动发卡机一般采用电镀/喷涂表面处理工艺，具有：带看门狗功能，TTL 电平，RS232 控制方式可选；卡空检测，无卡屏蔽发卡，剩余卡片数量检测；卡发至卡嘴后可衔卡，发卡后，10 秒钟无人取卡，具有自动回收功能；传输轮采用特种橡胶，耐高温，防老化等功能特点。

自动发卡机是按工业标准设计生产，采用高速单片机，内置晶振及复位电路，使 CPU 具有极强的抗干扰能力，对环境的适应能力极强。带硬件看门狗，具有较强的自适应能力及掉电、低电检测和保护能力。

图 7-6 自动收、发卡机

（5）道闸

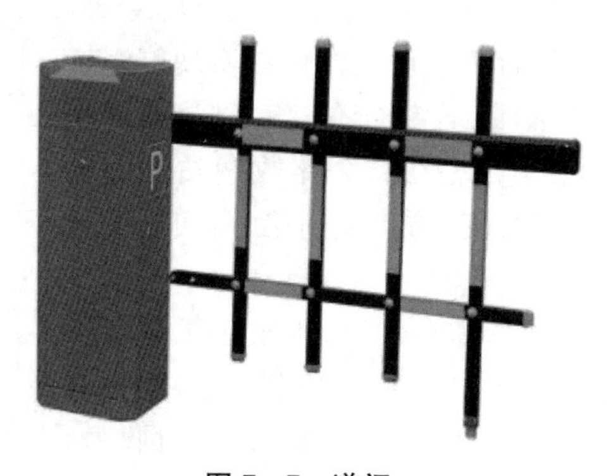

图 7-7 道闸

（6）出口收费电脑

一般设置于收费岗亭，用来监视控制车辆出入情况，记录出入车辆的车牌和车型，并收取临时停车费。电脑可和计算机网络相联，实现数据共享。

3）主控中心服务器

主控室中心设网络服务器，作用是：卡片发行、收取月租费、储值卡充值、监控车辆收费情况、及时了解车场状况和收入情况，可打印各类统计报表、实现财务监控。

（7）图像比对系统

在车辆入口配置高速高分辨率彩色摄像机，将车辆出入的实时图像通过视频转换卡传入电脑。电脑将车辆入场时的图像记录下来，同时将车辆出入记录存储在电脑数据库中，并可查询和打印。通过图像记录和 IC 卡严格核对出入场的车辆，保障了停车场内车辆的安全性，有效地防止了盗车。停车场记录了所有出入车辆的资料，以备以后查询和检索，为一些

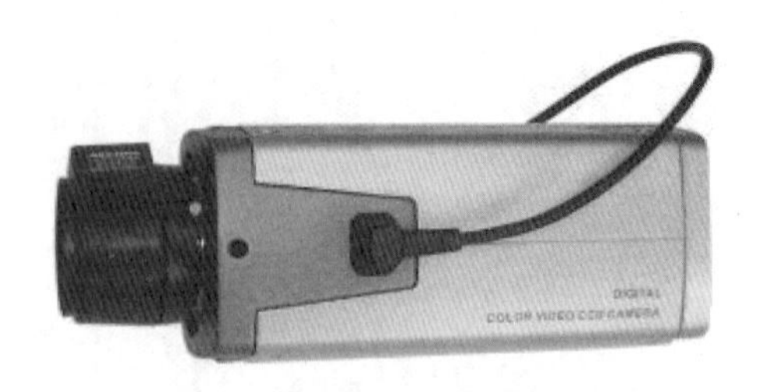

图 7-8　车牌比对摄像机

不必要的纷争提供了基本的依据。记录的车辆图像作为原始资料为公安机关提供了方便。系统可配置车牌自动图像识别系统，不需人工干预，电脑自动判断车辆出入的车牌是否相符。

（8）车牌自动识别系统

车牌识别系统是指能够检测到受监控路面的车辆并自动提取车辆牌照信息（含汉字字符、英文字母、阿拉伯数字及号牌颜色）进行处理的技术。车牌识别是现代智能交通系统中的重要组成部分之一，应用十分广泛。它以数字图像处理、模式识别、计算机视觉等技术为基础，对摄像机所拍摄的车辆图像或者视频序列进行分析，得到每一辆汽车唯一的车牌号码，从而完成识别过程。通过一些后续处理手段可以实现停车场收费管理，交通流量控制指标测量，车辆定位，汽车防盗，高速公路超速自动化监管、闯红灯电子警察、公路收费站等等功能。对于维护交通安全和城市治安，防止交通堵塞，实现交通自动化管理有着现实的意义。

图 7-9　车牌自动识别系统

将车牌识别设备安装于停车场出入口，用来记录车辆的牌照号码、出入时间，并与自动门、栏杆机的控制设备结合，实现车辆的自动管理。应用于停车场可以实现自动计时收费，也可以自动计算可用车位数量并给出提示，实现停车收费自动管理节省人力、提高效率。

车牌自动识别系统应用于住宅小区可以自动辨别驶入车辆是否属于本小区，对非内部车辆实现自动计时收费。车牌识别管理系统采用了车牌识别技术，达到不停车、免取卡，有效提高车辆出入通行效率。

7.3　停车场管理系统设计分析

根据《安全防范工程技术标准》（GB 50348—2018），停车场管理系统设计应符合如下要求相关要求。

7.3.1　停车场管理系统设计的一般原则

1. 停车库(场)安全管理系统应对停车库(场)的车辆通行道口实施出入控制、监视与图像抓拍、行车信号指示、人车复核及车辆防盗报警,并能对停车库(场)内的人员及车辆的安全实现综合管理。

2. 停车库(场)安全管理系统设计内容应包括出入口车辆识别、挡车/阻车、行车疏导、车位引导人、车辆保护(防砸车)、库(场)内部安全管理、指示/通告、管理集成等.并应符合下列规定:

(1) 停车库(场)安全管理系统应根据安全技术防范管理的需要,采用编码凭证和(或)车牌识别方式对出入车辆进行识别;高风险目标区域的车辆出入口可复合采用人员识别、车底检查等功能的系统;

(2) 停车库(场)安全管理系统设置的电动栏杆机等挡车指示设备应满足通行流量、通行车型(大小)的要求;电控阻车设备应满足高风险目标区域的阻车能力要求:

(3) 应根据停车库库(场)的规模和形态设计行车疏导(车位引导)功能;

(4) 系统挡车/阻车设备应有对正常通行车辆的保护措施,宜与地感线圈探测等设备配合使用;

(5) 系统应能对车辆的识读过程提供现场指示;当停车库(场)出入口装置处于被非授权开启、放肆等状态时,系统应能根据不同需要向现场、监控中心发出可视和(或)可听的通告或警示;

(6) 系统可与停车收费系统联合设置,提供自动计费、收费金额显示、收费的统计与管理功能;系统也可与出入口控制系统联合设置,与其他安全防范子系统集成;

(7) 应在停车库(场)内部设置紧急报警、视频监控、电子巡查等设施,封闭式地下车库等部位应有足够的照明设施。

7.4　典型案例一住宅小区停车道闸系统设计分析

7.4.1　项目需求

在小区出入口、地下车库出入口设置车辆管理系统,安装具有自动记录和识别车牌及前排驾乘人员面貌特征功能的车牌识别系统。临时车可进入小区,在小区出入口进行人工收费。系统的信息处理装置能对系统中的有关信息自动记录、打印、储存、并有防篡改和防销毁等设施。系统能与控制中心联网,满足控制中心对出入口管理系统进行集中管理和控制有关要求。

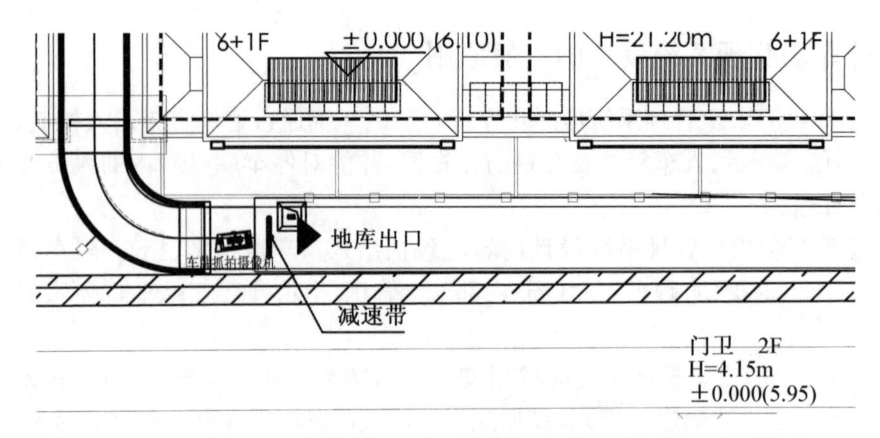

图 7-10　小区主出入口设置停车管理系统

针对本项目一期情况，共有 2 个地面出入口和 1 个直接对外的一进一出地库出入口，1 个地库入口，1 个地库出口。根据需要设置车牌识别车辆管理设备。小区 1 个地面出入口采用智能高清抓拍识别管理模式。地下车库出入口也采用智能高清抓拍识别管理模式，主要服务于业主车辆。车辆进出数据通过 TCP/IP 通信协议上传至停车管理系统服务器，实现小区车辆信息集中管理。

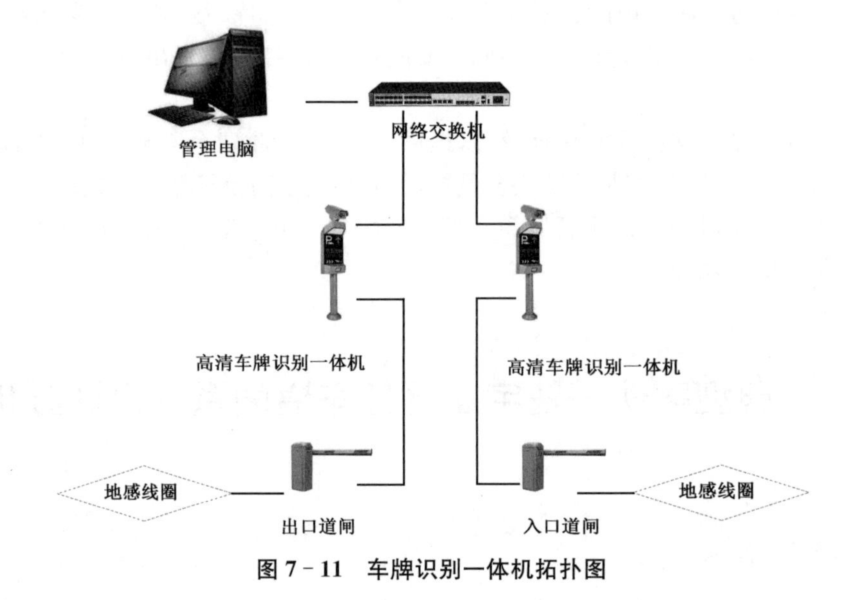

图 7-11　车牌识别一体机拓扑图

7.4.2 系统组成

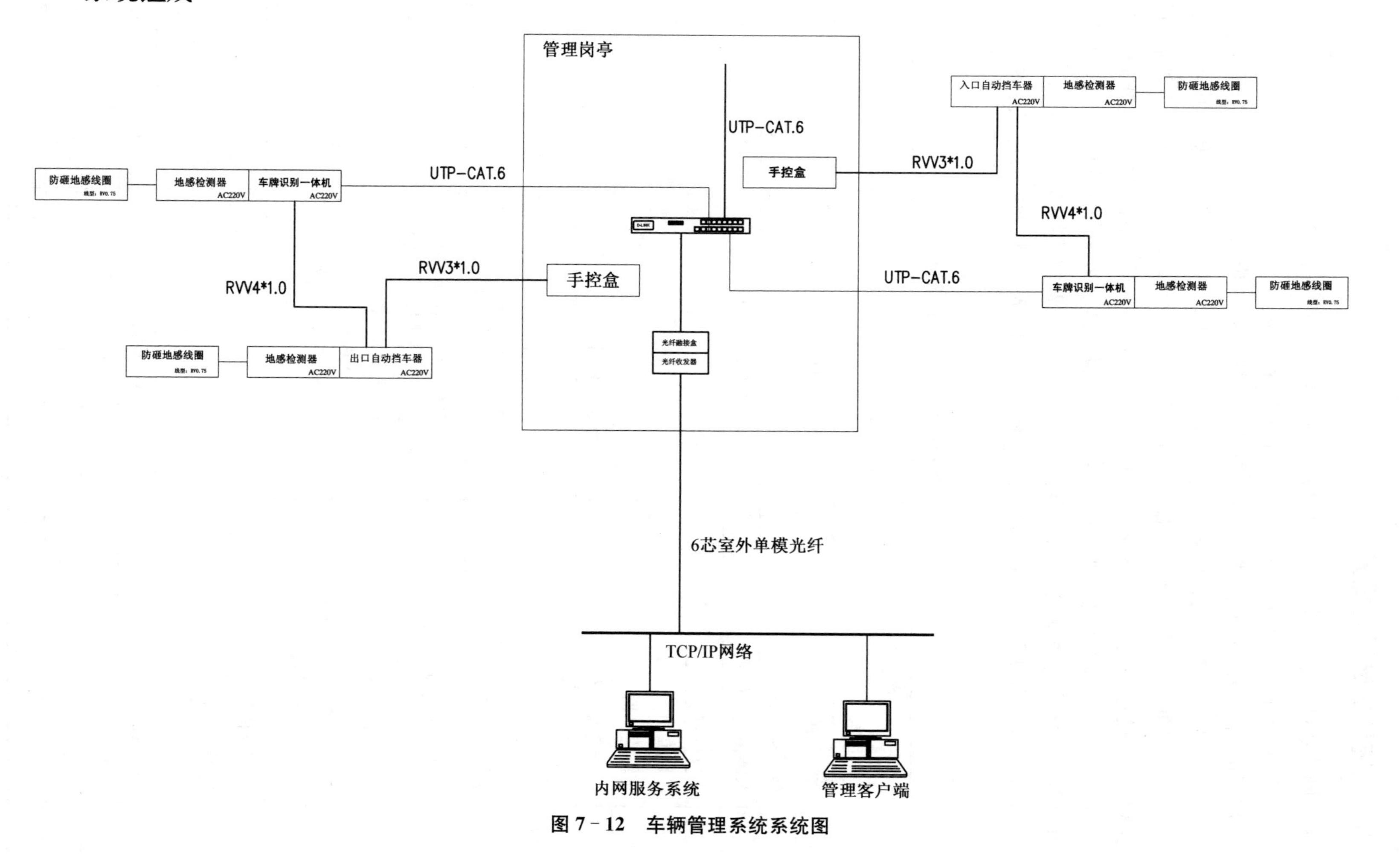

图 7－12 车辆管理系统系统图

7.4.3 系统设备选型与配置

采用网络数据传输、视频监控和图像识别技术，将场内各种设施及车辆进出完全置于统一监控之下，对整个停车场的出入、保安等进行综合管理。

采用车牌识别型停车场管理系统，本项目共设置1进1出(2套)停车场管理设备，在小区主车行通道的出口安全岛设置值班岗亭，配备管理工作站，对进出车辆图像进行自动识别。现场工作站通过单模光纤及光端机上联位于小区19＃一层的机房的一卡通管理服务器，小区出入口的道闸均采用栅栏式在车行出入口增加访客管理围墙机，系统数据通过光纤与控制中心进行联网，中心配置“一卡通”数据管理服务器。采用分散式收费模式，在各出入口的值班岗亭配置停车场收费管理工作站，并预留中央收费模式接口，停车场通道闸在发生火警或需要疏散时自动开启。出入口管理电脑与管理服务器、物业收费电脑联网。设备配置清单如下表所示。

表7-1 车辆管理系统设备配置清单

序号	产品名称	型号	单位	数量
一	入口设备			
1	入口道闸	栅栏杆	台	2
2	车辆检测器		套	4
3	车牌识别一体机	200万高清、电子支付	套	2
二	出口设备			
1	出口道闸	栅栏杆	台	2
2	车辆检测器		套	4
3	车牌识别一体机	200万高清、电子支付	套	2
三	管理中心设备			
1	管理软件	车牌识别	套	1
2	数据库软件	关系型数据库	套	1
3	岗亭管理电脑	i5 8G 1T，2G独立显卡，VGA视频接口	台	2
4	车辆管理电脑	I7 8G 1T，2G独立显卡，VGA视频接口	台	1
5	中心管理服务器	至强E3 16G内存 +2块1T硬盘	台	1
四	线缆及辅材			
1	电源线	VV3*4.0	米	600
2	六类网线	CAT6	米	800
3	设备基础	500*300*2500	个	8
4	安全岛	500*300*4500	个	1
5	支管	PE25	米	200
6	辅材		批	1

7.5　技能训练与操作

7.5.1　停车场管理系统实训系统简介

考虑到停车场管理系统实验实训的场地限制的特性，本部分实训采用仿真实训的模式，利用 Packet Tracer 物联网仿真系统平台，设计了停车场管理系统仿真实验系统。该系统包括 RFID 读卡器、车牌显示器、监视器、地感线圈、车辆道闸、通行车辆等系统设备。根据停车场管理系统工作原理设计了道闸系统物件的硬件接口、网络拓扑、软件功能，并通过 Python 软件编程和 IoT 服务器逻辑控制编程，实现了道闸系统实验仿真。

实验背景图参照停车场系统布局，以收费管理岗亭为中心，给出了两个方向的进出通道，每个通道标志了 IN 和 OUT 方向，并在图中设置缓冲带减速标志。在两个通道中，实验工作基于入口通道，入口通道一侧的地感线圈、RFID 读卡器、显示器、摄像机、道闸系统等将通过创建实际的设备对象来添加。而出口一侧的道闸和摄像机以背景图的形式体现。所设计的各个实验物件参照背景图放置。

道闸实验系统整体设计采用了物联网三层架构模式，即系统由感知层、传输层和应用层组成，如图 7－13 所示。

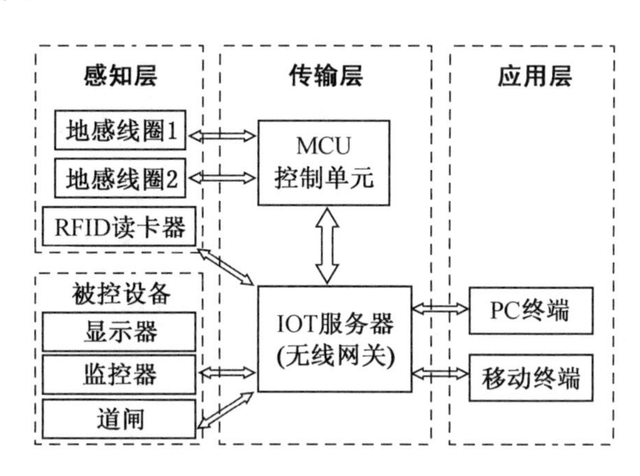

图 7－13　整体系统拓扑图

感知层由 2 组地感线圈和 RFID 读卡器组成，被控设备包括监控器、道闸和显示器。

传输层中的 MCU 控制单元负责采集和处理地感线圈数据。MCU、RFID 读卡器和被控设备与 IoT 服务器(无线网关设备)交互信息，IoT 服务器根据业务逻辑，对上述设备状态实施变更以实现对设备控制。

应用层包括 PC 终端、移动终端，可通过上述终端登录 IoT 服务器观察和监控被控设备工作状态，并可在登录界面通过手工发出控制信号，对被控设备进行控制，可远程控制道闸系统。

基于 Packet Tracer 平台的车辆道闸实验环境不受实验环境物理条件限制，学生一人一机的实验条件，能够很好地将课程的示教、开发与实训相融合，最大限度地拓展学生的动手能力，且该系统所具有的扩展性使得该实验平台具备有效培养和提升学生实践创新能力。

7.5.2 停车场管理系统实训操作

利用该停车场管理系统仿真实训平台，可以完成的实训内容如下：

1. 基础实验项目

(1) 车辆进入停车场，地感线圈感应，车牌识别，放行或拒绝进入。

(2) 车辆出停车场，地感线圈感应，车牌识别，计时与计费，放行或拒绝出库。

2. 扩展实验项目

(1) 多出口道闸系统仿真实验。

(2) 无线、有线混合的停车场管理系统仿真实验。

(3) 非机动车道道闸控制仿真实验。

项目八　电子巡更系统

8.1　电子巡更系统概述

8.1.1　电子巡更系统定义

电子巡更系统是管理者考察巡更者是否在指定时间按巡更路线到达指定地点的一种手段。巡更系统帮助管理者了解巡更人员的表现，而且管理人员可通过软件随时更改巡逻路线，以配合不同场合的需要。

图 8-1　巡更系统实图

8.1.2　电子巡更系统组成

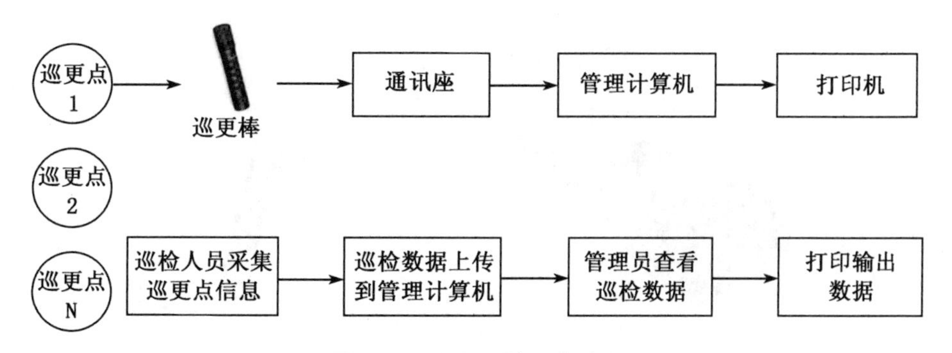

图 8-2　巡更系统工作流程

如上图所示，巡更系统包括：巡更棒、通信座、巡更点、管理计算机和打印机等主要部分。一个管理中心可配一台 USB 通信座、一套管理软件、多个巡检器、多个巡更点、人员钮可选配（用于区分巡检人员，每人一个），夜光标签可选配。

巡逻保安员持巡更棒（采集器）按管理处规定的巡逻路线和巡逻时间巡逻，每到一处重点区域，用巡更棒点击预埋芯片，每周将巡更棒内的信息传送至控制软件，在打印出报表. 报表可详细显示某名巡逻人员的巡逻时间，圈次，路线是否按规定. 可作为保安员的巡逻考勤记录。

8.1.3 电子巡更系统分类

电子巡更系统可分类为：离线式巡更系统和在线式巡更系统。

1. 在线式巡更系统

是在一定的范围内进行综合布线，把巡更巡检器设置在一定的巡更巡检点上，巡更巡检人员只需携带信息钮或信息卡，按布线的范围进行巡逻，管理者只需在中央监控室就可以看到巡更巡检人员所在巡回逻路线及到达的巡更巡检点的时间。

2. 离线式巡更系统

系统无需布线，只要将巡更巡检点安装在巡逻位置，巡逻人员手持巡更巡检器到每一个巡更巡检点采集信息后，将信息通过数据线传输给计算机，就可以显示整个巡逻巡检过程（如需要再由打印机打印，就形成一份完整的巡逻巡检考察报告）。

相对于在线式电子巡更巡检系统离线式电子巡更巡检系统的缺点是不能实时管理，如有对讲机，可避免这一缺点，并可真正实现实时报警，同时，再根据产品的可拍照答功能，更能做到在第一时间留下事故图片，三点合一，保证及时安全的处理突发事故。

8.2 电子巡更系统主要设备

1. 巡检器（巡更棒）

巡更棒根据操作方式的不同，主要有两类：

(1) 感应式巡更棒，采用感应卡技术、无线通信，不用接触，对卡的保护较好，不易被破坏。

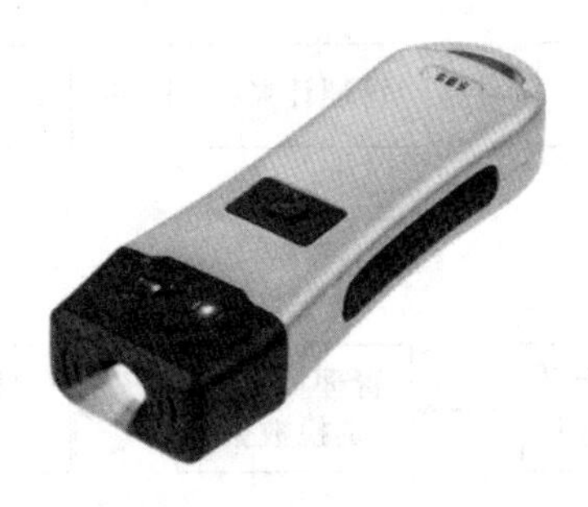

图 8-3 感应式巡检器实图

图8-4 接触式巡检器实图

(2) 接触式巡更棒，是利用先进的接触存取技术，与信息钮接触读取信息，技术精湛，功耗极低，易于小型化，普遍采用不锈钢壳体，防水、防震设计，适合保安及室外工作人员使用，避免了感应式巡逻系统的缺陷。

2. 巡检点

布置于巡检线路中，用于标记地点信息，需在软件上登记巡更点对应地点信息。在安装巡更点的时候，应该先设置保安巡更的时间和路线，巡更点就安装保安必须要到得关键点上，防止走近路，甚至不去的地方。一般巡更点都安装在隐蔽的地方，不便于平常人发现的，这样就减少了人的好奇心理而被破坏的因素。一般巡更点的高度在 1.6 m～1.8 m 左右，伸手能触碰巡更点为宜，但是也要根据现场的环境来定，有的地方没有依托的地方，只能安装在便于安装的地方。如下设置原则(供参考)：

(1) 直线距离每 50 米一个点；

(2) 周边地区或监控死角；

(3) 重要设施、设备、区域内；

(4) 住宅小区可在每幢楼底层、地下室及主干道等人员来往较为频繁的区域、重要位置设置巡更点。

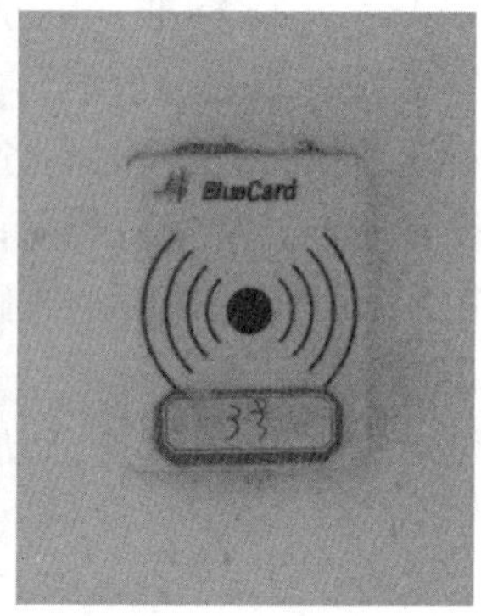

图 8－5　巡检点实图

3. 通信座

图 8－6　通信座实图

通信座用于巡检器与计算机的连接。可无线感应方式读取巡更巡检器储存的信息,并同时将信息由 USB 线上传至计算机,为巡更巡检软件提供管理数据。

如果巡更棒本身自带 USB 接口,可通过一条数据线就可以直接连接电脑上传数据。那就可以不使用通信座。

4. 巡更软件

巡更软件是整个巡更系统的"大脑",是整个系统的指挥中心。巡更软件的主要功能有:巡检地点名称及相对应钮号的设置、数据读取、历史数据浏览、巡检计划的设置、巡检计划的实时等功能。

8.3 电子巡更系统设计的一般要求

根据《安全防范工程技术标准》(GB50348—2018),电子巡更系统设计应符合如下要求相关要求。

根据 GB50348—2018 标准,电子巡查系统设计内容应包括巡查线路设置、巡查报警设置、巡查状态监测、统计报表、联动等,并应符合下列规定:

(1) 应能对巡查线路轨迹、时间、巡查人员进行设置,应能设置多条并发线路;

(2) 应能设置巡查异常报警规则;

(3) 应能在预先设定的在线巡查路线中,对人员的巡查活动状态进行监督和记录;应能在发生意外情况时及时报警;

(4) 系统可对设置内容、巡查活动情况进行统计,形成报表。

8.4 典型案例—住宅小区巡更系统设计分析

8.4.1 项目需求

该工程项目以住宅为主,住宅建筑类型以多层、高层为主。系统采用离线式电子巡查方式。由巡检点、巡检棒、传输器和管理计算机(包括管理软件)组成。在预先设定的巡查线路中,用巡检棒采集巡检点信息,对巡查人员的巡查线路、状态进行监控和记录,来实现对建筑物的安保措施。在小区的重要部位及巡更路线上安装巡更点;监控中心可以查阅、打印各巡更人员的到位时间及工作情况;巡更违规记录提示。要求读卡反映时间应小于 0.1 秒,读卡记录应保存 30 天。

8.4.2　系统组成

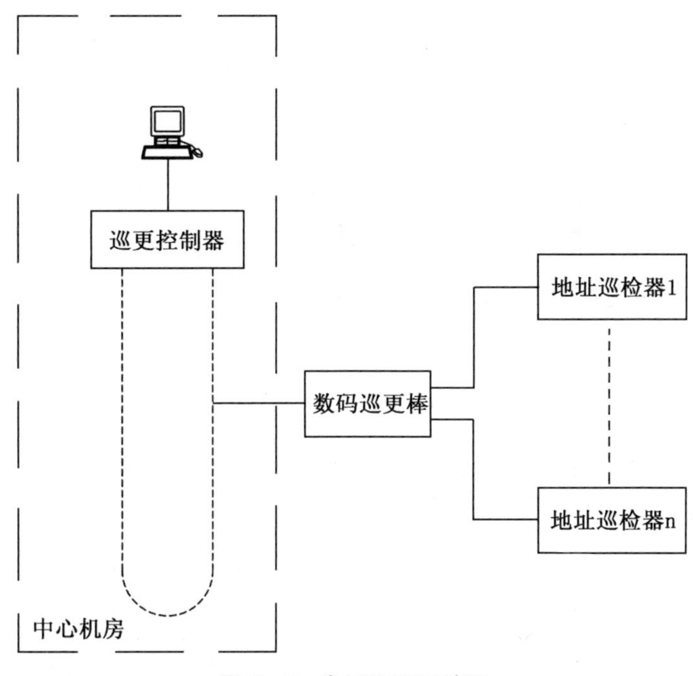

图 8-7　电子巡更系统图

8.4.4　巡更系统点位设计

巡更点的设置基本要求是：在小区内部的重要部位如小区周界、楼栋、公共场所等部位进行设置，以巡逻一次能覆盖小区内的全部目标为标准，设置巡更点，不得有盲角和死角。后期可根据物业要求路线，调整布点。结合本小区楼栋数及布局，在各栋住宅楼及重要配电间等位置布置 144 个，在围墙及地下车库设置 23 个，共计安装 167 个的电子巡更点，具体如下：

(1) 小区每栋楼每个单元设置巡更点；

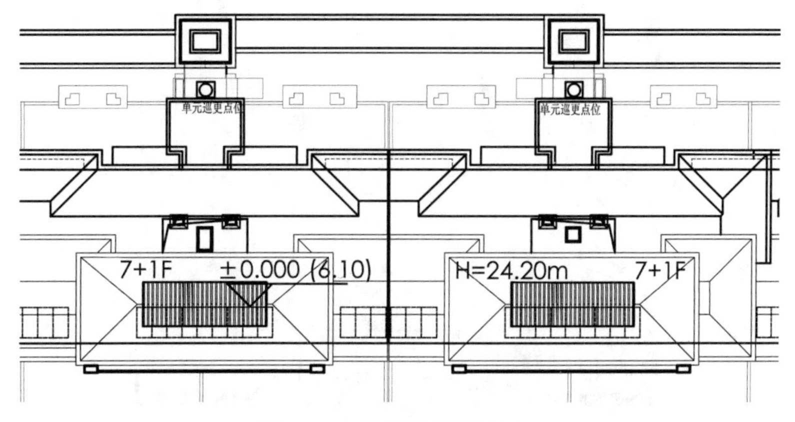

图 8-8　单元设置巡更点

(2) 地下车库每间隔 50 米设置一个巡更点；

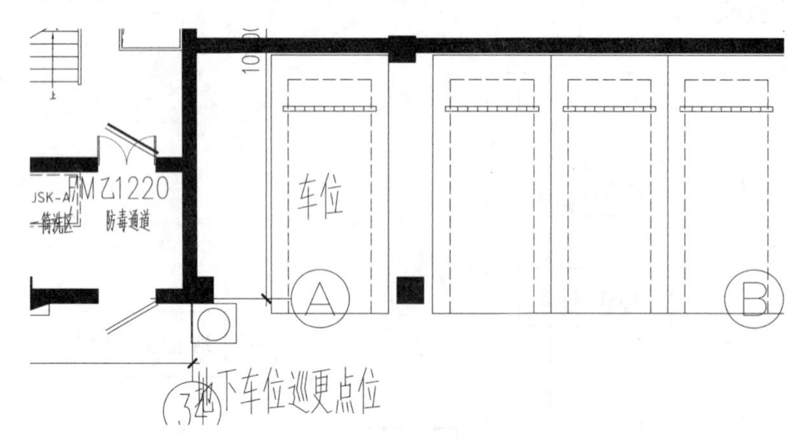

图 8-9　地下车库巡更点位

(3) 多层地下一层、高层中间层及顶层等区域进行巡更点设置。

多层地下一层(1＃地下一层)：

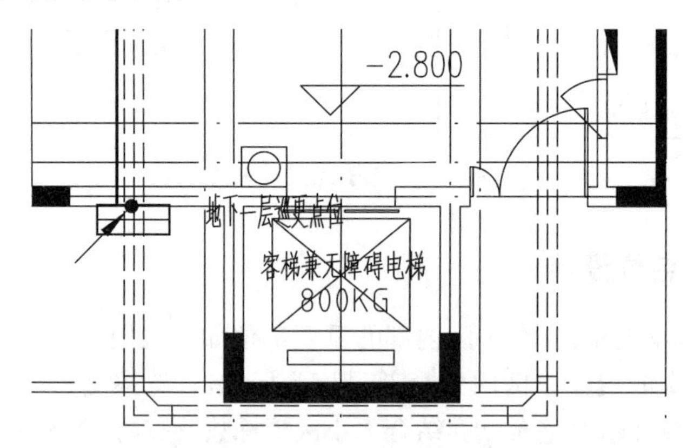

图 8-10　多层地下一层巡更点位图

高层中间层及顶层(15＃楼中间层、顶层)

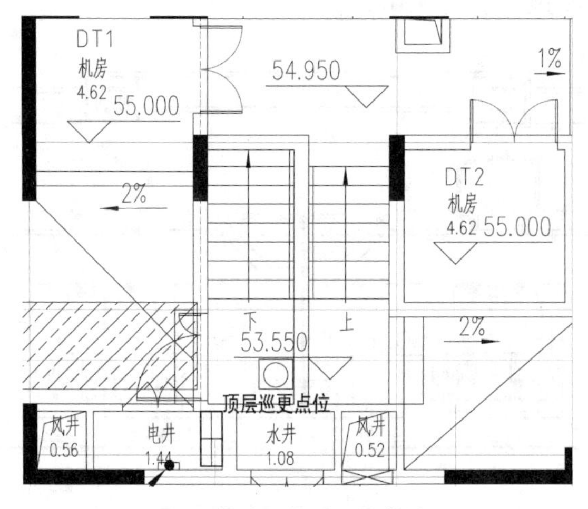

图 8-11　顶层巡更点位

（4）小区围墙设置巡更点。

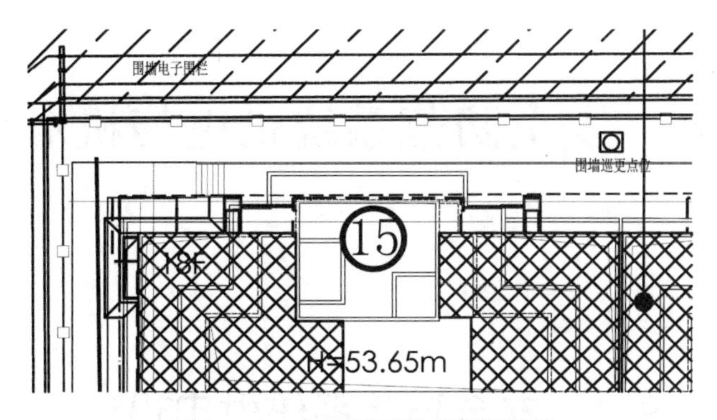

图 8-12　小区围墙设置巡更点位

（5）小区围墙设置巡更点。

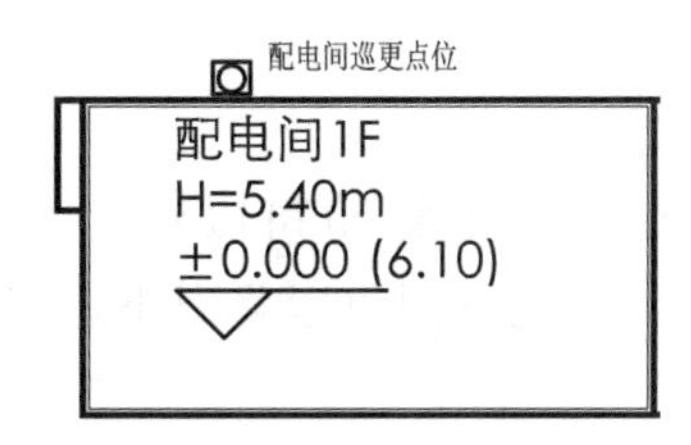

图 8-13　配电间巡更点位

8.4.3　设备选型与配置

该项目巡更系统采用离线式电子巡更系统，巡更器（信息采集器）应便于随身携带，抗摔、防尘、防爆，带有摔打记录，具有良好的密封性，电池耐用，可存储多条记录，能够提供详细，准确的巡检报表，包括正常巡检，巡检漏电，异常信息等。巡更器给安保人员使用，配置 4 根。

巡更的记录能够采用通信设备（信息变送器）上传到电脑中，配置 1 个。巡更点无需电源、无需布线，内设随机产生终身不可更改的独有编码，并且不锈钢密封防水外壳。根据小区 167 个巡更点位配置 167 只。

巡更管理软件应具有巡更人员、巡更点登录、随时读取数据、记录数据（包括存盘、打印、查询）、修改设置等功能。便于安装，对系统要求不能太高。提供详细、准确的巡检报表，包括正常巡检、巡检漏点，异常信息，巡检棒摔打等记录。配置主流品牌管理台式机一台。具体设备配置清单请见下表 8-1。

表 8-1　巡更系统设备配置清单

序号	产品名称	型号	品牌	单位	数量
1	信息采集器	DC2000A	格瑞特	根	4
2	信息变送器（含通信线）	DT2000A	格瑞特	只	1
3	巡更点（含固定基座）	1990A1-F5	格瑞特	只	167
4	管理软件	PSS2.5	中控	套	1
5	管理电脑	i5 8G 1T 21.5″	联想	台	1

项目九　安全防范系统供电与机房设计

9.1　安全防范系统供电设计

9.1.1　安防系统供电系统组成

如图9-1，主电源通常来自安防系统外，也可以由安防系统自备。系统主电源包括监控中心主电源和前端设备主电源等。主电源可以是以下形式之一或组合，或其他类型：

(1) 本地电力网；

(2) 原电池或燃料电池；

(3) 再生能源如光伏发电装置、风力发电装置。

备用电源应由安防系统自备。非安防系统自备的UPS或发电机/发电机组电源为主电源。备用电源可以是以下形式之一或组合，或其他类型：

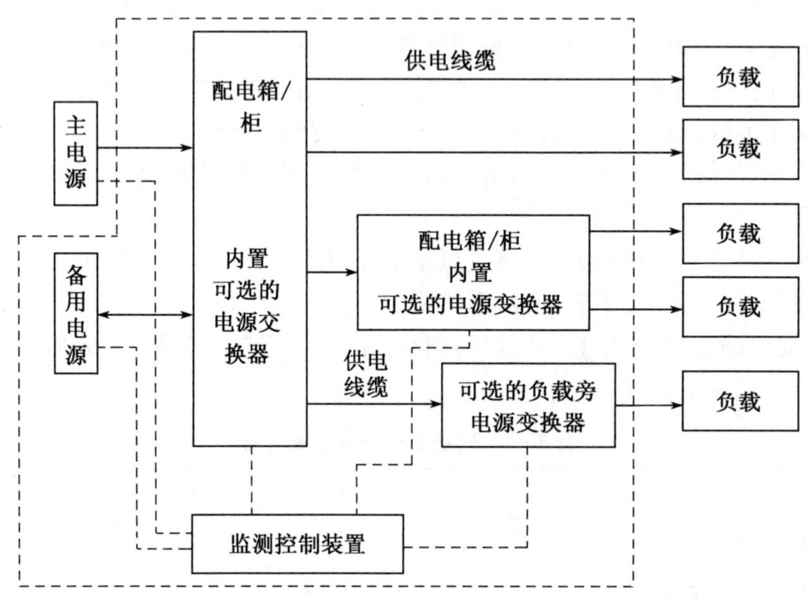

图9-1　总体构成图

(1) UPS；

(2) 蓄电池；

(3) 发电机/发电机组。

9.1.2　安防系统供电模式

供电模式分为集中供电、本地供电两种。备用电源的配置形式,可与主电源一致,也可根据需要增加必要的局部配置。

在集中供电模式下,主电源或备用电源由监控中心统一接入,通过配电箱/柜和供电线缆将电能输送给安防系统前端负载,根据需要可在各局部区域进行再分配。集中供电模式见图 9-2。

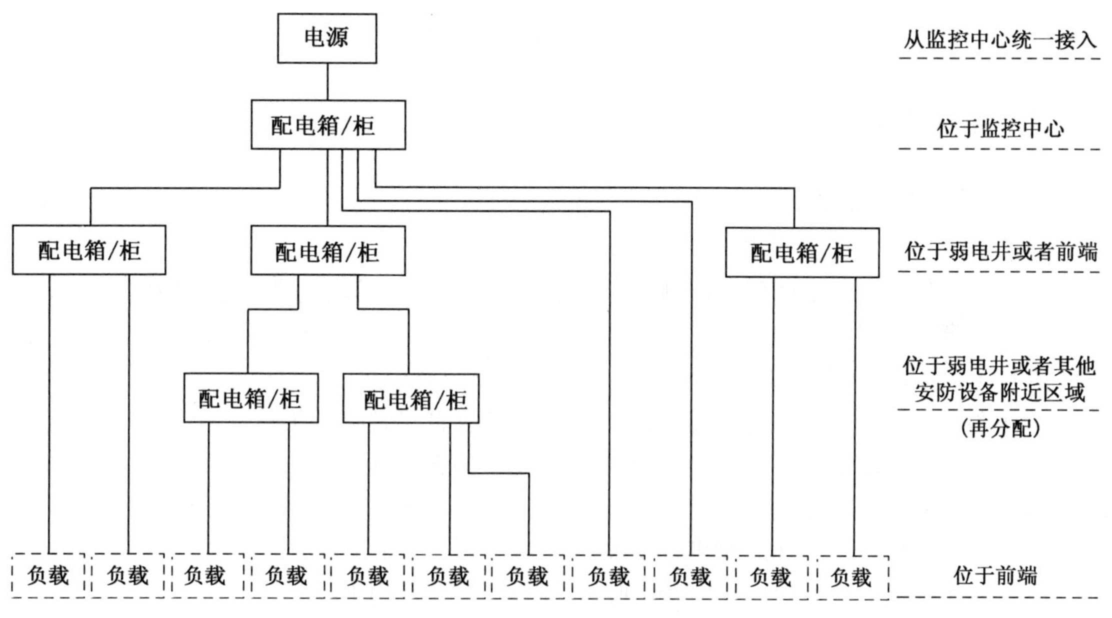

图 9-2　集中供电模式图

主电源和备用电源均可采用本地供电模式。主电源的本地供电模式可以是市电网本地供电模式,或独立供电模式,或其他类型:

(1) 市电网本地供电模式可直接将安防系统各前端负载就近接入配电箱/柜,由供电线缆将电能输送给该部分安防负载设备。市电网本地供电模式框图见图 9-3。

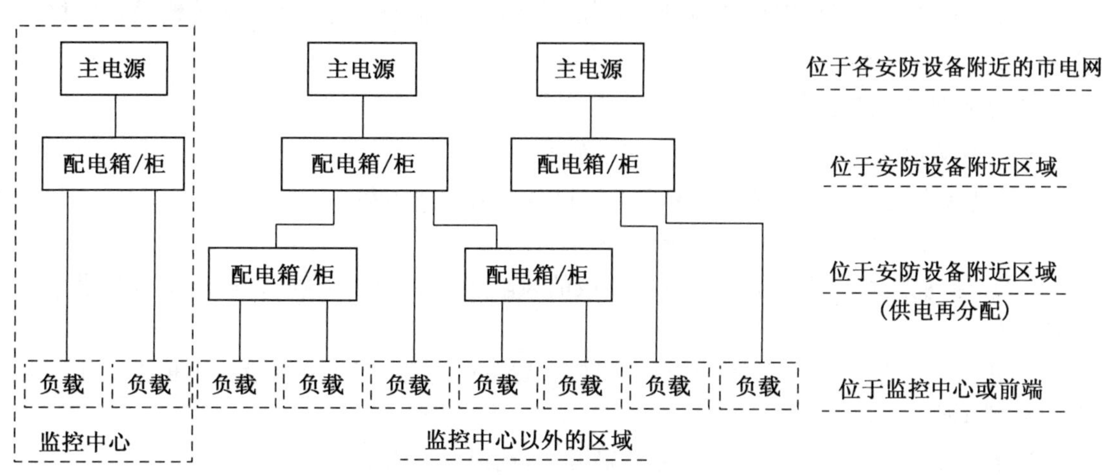

图 9-3　市电网本地供电模式图

在独立供电模式下，通常由原电池等非市电网电源对安防负载一对一的供电。此类配置一般不再配置备用电源。独立供电模式典型示意图见图 9-4。

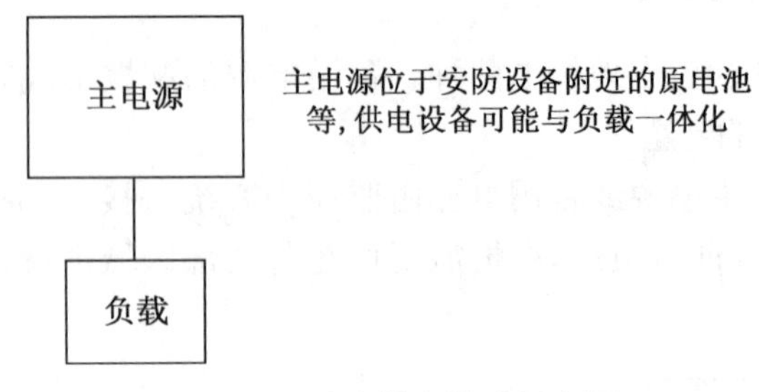

图 9-4　独立供电模式示意图

9.1.3　安防主要子系统供电要求

一、入侵报警子系统

入侵报警子系统总体供电应满足如下要求：

(1) 入侵报警子系统的所有探测、传输、控制、记录、显示等功能性设备应为应急负载。

(2) 入侵报警子系统应配置不间断供电的电源。当入侵报警设备采用独立供电方式时，其主电源的工作和报警能力应满足以下要求。

(3) 当主电源为市电网时，其备用电源的容量应保证系统正常工作不小于 8 h。

(4) 在主电源断电时，入侵报警系统应支持掉电报警功能。

主机或现场控制器供电应满足以下要求：

(1) 主电源应符合上述总体供电要求；

(2) 当主电源为市电网时，主机或现场控制器应有备用电源。

前端报警探测器供电要求如下：

(1) 探测器可由报警主机或现场控制器供电，也可由独立于报警主机或现场控制器的单独电源变换器供电。该单独电源变换器应具有向报警系统提供电源故障报警的能力。

(2) 当采用由市电网供电的单独电源变换器供电时，前端报警探测器应在供电系统中上级或本级处配置备用电源。

传输设备的应急供电时间不应低于入侵报警系统的总体要求，并宜将传输设备的供电设备工作状态及时发送给系统主机。

二、视频监控子系统

1. 视频安防监控子系统总体供电要求如下：

(1) 视频安防监控子系统的重要和关键设备应为应急负载；

(2) 视频安防监控子系统宜配置 UPS；

(3) 根据视频安防监控子系统所在区域的风险等级和防护级别，备用电源应急供电时间应不少于 1 h。

2. 视频安防监控子系统的管理计算机应配置备用电源，其他控制设备可根据工作需要选配备用电源。

3. 根据摄像机的分布情况和信号传输方式，选择以下供电方式：

(1) 当摄像机相对集中，距监控中心不超过 500 m，且用电缆传输视频和控制信号时，宜采用集中供电模式；

(2) 当摄像机比较分散，或者摄像机与中心设备间采用电气隔离方式(如光传输)传输信号，宜采用本地供电模式；

(3) 当摄像机所监视区域为重要部位时，该摄像机应为应急负载；

(4) 采用电源同步的模拟摄像机组建的系统，宜配置通区域同相电的主电源和备用电源。

在工程实践中，需要结合实际安装设备的情况，认真考虑前端摄像机的供电方式，用什么样的供电方式直接关系到系统的稳定性，同时保证达到最佳监控效果，以及最大程度的节约工程成本。摄像机前端供电通常有如下几种方式：

(1) 集中供电

集中供电(后端供电方式)，是指将电源设备集中安装机柜端或在电力室和电池室，所采用的电能经供电设备统一变换分配后通过敷设的电源线向前端的图像采集设备供电的方式。连接方式示意图见图 9-5 所示。

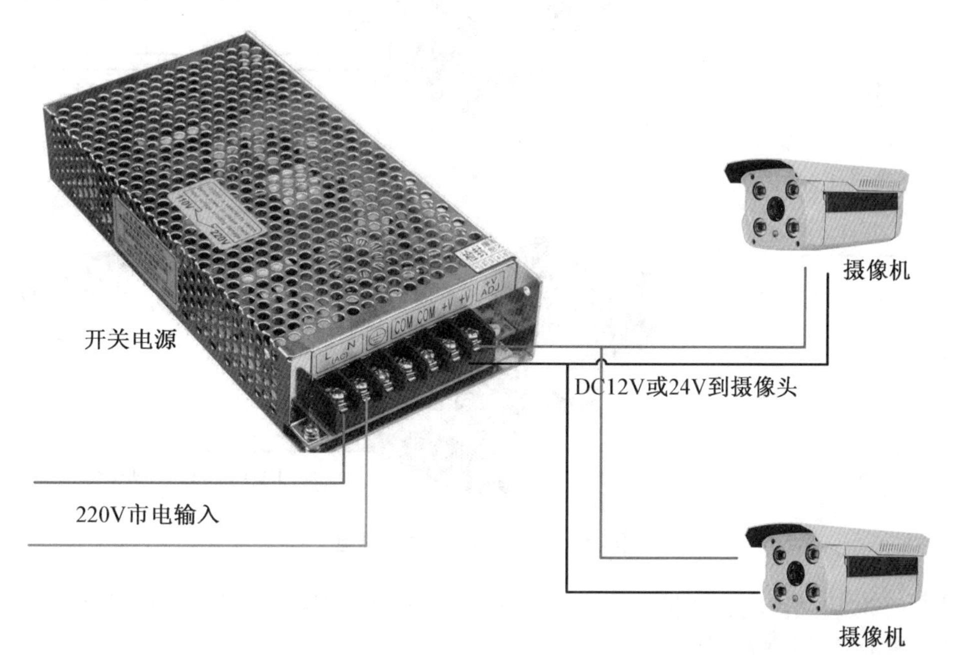

图 9-5　集中供电方式

集中电源供电：在方便接入 220 V 电源处接 12 V 集中电源一个，再用电源导线，一般采用 2＊1.0 红黑电源线，注意导线截面不应小于 2＊0.5，分别接给摄像头，12 V 供电距离不可超过 100 米。在接个单个电源线接头，再把单个电源线接头和监控摄像头电源接头相连接即可。集中供电方式是指在监控室或某个中间点采用 12 V 开关电源向前端负载集中供电。

集中供电方案的优点在于统一控制和管理供电方案，减少工程线缆的使用，美化工程走线路由等。但是请注意，使用集中供电方案时，应经过测算，确保集中供电设备总容量大于后级各负载业务容量之和(输出功率要大于所有设备所需功率之和)。同时，也要考虑前级线缆线径应满足后级所有负载的电流量线径需求。

优点:施工较方便,便于维护,统一控制和管理,通过一组电源控制设备即可。

缺点:直流低压供电传输距离过远电压损耗高,传输过程中抗干扰能力差,导线接头较多,但电源故障将影响接入的全部摄像头。

(2) 点对点供电

点对点供电(前端供电),是指从监控室直接引出 220 V 交流电,在摄像机旁边接一个单独 DC12 V 电源,再接在监控摄像头上,安装好支架即可;结合工程实际情况,有时我们也可以采取就近取电模式,从任意方便接 220 V 市电的插座或电源处取电,敷设导线到摄像头,这种方式最大程度地节约了导线的用量。

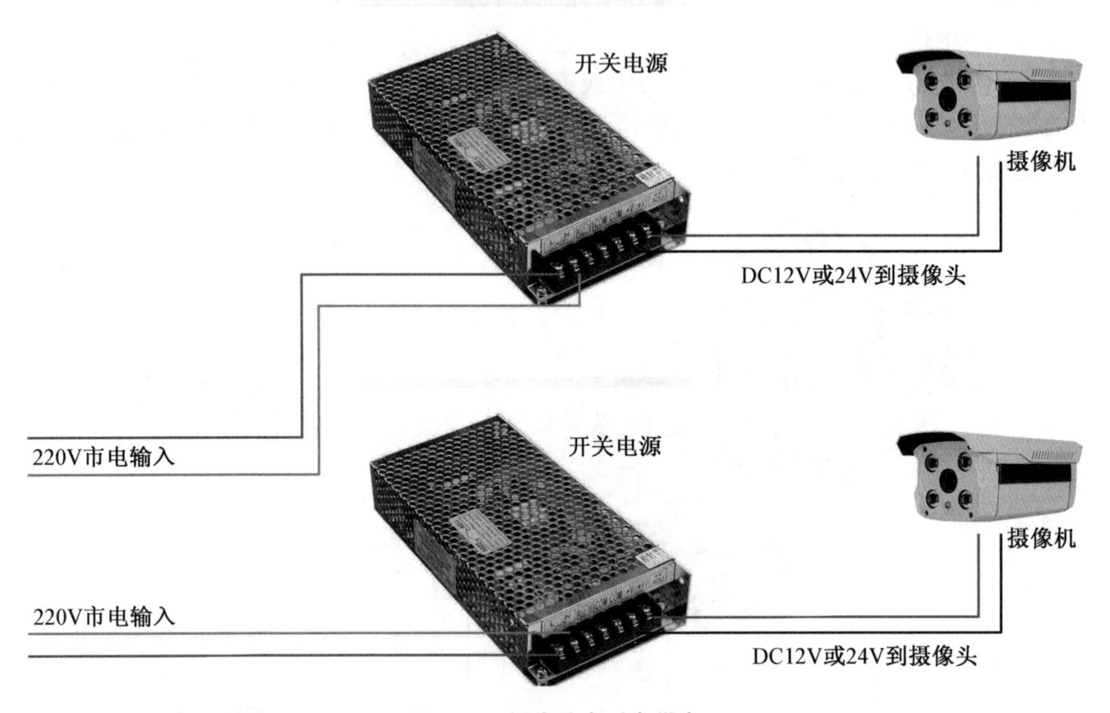

图 9-6　摄像头点对点供电

优点:220 V 交流电在传输过程中电压损耗低,抗干扰能力强,节省的导线的敷设量,单个电源出现故障不影响其他点的工作。

缺点:每个点都要安装一个电源,施工较麻烦,同时无法实现集中统一管理摄像头的供电。

(3) PoE 供电

简而言之就是采用 POE 交换机给摄像头供电。

POE 也被称基于局域网的供电系统或有源以太网,有时也被简称为以太网供电,这是利用现存标准以太网传输电缆的同时传送数据和电功率的一种方式,它保持了与现存以太网系统和用户的兼容性,该方式主要应用于高清网络数字监控系统。

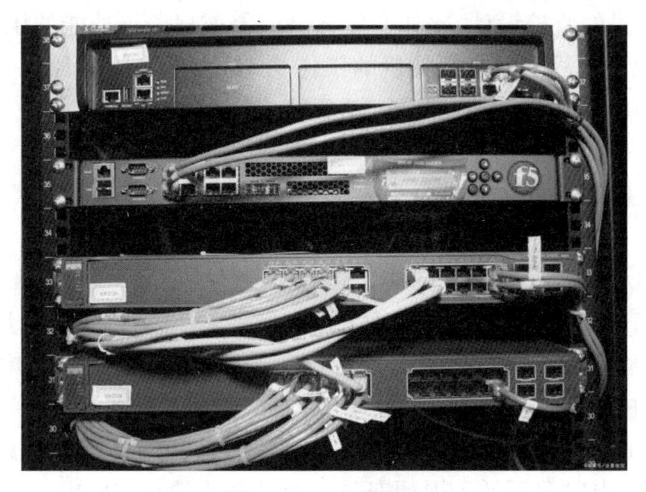

图 9－7　POE 供电

采用 POE 供电方式需考虑端口数量和交换机每个端口的输出功率是否符合摄像头的供电需求，以保证整个供电系统的稳定性。同时 POE 供电标准有标准和非标准之分，选型 POE 交换机的时候要加以注意。

POE 供电的优点

PoE 供电就是将电力加在网线里面传输给受电设备，而网络监控也是采用网线来传输视频信号，所以同一根网线传输电力和数据信号，大大地节约了成本，并且非常方便。

PoE 供电的缺点

如果需要供电的网络摄像头的距离过远，如超过 100 米甚至达到上千米，就不适合 PoE 供电，需要采用其他方式。另外 PoE 供电的最大功率不超过 30 W，如果网络摄像头的功率超过了 30 W 也不能采用 PoE 供电。

（4）注意事项

① 视频监控系统的供电方式选择以“满足工程需要”以及稳定安全为主，根据实际情况三种供电方式在某些大型的监控系统中可以混合使用。

② 当采用红外摄像机时，不建议采用集中供电方式。因为红外功能开启时电流较大，集中供电方式很难保证所有摄像机的红外效果。

③ 点对点供电，就近取电，可以节约用线，但是售后维护维修难；集中供电的好处在于维护简单、方便，不容易出问题，但不节省线材的，大型的系统工程中布线工作量会成倍增加。

④ 如果是室内项目，各点位附近插座较多，建议采用分开就近取电，如果不多那就用集中供电，如果是在室内，可以用优质带护套电源线。

⑤ 当摄像头数量比较多，供电的距离不超过 100 米时，建议采用 PoE 供电，不用特别施工，方便快捷。POE 交换机的选择要注意，非标准 POE 不具有握手协议，只要有 48 V 或其他电压值就可以强制供电，是直接将电通过网线中的空线线对 45，78 来传输电源。标准 POE 机具有内部检测系统，如果不支持 POE 供电器就不会供电，这就对 IP 终端有一个保护的作用；而非标准 POE 机不管 IP 终端是否支持 POE 都会供电，如果 IP 终端不支持 POE 供电，就很有可能烧毁网口。

⑥ 一些重要场景的监控设计，比如变焦、红外、警戒报警等功能的摄像机建议用点对点供电模式，这样可以最大程度保障摄像机的工作功率；无论采用何种供电方式，都要注意测算整个系统供电的功率，选择适合的导线、适配器或交换机设备，以免设备安装完成了，供电却无法满足需要。

4. 在监控中心应设定一台或多台重要部位的图像显示设备。重要显示设备应为应急负载。

5. 记录设备和/或录像设备供电要求如下：

(1) 根据记录信息的容量大小和实时性等综合要求，确定记录设备是否为应急负载；

(2) 位于前端区域的记录设备，宜设置不少于 5 min 的不间断供电电源；

(3) 位于监控中心的记录设备应按照应急负载要求配置不间断电源。

6. 对独立设置的传输设备，应优先保证对管理信息和重要部位信息的传输设备供电。对传输设备的应急供电时间不低于视频安防监控子系统的总体要求。

7. 系统供电除应符合现行国家标准《安全防范工程技术规范》(GB 50348—2018)的相关规定外，还应符合以下规定：

(1) 摄像机供电宜由监控中心统一供电或由监控中心控制的电源供电。

(2) 异地的本地供电，摄像机和视频切换控制设备的供电宜为同相电源，或采取措施以保证图像同步。

(3) 电源供电方式应采用 TN-S 制式。

三、出入口控制子系统

出入口控制子系统总体供电要求如下：

(1) 出入口控制子系统中本地的识读、控制、执行、记录等功能性负载应为应急负载。

(2) 主电源可使用市电网或电池。当电池作为主电源时，其容量应保证所带负载正常工作不少于 1 a。

(3) 备用电源宜按照本地供电方式配置。备用电源应保证本地系统连续工作不少于 48 h。

(4) 当出入口控制子系统联网工作时，其主电源宜采用市电网供电，其备用电源配置根据控制器的分布情况和使用要求而确定，可选用 UPS 或不间断直流电源。

采用中心信息联动的出入口控制子系统，主机应采用不间断供电，其应急供电时间宜与系统的总体供电要求相一致。

现场控制器供电要求如下：

(1) 出入口控制子系统的执行部分为闭锁装置(执行装置之一)，且该装置的工作模式为断电开启和中等防护级别或高等防护级别的控制设备应为应急负载，应配置备用电源；

(2) 备用电源宜随现场控制器分布配置。

识读装置的供电设备宜设置短路保护，短路故障不应影响其他安防设备的正常工作，并在短路故障清除后恢复工作。

执行装置在主电源断电时，备用电源应保证执行装置继续正常使用，且如电控锁执行设备能正常开启 50 次以上。

传输设备供电要求如下：

(1) 识读装置与控制器之间、执行设备与控制器之间的传输设备应为与系统总体相一致的供电要求；

(2) 当系统的实时数据必须依赖中心设备时，控制器与中心设备间的信息传输应为与系统总体相一致的供电要求。

当电池作为组合设备(一体化)的主电源时，其容量应保证系统正常开启 10 000 次以上。

9.1.3　供电容量设计

表 9 - 1　供电容量设计

序号	设备名称	型号	数量	单位	单位满载功耗/W	合计功耗/W	备注
1	枪式摄像机		12	台	5	60	
2	智能球机		8	台	48	200	云台水平和垂直同时运动等的最大功耗
3	视频矩阵主机		1	台	20	20	
4	55 寸 LED 屏		4	台	150	600	
5	DVR(含 4 块硬盘)		1	台	100	100	空载 60 W，硬盘 10 W 一块
6	被动红外探测器		60	只	0.06	3.6	
7	主动红外探测器		12	对	0.1	1.2	
8	门磁开关		4	只	0	0	终端电阻的功耗计入报警控制主机中
9	报警主机		1	台	50	50	
10	声光报警器		1	台	35	35	
11	DC12 V 变换器(开关型)		1	台	8.98	8.98	本身效率为 90%，根据报警探测器接入数量计入损耗(3.6+1.2+50+35)×0.1=8.98
12	感应卡读卡器		8	台	0	0	4 樘门，由出入口控制器直接供电，功耗计算在控制器中
13	电控锁		8	只	6	48	8 樘门，直流加电工作模式，注意断电后的反击电压，可能同时加电关门
15	出入口现场控制器		4	台	40	160	
16	管理计算机(含显示器)		1	台	350	350	
	安防系统功能性负载总功耗					1 636.78	

(续表)

序号	设备名称	型号	数量	单位	单位满载功耗/W	合计功耗/W	备注
18	UPS(3KVA/1h)		1	台	300	300	安防系统内部配置 UPS 最大充电功率
	合计 1					1 936.78	

注:1. 表中所列示的单位满载功耗数值并不确切,仅为示意,请勿直接引用。

2. 对于功率较大的负载,要关注其负载的感性、容性特点,并注意同类性质负载的累加效应,如容性负载的冲击电流问题,感性负载的关电时的反电势问题等。

3. 本例中,UPS 需要全部带动所有负载,顾 UPS 的容量不小于除 UPS 充电功耗的所有负载的满载功耗,即大约不小于 1 636.78/0.7=2 338.25 VA,其中 0.7 为容量系数。故选用的 UPS 的容量最小为 3 KVA。其上一级开关容量应不小于(3+0.3)/0.7=4.71 kVA。容量系数的选择取决于负载的功率因数和冲击电流等多个因素,0.7 是一参考值,不具有典型性。

9.1.4 供电安全设计

1. 供电设备防护安全要求如下:

(1) 配电箱/柜的机械结构应有足够的强度,能满足使用环境、设备承载和普通人员挤靠压力后无明显变形的要求。

(2) 配电箱/柜宜有防人为开启的锁止装置,内装有防拆报警装置。具备条件的,配电箱宜安装有可接入安防系统的安全监测控制装置;

(3) 配电箱/柜宜设置在强弱电井/间和/或监控中心设备间内;

(4) 供电设备所在的区域应采取物理防护措施,并宜设报警探测装置,其报警信息应传送到监控中心。安装有安防系统供电设备的强弱电/间应设置该井或房间门的开闭状态监视装置,有条件的宜设置出入口控制装置。

2. 供电线缆防护安全要求如下:

(1) 非架空敷设的供电线缆应采用穿管槽等方式进行保护;

(2) 管槽在物理上应封闭且不易破拆;

(3) 必须穿越潮湿、腐蚀环境时,保护用的管槽等材料等应具有防锈(腐)蚀的防护措施;

(4) 室外供电线缆应充分考虑防水、防风、防冰棱、防腐蚀等措施,室外立杆应稳定牢固,室外架空的供电线缆宜采用钢索牵拉保护,配置的钢索应牢靠。

3. 供电设备安全用电与接地要求如下:

(1) 输入或输出电压高于安全电压的供电设备的对地和电源线间绝缘电阻应不小于 50 MΩ,其金属外壳应直接连接安全接地。其他类型的供电设备应有良好的防静电接地措施。

(2) 与操作人员直接接触的设备应采用安全电压供电,和/或采用良好绝缘的接触面。设备整体应满足 GB4943—2001 的 2.6、5.1、5.2 的有关规定。

(3) 与操作人员直接接触的设备采用高于安全电压供电时,其直接来源的电源主回路上宜设置剩余电流动作保护装置。

(4) 与操作人员直接靠近或接触的供电设备的对外电磁辐射功率应满足 GB8702 有关健康环保标准的要求。

4. 供电系统的运行安全要求如下:

(1) 供电设备对上级供电过压和下级负载过载应有保护措施;

(2) 市电网作为主电源所对应的开关应受到严格管控,未经许可不得随意断开;

(3) 为市电网主电源所配的供电线缆宜设有认为破坏和耐火的防护措施;

(4) 供电设备的外壳等应有防止由于机械安装不稳定、移动、突出物和锐边造成对人员伤害的措施。

5. 供电系统的防火要求如下:

(1) 供电系统的绝缘材料宜选用阻燃或难燃材料,供电线缆宜优先采用低烟、低毒护套型绝缘材料。

(2) 供电设备的外壳和供电线缆的温升宜保持在不高于 30 ℃,且在室内的最高温度不宜高于 80 ℃。人体经常接触到的室内的供电设备外壳和供电线缆的表面温度不应高于 40 ℃。供电线缆的安全载流量可参见标准 GBT 15408—2011 附录 B 的 B.2。

(3) 在具有较高温升的供电设备和供电线缆旁不应存在易燃易爆的材料。

(4) 对于必须考虑温升引发火灾危险的区域,应设置温升探测报警装置。

(5) 负载或供电线缆出现短路现象时,其上级供电设备应即时响应,阻断电能的向下输出。

(6) 供电系统所用开关触点型的设备应具有适应当地使用环境的防明火措施。

9.2　安全防范系统防雷接地要求

采用非独立供电方式时,供电系统应具有防雷措施,并符合 GB50057、GB50343 和 GA/T 670 的有关防雷规定。

邻近建筑物边界的供电线缆的末端宜设置抗浪涌电流/电压的装置(如 SPD)。

供电传输电线/缆宜在第一雷电防护区(LPZ1)以内的位置,当在室外时,应采取埋地或通过地下管道等空间位置低于地面的敷设措施。

供电系统的接地线不得与市电网的中性线短接或混接。安防系统单独接地时,接地电阻不大于 4 欧姆,接地导线截面积应不小于 16 mm^2。

供电系统为市电网本地供电模式,且负载通信信号为电气隔离方式如无线或光传输方式,存在跨变压器供电区域或不安装在监控中心所在建筑物上的室外安防设备时,供电系统的地线应连同当地安全地。

若信号传输为电缆传输时,各供电设备中与信号地线共地的电源地线宜与监控中心的地线连通,宜在前端位置悬置。前端设备的防雷保护接地应单独设置。

9.2.1　视频监控系统防雷与接地设计

系统防雷与接地除应符合现行国家标准《安全防范工程技术规范》(GB 50348—2018)

的相关规定外，还应符合下列规定：

(1) 采取相应隔离措施，防止地电位不等引起图像干扰。

(2) 室外安装的摄像机连接电缆宜采取防雷措施。

1. 摄像头的防护

室外摄像头其自身的引雷途径就有：电源、控制和信号线路三种，要在引雷的线路上安装相应防雷器对其进行保护。具体措施如下：

室外摄像头，其工作电源为 12 V，在摄像头进线处各安装一套集电源和信号为一体的二合一视频信号防雷器。防雷器应固定在监控立杆上端设备箱内。

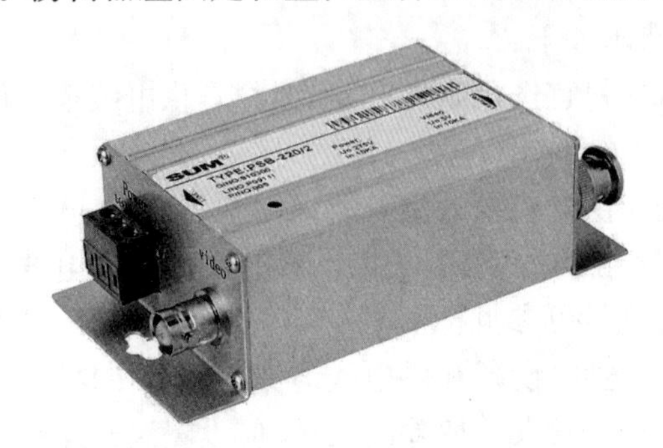

图 9-8　视频二合一防雷器

2. 立杆接地

室外监控立杆应有可靠接地；接地宜采用大于 30 * 30 的角铁，长度不小于 150 CM；接地线应不小于 4 平方，引至防雷器；

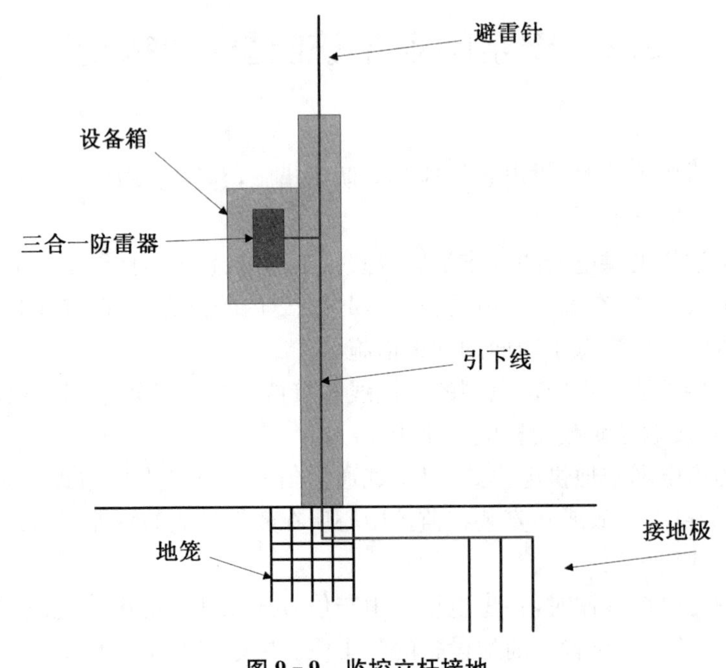

图 9-9　监控立杆接地

9.2.2 门禁控制系统防雷与接地设计

防雷与接地除应符合现行国家标准《安全防范工程技术规范》(GB 50348—2018)的相关规定外，还应符合下列规定：

(1) 置于室外的设备宜具有防雷保护措施。

(2) 置于室外的设备输入、输出端口宜设置信号线路浪涌保护器。

(3) 室外的交流供电线路、控制信号线路宜有金属屏蔽层并穿钢管埋地敷设，钢管两端应接地。

9.3 安全防范系统机房设计

9.3.1 机房设计的一般要求

图 9-10 监控中心

监控中心的位置和空间布局应符合下列规定：

(1) 监控中心的位置应远离产生粉尘、油烟、有害气体、强震源和强噪声源以及生产或贮存具有腐蚀性、易燃、易爆物品的场所。

(2) 应避开发生火灾危险程度高的区域和电磁场干扰区域；

(3) 监控中心的值守区与设备区宜分隔设置；

(4) 监控中心的面积应与安防系统的规模相适应. 应有保证值班人员正常工作的相应辅助设施。

监控中心的自身防护应符合下列规定：

(1) 监控中心应有保证自身安全的防护措施和进行内外联络的通信手段，并应设置紧急报警装置和留有向上一级接处警中心报警的通信接口；

(2) 监控中心出入口应设置视频监控和出入口控制装置;监视效果应能清晰显示监控中心出入口外部区域的人员特征及活动情况;

(3) 监控中心内应设置视频监控装置,监视效果应能清晰显示监控中心内人员活动的情况;

(4) 应对设置在监控中心的出入口控制系统管理主机、网络接口设备、网络线缆等采取强化保护措施;

(5) 监控中心的供电、接地与雷电防护设计应符合 GB 50348—2018 第 6.11 节、第 6.12 节的相关规定。

监控中心的环境应符合下列规定:

(1) 监控中心的顶棚、壁板和隔断应采用不燃烧材料。室内环境污染的控制及装饰装修材料的选择应按现行同家标准的有关规定执行;

(2) 监控中心的疏散门应采用外开方式,且应自动关闭,并应保证在任何情况下均能从室内开启;

(3) 监控中心室内地面应防静电、光滑、平整、不起尘。门的宽度不应小于 0.9 m,高度不应小于 2.1 m;

(4) 监控中心内的温度宜为 16 度~30 度。相对湿度为 30%~75%,监控中心宜结合建筑条件采取适写的通风换气措施;

(5) 监控中心内应有良好的照明条件:设置应急照明装置,应采取措施减少作业面上的光幕反射和反射眩光;

(6) 监控中心不宜设置高噪声的设备。必须设置时,应采取有效的隔声措施;

(7) 监控中心应采取防鼠害和防虫害措施。

监控中心的管线敷设和设备布局应符合下列规定:

(1) 监控中心的布线、进出线端口的设置、安装等,应符合 GB 50348—2018 标准第 6.13 节的相关规定;

(2) 室内的电缆、控制线的敷设宜设置地槽;当不设置地槽时,也可敷设在电缆架槽、墙上槽板内,或采用活动地板;

(3) 根据机架、机柜、控制台等设备的相应位置. 应设置电缆槽和进线孔,槽的高度和宽度应满足敷设电缆的容量和电缆弯曲半径的要求;

(4) 室内设备的排列应便于维护与操作,满足人员安全、设备和物料运输、设备散热的要求,并应满足标准第 6.6 节和消防安全的规定;

(5) 控制台的装机数量应根据工程需要留有扩展余地;控制台的操作部分应方便、灵活、可靠;

(6) 控制台正面与墙的净距离不应小于 1.2 m,侧面与墙或其他设备的净距离。在主要走道不应小于 1.5 m,在次要走道不应小于 0.8 m;

(7) 机架背面和侧面与墙的净距离不应小于 0.8 m。

9.4　典型案例—监控中心供配电及机房设计分析

如图 9－11 所示，该安防中心控制室设在小区 X＃楼一层智能化机房，面积约为 66 个平方，采用防火防盗门，且门朝外开。中心控制室内的温度宜为 16～28 ℃，相对湿度宜为 50％～70％，配置 1 台 5 匹柜式空调。控制室照明：室内平均照度应≥200Lx；照度均匀度（最低照度与平均照度之比）应≥0.7。考虑本项目后期设备的扩展和兼容性。在机房内设置一台直线电话机，按需配置对讲话机用于安保人员值班和巡逻。机房内需单独设置 1 条电话线路，由区保安服务公司安装紧急按钮，与区域自动报警中心联网，智能化各系统设备采用总等电位连接，接地电阻不大于 1Ω。详细设计如下：

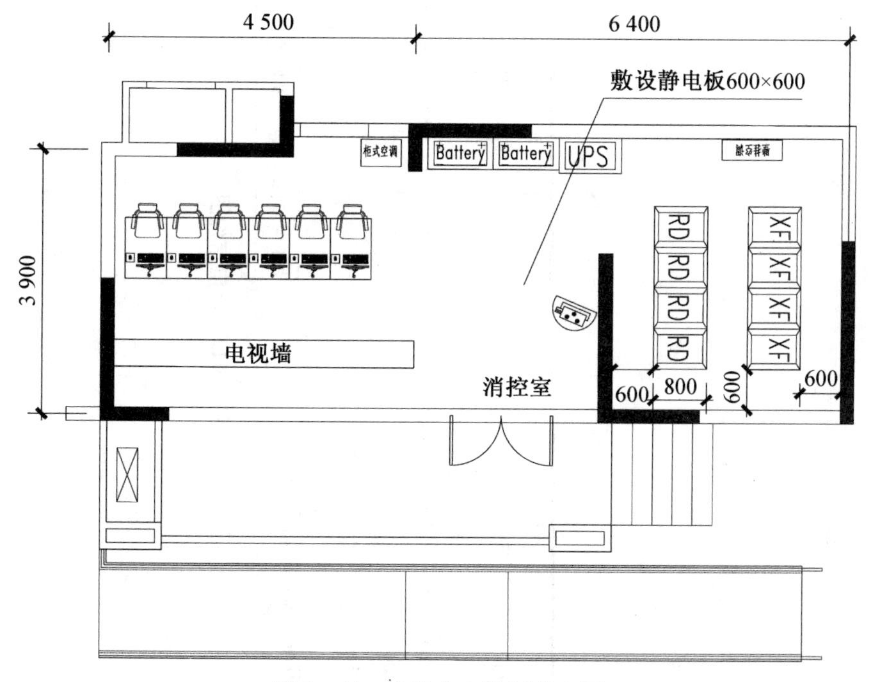

图 9－11　安防中心控制室布局

（1）安防中心控制室由总配电室提供 2 路市电。配置一台 30KVA 的 UPS 不间断电源，可连续供电 2 小时。

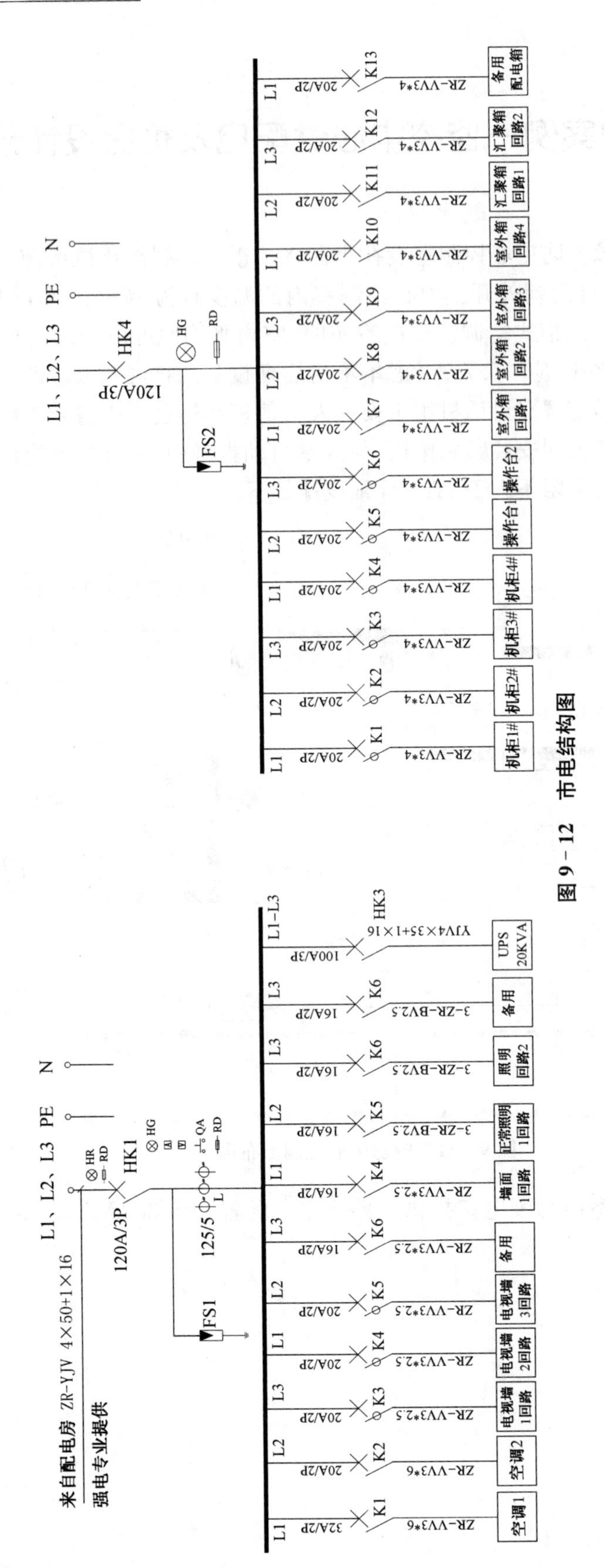
来自配电房 ZR-YJV 4×50+1×16
强电专业提供
L1、L2、L3 PE N
HK1
120A/3P
125/5
FS1
HK3
100A/3P
YJV4×35+1×16
UPS
20KVA
空调1
空调2
电视墙
1回路
电视墙
2回路
电视墙
3回路
备用
墙面
1回路
正常照明
1回路
照明
回路2
ZR-VV3*6
ZR-VV3*2.5
3-ZR-BV2.5
L1、L2、L3 PE N
HK4
120A/3P
FS2
机柜1#
机柜2#
机柜3#
机柜4#
操作台1
操作台2
室外箱
回路1
室外箱
回路2
室外箱
回路3
室外箱
回路4
汇聚箱
回路1
汇聚箱
回路2
备用
配电箱
ZR-VV3*4
20A/2P

图 9-12 市电结构图

(2) 中心控制室地面铺设防静电地板、架空高度≥0.20 m，表面光滑，不起尘。

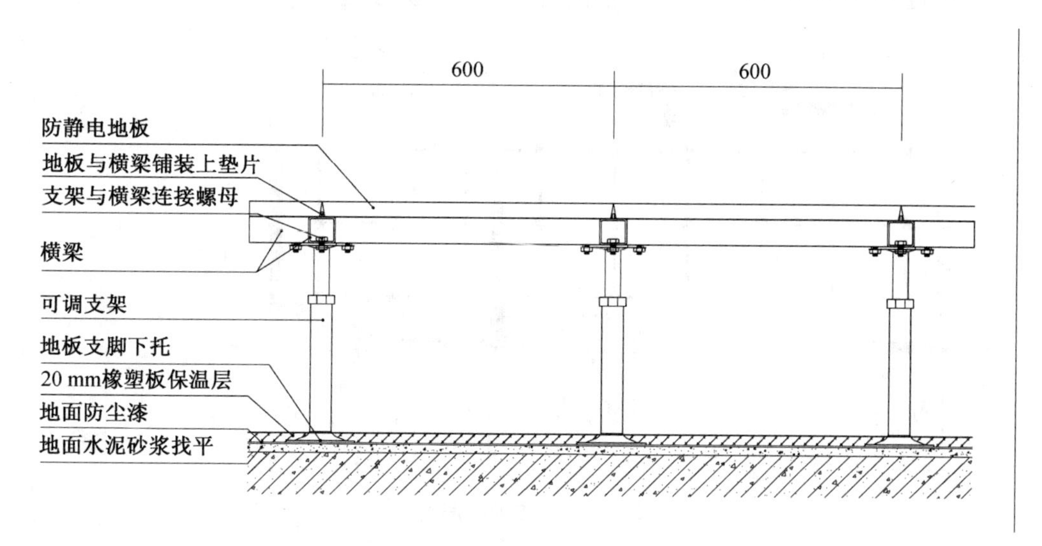

图 9-13　地面铺设防静电地板

(3) 控制室内的电缆、控制线敷设走地槽。

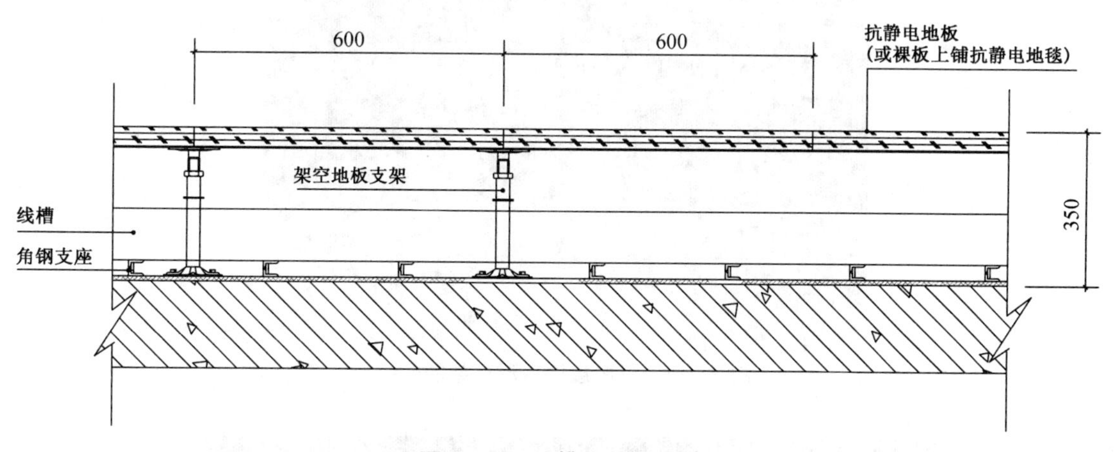

图 9-14　线槽安装大样图

(4) 中心控制室安全防范系统接地装置与总接地装置连接，其截面积不小于 25 mm^2，接地电阻小于 4 欧姆；大型机房接地图，要求做成 3 米 * 3 米的方格；机房供电应安装三相电源防雷器，UPS 必须有接地连接。

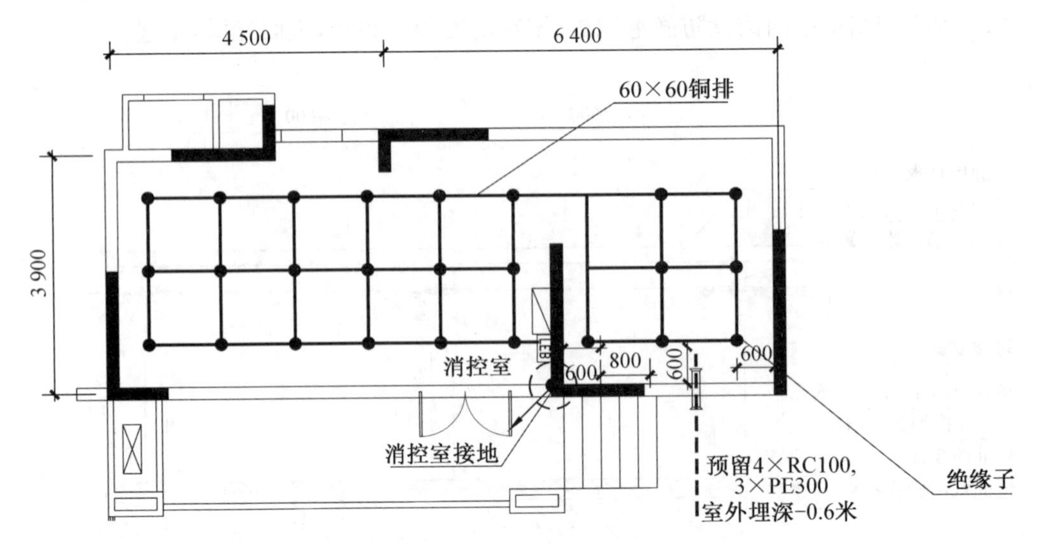

图 9－15　接地布局图

图 9－16　机房接地弓形支架的安装

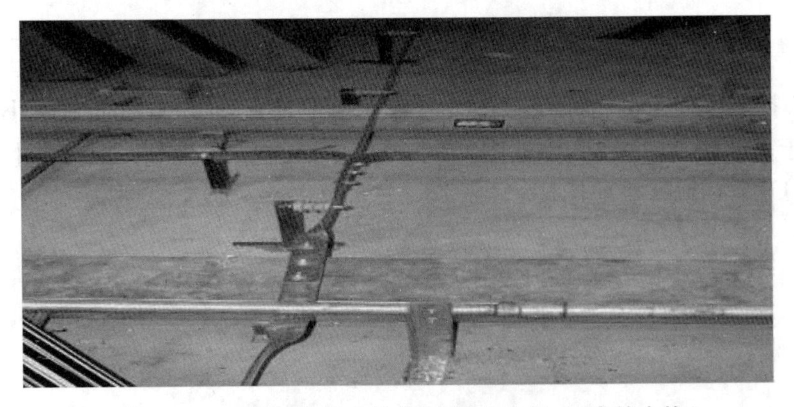

图 9－17　大型机房接地图,要求做成 3 米 * 3 米的方格

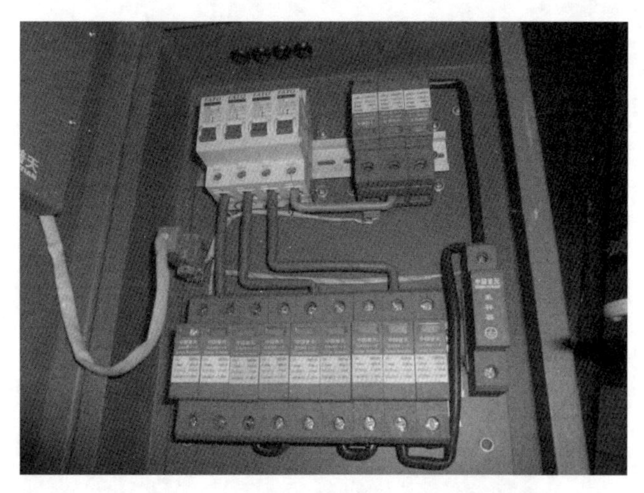

图 9－18　机房供电应安装三相电源防雷器

图 9－19　UPS 接线图

项目十　安全防范系统验收

10.1　安全防范系统验收组织

安全防范工程竣工后，应由建设单位会同相关部门组织验收。工程验收时，应组成工程验收组。工程验收组可根据实际情况下设施工验收组、技术验收组和资料审查组。建设单位应根据项目的性质、特点和管理要求与相关部门协商确定验收组成员，并由验收组推荐组长。验收组中技术专家的人数不应低于验收组总人数的50%，不利于验收公正性的人员不得参加工程验收组。验收组应对工程质量做出客观、公正的验收结论。验收结论分为通过、基本通过、不通过。验收通过的工程，验收组可在验收结论中提出建议或整改意见；验收基本通过或不通过的工程，验收组应在验收结论中明确指出发现的问题和整改要求。

10.2　施工验收

施工验收应依据设计任务书、深化设计文件、工程合同等，竣工文件及国家现行有关标准，按GB 50348—2018表10.2.1列出的检查项目进行现场检查，并做好记录。隐蔽工程的施工验收均应复核随工验收单或监理报告。施工验收应根据检查记录，按照表10.2.1规定的计算方法统计合格率，给出施工质量验收通过、基本通过或不通过的结论。

需要注意的是：对每一项检查项目的抽查比例由验收组根据工程性质、规模大小等决定。在检查结果栏选符合实际情况的空格内打“√”。并作为统计数。

检查结果Ks(合格率)=(合格数+基本合格数×0.6)/项目检查数(项目检查数如无要求或实际缺项未检查的不计在内)。

验收结论：Ks(合格率)≥0.8判为通过；0.8>Ks(合格率)≥0.6判为基本通过；Ks(合格率)<0.6判为不通过，必要时做简要说明。

10.3　技术验收

技术验收应依据设计任务书、深化设计文件、工程合同等竣工文件和国家现行有关标准，按照 GB 50348—2018 表 10.3.1 列出的检查项目进行现场检查或复核工程检验报告，并做好记录。

系统主要技术性能指标应根据设计任务书、深化设计文件和工程合同等文件确定，并在逐项检查中进行复核。设备配置的检查应包括设备数量、型号及安装部位的检查。

主要安防产品的质量证明的检查应包括产品检测报告、认证证书等文件的有效性。

系统供电的检查应包括系统主电源、形式及供电模式。当配置备用电源时，应检查备用电源的自动切换功能和应急供电时间。

(1) 实体防护系统应重点检查下列内容：

① 应检查周界实体防护、建(构)筑物和实体装置的设置；

② 对于实体防护设备的外露部分，应查验现场实物与设计文件的一致性；对于隐蔽部分，应查验隐蔽工程随工验收单；

③ 应检查出入口实体屏障、车辆实体屏障的限制、阻挡等功能；

④ 应检查安防照明的覆盖范围和警示标志的设置。

(2) 入侵和紧急报警系统应重点检查下列内容：

① 应检查系统的探测、防拆、设置、操作等功能；探测功能的检查应包括对入侵探测器的安装位置、角度、探测范围等；

② 应检查入侵探测器、紧急报警装置的报警响应时间；

③ 当有声音和(或)图像复核要求时，应检查现场声音和(或)图像与报警事件的对应关系、采集范围和效果；

④ 当有联动要求时，应检查预设的联动要求与联动执行情况。

(3) 视频监控系统应重点检查下列内容：

① 应检查系统的采集、监视、远程控制、记录与回放功能；

② 应检查系统的图像质量、信息存储时间等；

③ 当系统具有视频/音频智能分析功能时，应检查智能分析功能的实际效果；

④ 应检查用户权限管理、操作与运行日志管理、设备管理等管理功能。

(3) 出入口控制系统应重点检查下列内容：

① 应检查系统的识读方式、受控区划分、出入权限设置与执行机构的控制等功能；

② 应检查系统(包括相关部件或线缆)采取的自我保护措施和配置，并与系统的安全等级相适应；

③ 应根据建筑物消防要求，现场模拟发生火警或需紧急疏散，检查系统的应急疏散功能。

(4) 停车库(场)安全管理系统应重点检查下列内容：

① 应检查出入控制、车辆识别、行车疏导(车位引导)等功能；

② 应检查停车库(场)内部紧急报警、视频监控、电子巡查等安全防范措施。

(5) 防爆安全检查系统应重点检查下列内容:

① 应检查防爆安全检查系统的功能和性能;

② 应检查防爆处置、防护设施的设置情况;

③ 应检查安检区视频监控装置的监视和回放图像质量。

(6) 楼寓对讲(访客对讲)系统应重点检查下列内容:

① 应检查双向对讲、可视、开锁等功能:

② 有管理机的系统,应检查设备管理和权限管理等功能;

③ 应检查无线扩展终端、远程控制的安全管控措施。

(7) 电子巡查系统应检查巡查线路设置、报警设置、统计报表等功能。

(8) 集成与联网应重点检查下列内容:

① 应检查系统架构、集成联网方式、存储管理模式、边界安全管控措施等;

② 应检查重要软硬件及关键路由的冗余设置;

③ 应检查安全防范管理平台软件功能。

(9) 监控中心应重点检查下列内容:

① 应检查监控中心的选址、功能区划分和设备的布局;

② 应检查监控中心的通信手段、紧急报警、视频监控、出入口控制和实体防护等自身防护措施;

③ 应检查监控中心的温湿度、照度、噪声、地面等环境情况。

根据检查记录,按照 GB 50348—2018 表 10.3.1 规定的计算方法统计合格率,并给出技术验收通过、基本通过或不通过的结论。

10.4 资料审查

完整的安防项目竣工文件:1. 申请立项的文件;2. 批准立项的文件;3. 项目合同书;4. 设计任务书;5. 初步设计文件;6. 初步设计方案评审意见(含评审小组人员名单);7. 通过初步设计评审的整改落实意见;8. 深化设计文件和相关图纸;9. 工程变更资料(或工程洽商资料);10. 系统调试报告(含各子系统调试及系统联调记录);11. 隐蔽工程验收资料;12. 施工质量检验、验收资料;13. 系统试运行报告(含试运行记录);14. 工程竣工报告;15. 工程初验报告;16. 工程竣工核算报告;17. 工程检验报告(未经检验机构检验的工程,该项可以省略);18. 使用/维护手册;19. 技术培训文件;20. 竣工图纸。

对上述 20 项,每项都进行规范性、完整性和准确性审查,包括合格、基本合格、不合格三种评判标准。选择符合实际情况的项打"√",并作为统计数。

根据 GB 50348—2018,审查结果由如下公式计算:

Kz(合格率)=(合格数+基本合格数×0.6)/项目审查数。(项目审查数如不作为要求的,不计在内);

Kz(合格率)≥0.8 则资料审查通过;0.8>Kz(合格率)≥0.6 判为基本通过;Kz(合格

率)<0.6 判为不通过。

10.5　验收结论

安全防范工程的施工验收结果 Ks、技术验收结果 Kj、资料审查结果 Kz 均大于或等于 0.8 的。应判定为验收通过。

安全防范工程的施工验收结果 Ks、技术验收结果 Kj、资料审查结果 Kz 均大于或等于 0.6.且 Ks、Kj、Kz 出现一项小于 0.8 的,应判定为验收基本通过。

安全防范工程的施工验收结果 Ks、技术验收结果 Kj、资料审查结果 Kz 中出现一项小于 0.6 的,应判定为验收不通过。

工程验收组应将验收通过、基本通过或不通过的验收结论填写于验收结论汇总表(见表 GB 50348—2018)。并对验收中存在的主要问题提出建议与要求。

验收不通过的工程不得正式交付使用。施工单位、设计单位、建设(使用)单位等应根据验收组提出的意见与要求。落实整改措施后方可再次组织验收;工程复验时,对原不通过部分的抽样比例应加倍。

验收通过或基本通过的工程,施工单位、设计单位、建设(使用)单位等应根据验收组提出的建议与要求,落实整改措施。施工单位、设计单位的整改落实后应提交书面报告并经建设(使用)单位确认。

附图　某小区智能化平面总图

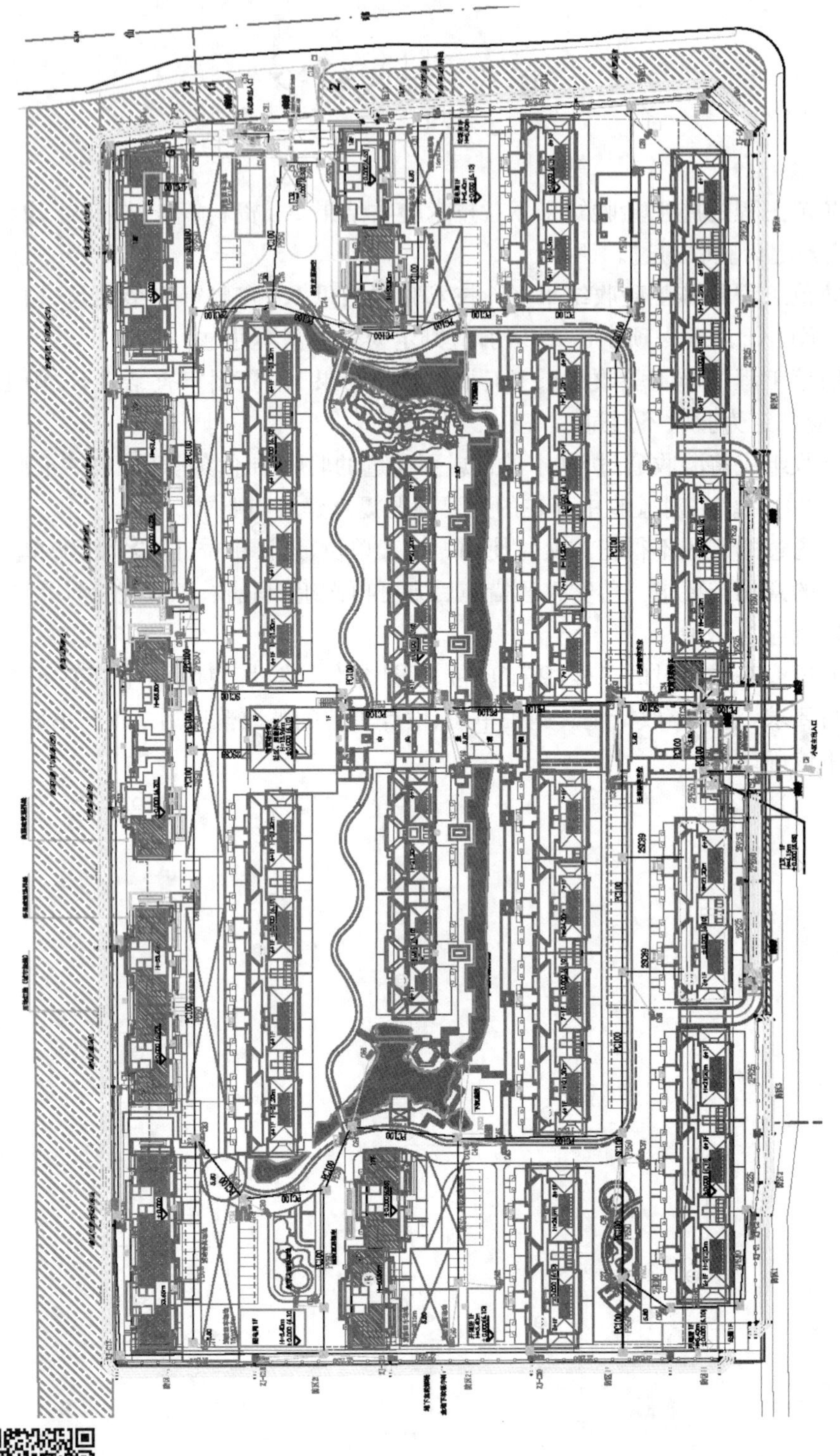

扫码查看图片细节

参考文献

[1] 刘桂芝.安全防范技术及系统应用[M].北京:电子工业出版社,2017.
[2] 付萍.安全防范技术应用[M].北京:清华大学出版社,2011.
[3] 张亮.现代安全防范技术与应用[M].北京:电子工业出版社,2012.
[4] 陈龙.安全防范工程[M].北京:中国电力出版社,2014.
[5] 周遐.安防系统工程[M].北京:机械工业出版社,2011.
[6] 陈晴.现代安防技术设计与实施[M].北京:电子工业出版社,2015.
[7] 林火养.智能小区安全防范系统[M].北京:机械工业出版社,2015.
[8] 安全防范工程技术标准:GB50348—2018[S].北京:中国计划出版社,2018.
[9] 出入口控制系统技术要求:GB/T37078—2018[S].北京:中国标准出版社,2019.
[10] 出入口控制系统工程设计规范 GB50396—2007[S].北京:中国计划出版社,2007.
[11] 安全防范系统供电技术要求:GB/T15408—2011[S].北京:中国标准出版社,2011.
[12] 楼寓对讲系统安全技术要求:GA1210—2014[S].北京:中国标准出版社,2015.
[13] 联网型可视对讲系统技术要求:GA/T678—2007[S].北京:中国标准出版社,2007.
[14] 楼寓对讲系统第 1 部分:通用技术要求:GB/T31070.1—2014[S].北京:中国标准出版社,2015.
[15] 楼寓对讲系统第 2 部分:全数字系统技术要求:GB/T31070.2—2018[S].北京:中国标准出版社,2019.
[16] 楼寓对讲系统第 2 部分:应用指南:GB/T31070.4—2018[S].北京:中国标准出版社,2019.
[17] 入侵报警系统工程设计规范:GB50394—2007[S].北京:中国计划出版社,2007.
[18] 入侵和紧急报警系统技术要求:GB/T32581—2016[S].北京:中国标准出版社,2016.
[19] 视频安防监控系统工程设计规范:GB50395—2007[S].北京:中国计划出版社,2007.
[20] 安全防范高清视频监控系统技术要求:GA/T1211—2014[S].北京:中国标准出版社,2015.
[21] 星牛监控.安全防范系统的特点[J/OL].http://www.czxnjk.com/Article/aqffxtdtd.html,2019-09-27.
[22] 居民住宅小区安全防范系统工程技术规范[EB/OL].https://wenku.baidu.com/view/d7ccc6857275a417866fb84ae45c3b3566ecddf3.html#,2020-08-07.
[23] 深圳市美安科技有限公司.FC-7448 安装使用说明书.
[24] 浙江大华技术股份有限公司.大华数字硬盘录像机快速操作手册(1.5U)_100422.
[25] 亚龙教育设备集团股份有限公司.亚龙 YL-723B 型可视对讲及室内安防系统实训指导书.
[26] 百度文库.门禁系统选型要点[EB/OL].https://wenku.baidu.com/view/6d04338b4028915f804dc28d.html,2014-04-28.